SHENGQIANYOUSHENGXIN:
JIAJUZHUANGXIU
ZUIGUANXINDE
500GEWENTI

省钱又省心——
家居装修
最关心的500个问题

曹春海 编著

辽宁科学技术出版社
沈阳

图书在版编目（CIP）数据

省钱又省心：家居装修最关心的 500 个问题 / 曹春海编著. —沈阳：辽宁科学技术出版社，2011.9
ISBN 978-7-5381-7154-9

Ⅰ. ①省… Ⅱ. ①曹… Ⅲ. ①住宅—室内装修—问题解答 Ⅳ. ①TU767-44

中国版本图书馆 CIP 数据核字（2011）第 195519 号

出 版 者：辽宁科学技术出版社
（地址：沈阳市和平区十一纬路 29 号　邮编：110003）
印 刷 者：沈阳全成广告印务有限公司
经 销 者：各地新华书店
幅面尺寸：185mm×260mm
印　　张：12.5
字　　数：300 千字
印　　数：1～10 000
出版时间：2011 年 9 月第 1 版
印刷时间：2011 年 9 月第 1 次印刷
责任编辑：于天文
封面设计：宗丽娜
版式设计：于　浪
责任校对：徐　跃

书　　号：ISBN 978-7-5381-7154-9
定　　价：28.00 元

联系电话：024-23284063
邮购热线：024-23284502
E-mail:lnkjc@126.com
http://www.lnkj.com.cn
本书网址：www.lnkj.cn/uri.sh/7154

省钱又省心——
家居**装修**最关心的
500个问题　**前　言**

"齐家、治国、平天下"，自古以来，家就被中国人赋予特殊而重要的地位。在中国传统文化理念中，家代表一个符号，是一个人真正成长起来的标志，"成家立业"成为能够承担社会责任的起始。作为家庭的具体承载对象——房子，自然也被放到足够高的位置上了。

随着改革开放以来我国房地产市场的蓬勃发展，普通大众已经从对住房的基本需求，逐渐发展到对居室的面积、室内条件、环境等诸多因素的更高追求。从改善居住条件到改善居住环境的发展，见证了社会的进步。在这一过程中，装修就成为百姓改善居住环境所面临的头等大事。

装修装饰业也随着房地产市场近十几年的发展，得到了长足的进步。在此，我们既能够看到表面的繁华，也应该看到其中所面临的问题。在这个行业中，由于从业门槛低，从业人员众多，市场准入机制建立还不很完善，导致良莠不齐、问题众多。在这样一个环境下，作为业主，很难在一次装修过程中不犯错误，所以也就出现了买了房子盼装修又怕装修的矛盾心情，本书也就是在这样一个情况下应运而生的。

目前市面上众多的装修指导类书籍，大多都是业主站在自己的位置上，通过一次装修的经验编撰而成，虽然经验宝贵丰富，并对读者产生一些指导性作用，但是还缺乏专业性和普遍意义。其中很多经验和方法，如果站在装修从业人员的角度看，就未必是"放之四海而皆准"的真理。

作为从业经验多年的笔者，看到这种现状，觉得有必要出版这样一本装修指导类的书，旨在帮助购房装修的业主，在装修中少走弯路，尽量做到省钱、省心、省事，通过一次愉快的装修历程，了解装修行业的基本状况，清楚业主在装修中的职责范畴，掌握装修中一些基本的经验。这些经验和知识，既可对日后家居生活带来一定的帮助，又可指导亲戚朋友，何乐而不为。

本书共归纳总结了500个与装修有关的问题，总共分为三大部分，分别为装修前、装修中以及装修后。

上篇为装修前的准备工作，主要介绍如何买房、验房，前期如何对新房进行规划以及决定是否选用装饰公司。如果不用装饰公司，自己装修需要进行哪些准备；如果用装饰公司，如何进行合同洽谈、确定价格等。

中篇为装修中的细枝末节，通过一次装修中各个工种的具体工作流程，包括从水电工、瓦工、木工到油工，他们的工作范畴，以及在这些工种具体施工环节中业主应该注意哪些问题、扮演什么角色。通过这种施工流程的结构，帮助业主理清烦乱的装修施工过程。

下篇为装修后的收尾工作，这部分内容主要包括如何购买家具和家电、软装修以及清除室内污染、家居保养等问题。俗话说，"编筐编篓，全在收口"，新家的硬装修虽然完成了，但是不可小看后期的作用。

本书由曹春海编写，参与编写的还有宗丽娜、刘春阳、曹皓、丁虹、刘鹏、曲妮娜、曹丰国、岳淑梅、历彩云、曹幸元、宗国贤、黄鲁军、刘涛、郝奇、吕来顺、杨艳、张鹏、吴晓辉、李长清。由于编者知识水平有限，时间相对仓促，书中疏漏之处在所难免，望广大读者不吝赐教。

目录 CONTENTS

第 1 章 购房与验收

第 2 章 预备装修

第12章 木工施工之工程篇

第13章 油工篇

第**14**章 石材、地板和壁纸

第**15**章 家具与家电的购买

第 16 章 软装修

第 17 章 环保与清洁

第 **18** 章　养护

第1章 购房与验收

1. 买房指导之资金要素

根据当前我国国内的情况，流行购房的方式分为现金购房和按揭贷款两种。

对于绝大部分工薪阶层来说，买房都采用按揭模式（即通常所说的贷款）。贷款要量力而行，月供额不应超过家庭月均收入的40%。需要特别提醒的是，除了预留买房资金，还应该准备出装修资金、进户费等，不要出现买得起房子装修不起的窘状。

2. 买房指导之地段要素

（1）首先要确定房子离工作地点的距离。你可以实际乘坐公交车计算一下往返时间。如果在半小时内的，属于近距离，半小时到1小时的，属于中等距离。如果超过1小时的，那么就属于远距离了。

（2）你上班是否自己有车？如果有，开车上班的单程时间超过1小时的，那么你就得考虑一下了；如果没有，楼盘附近的公交线路是否能够满足日常生活所需，包括到公司、购物中心、市中心、火车站、机场、医院等这些场所以及到达目的地所需的时间。

（3）在面对这些距离问题时，你一定要亲自计算，有一些房地产商的广告简直是吹出来的。例如小区到机场只需要10分钟之类的宣传，事实上，你一定不能在这么短的时间内到达目的地。

（4）地段好的楼盘，生活便利，同时人流量大，可能环境要稍显嘈杂；偏远地段的楼盘，出行成本增加，但是由于居住人口较少，环境可能比较静谧。

3. 买房指导之多层还是高层

（1）同等建筑面积下，多层公共分摊小，得房率高；高层使用面积小。

（2）高层楼房有电梯，省去了多层爬楼梯的辛苦，但是如果发生停电的意外情况，对高层业主来说也是一件痛苦的事情。另外，高层业主还需要咨询物业，装修期间客梯是否允许运送装修材料，否则会增加装修成本，有时搬运费甚至高过装修材料。

（3）高层的建筑规范要比多层的高，质量也普遍要比多层的好；也正是由于这个原因，高层室内比多层室内存在更多的柱体，后期装修的变动性不如多层好。

（4）从空气质量来说，高层比多层好，由于城市中空气悬浮物大多飘浮于12层以下的部分，所以12层以上的高层可以享受到更好的空气。

（5）多层的物业管理费用相对较低，而高层由于有电梯费开支，所以比多层要贵一些。

4. 买房指导之楼层要素

楼层越高，价格越贵。多层中，一楼都是最便宜的，三楼到五楼是一个价格，顶层往往比一楼还便宜，高层也大体上延续这样一个规律。

（1）之所以楼层越高价格越贵，是出于采光考虑的。

（2）三楼到五楼对于多层来说，属于黄金楼层。太高的话，爬楼费劲；太矮的话，光线不一定充足。

（3）考虑楼层的时候，还应该考虑到楼间距的问题。如果楼间距较宽，即使一楼也可以得到充足的光线；反之，如果较窄的楼间距，可能三楼也被挡光。

（4）在买房以前，应该查看一下是否在自己打算购买的楼盘前还有其他建设规划。很多业主等到入住以后才发现，在自己家前面又盖起了高层，光线被挡，投诉无门。

5. 顶层和底层的房子值得买吗

在很多人的传统思想中，顶层和底层的房子往往首先被排除掉。实际上，这是一种并不成熟的想法。其实，顶层和底层有很多的优势。

（1）顶层和底层价格相对比其他楼层便宜。

（2）一楼可能存在着挡光、潮湿、卫生间反味、管线和梁柱多等问题；但是如果家里有老人就比较方便，省去了上楼的辛苦；而且目前很多楼房的一楼都赠送地下室和花园，相对价格比较有诱惑力。

（3）顶层可能存在着漏雨、返潮、冬冷夏热等问题，其实这些问题相对比较好处理，可以在后期装修中进行修补。顶层的好处就是避免了楼上的噪声干扰，如果比较喜欢安静，顶楼不失为一种选择，而且顶层视野开阔，可以看到比楼下更多的风景。

6. 有冷山的房子值得买吗

我们一般把房子左右两侧的墙叫做山墙。如果你房间的左面或右面没有邻居，那么这面墙就是冷山。有冷山的房间冬天可能会比较冷，特别是西面的冷山，因为冬天的西北风多。如果建筑质量不好，在春夏之际，还可能出现返潮和长毛等现象。所以在购买的时候，一定要谨慎。

7. 买房指导之户型的布局

户型的布局优劣按如下的前后评估。

（1）内隔墙的可调整性。现在出现了大量无梁无柱的设计，而且全框架设计，里面没有什么承重墙，这种可调节性给布局改良预留了很好的空间。

（2）"动静"分区。动区是指活动比较多的区域，包括客厅（起居厅）、厨房、餐厅，其中餐厅和厨房应该联系紧密并靠近住宅入口。静区包括主卧室、书房、儿童卧室等，私密性较强。

（3）客厅（起居厅）应该宽敞明亮，面积最小不要小于 14 平方米，三口之家 25 平方米较为合适，太大也不合适，经济上不合算，而且过大容易失去温馨感、亲和感。

(4) 卧室应该注重私密性，避免与动区相互干扰，主卧室面积不应小于 12 平方米，18 平方米较为合适。

(5) 厨房不宜太过狭长，要适合设计整体厨具、吊柜，进出方便，要留有放置冰箱的空间，建议用尺子量好冰箱的长、宽、高，冰箱的摆放还要不影响厨具、吊柜的正常使用。

(6) 卫生间不能太狭小，要留有马桶、洗浴设施安放的空间。使用起来要方便，要有放置洗衣机的空间，还要有独立可靠的排气系统。

8. 买房指导之户型的朝向

在中国，挑选住宅商品房的客厅，以朝南为最佳。北方地区历来形成坐北朝南的住宅为最佳的生活习惯，造成消费者"有钱就买东南房"的需求心理。因此，南朝向的房屋较其他朝向的房屋要好销售。其他朝向的优劣顺序大致为东南、东、西南、北、西。其次，消费者应挑卧室的朝向。一套房内，卧室一般有两三间，其朝向也不会完全一致，而且在大多数情况下是有好有差。

9. 买房指导之质量要素

(1) 关注开发商的过往发展记录，看看是否有不良记录。

(2) 关注开发商的实力，因为充足的资金投入，是楼盘按时保质完付的前提。

(3) 现在有一些开发商不是专业房地产商，而是临时的项目开发商，因为自己手上有一块地而临时组建的，这时你不得不小心考虑了，除了资金因素外，例如工程验收、水电通信和交通等方面的因素，都是值得关心的问题。

(4) 不要把质量的问题寄望于工程承建商。有一些人迷信工程承建商的名声，其实，有一家好的工程承建商固然好，但工程的质量更多的是开发商的问题。

10. 买房指导之网络要素

(1) 从网上可以查看近期开盘或者即将开盘的楼盘，并进行横向比较，从价格、位置、交通、配套服务等多方面比较，整理出适合自己的楼盘。

(2) 从网上可以搜索自己中意楼盘的开发商的相关资料，该开发商的历史，已开发楼盘和入住的小区的名称。

(3) 从网上可以到这些楼盘的业主论坛中查看该楼盘的入住情况，包括配套设施、房屋质量以及物业服务情况。

(4) 从网上可以看自己中意楼盘的网友评论。这里需要注意的是，不要只看正面的评论，因为很多开发商会雇用一些专业的枪手在上面发帖。对负面的评论也要综合考虑，该楼盘的缺陷是否是自己能够接受的。

(5) 不要看网络上的价格。很多开发商为了各种目的故意将楼盘的价格标高或者标低，所以如果对楼盘感兴趣，就直接去售楼处，当面询问。

(6) 不要看网络上的销售情况。很多开发商捂盘惜售或者夸大销售状况，都是为了营销的目的。

11. 买房指导之入住后的问题

买房装修以后就是入住，由于属于未来的事情，我们在前期很难完全掌握，很有可能入住以后发现与开始预期的不同，所以在前期要尽量多了解，多考虑好以后的事情。

(1) 社区服务。社区配套服务最主要的包括治安管理、教育设施、医疗机构以及肉菜市场等。

(2) 小区环境。小区的环境包括绿化、休闲活动场所。

(3) 日常费用。居住在现代城市，什么费用都可能会发生。包括环境卫生、水电费等，另外还要注意的是大厦管理费(包括电梯保养费)以及公共设施维护费、本体维护费等。

12. 购买二手房应该注意的问题

(1) 房屋手续是否齐全。房产证是证明房主对房屋享有所有权的唯一凭证，没有房产证的房屋交易时对买受人来说有得不到房屋的极大风险。

(2) 房屋产权是否明晰。有些房屋有好多个共有人，如有继承人共有的，有家庭共有的，还有夫妻共有的，对此，买受人应当和全部共有人签订房屋买卖合同。

(3) 交易房屋是否在租。有些二手房在转让时，存在物上负担，即还被别人租赁。

(4) 土地情况是否清晰。二手房中买受人应注意土地的使用性质，看是划拨还是出让：划拨的土地一般是无偿使用，政府可无偿收回；出让是房主已缴纳了土地出让金，买受人对房屋享有较完整的权利。

(5) 市政规划是否影响。有些房主出售二手房可能是已了解该房屋在5～10年要面临拆迁，或者房屋附近要建高层住宅，可能影响采光、价格等市政规划情况，才急于出售，作为买受人在购买时应全面了解详细情况。

(6) 福利房屋是否合法。房改房、安居工程、经济适用房本身是一种福利性质的政策性住房，在转让时有一定限制。

(7) 单位房屋是否侵权。一般单位的房屋有成本价的职工住房，还有标准价的职工住房，二者土地性质均为划拨，转让时应缴纳土地使用费。

(8) 物管费用是否拖欠。有些房主在转让房屋时，其物业管理费、水费、电费以及三气(天然气、暖气、煤气) 费用长期拖欠，且已欠下数目不小的费用。

(9) 中介公司是否违规。有些中介公司违规提供中介服务，如在二手房贷款时，为买受人提供零首付的服务，即买受人所支付的全部购房款均可从银行骗贷出来。

(10) 合同约定是否明确。二手房的买卖合同虽然不需像商品房买卖合同那么全面，但对于一些细节问题还应约定清楚，如合同主体、权利保证、房屋价款、交易方式、违约责任、纠纷解决、签订日期等问题均应全面考虑。

13. 新房的验收步骤

(1) 看墙壁。验收墙壁，最好是在房子交楼前，下过大雨的第二天前往视察一下。这时候墙壁如果有问题，几乎是无处遁形的。除了墙壁渗水外，还有一个问题，就是墙壁是否裂纹。

(2) 验水电。验电线，除了看看是否通电外，主要是看电线是否符合国标质量。再就是电线的截面面积是否符合要求。

(3) 验防水。用水泥砂浆做一个门槛堵着厕卫的门口，然后再拿一胶袋封住下水口，再加以捆实，然后在厕卫放水，浅浅就行了(约高 2 厘米)。然后约好楼下的业主在 24 小时后查看其家厕卫的天花。

(4) 验管道。这里所指的管道，是排水 / 污管道。尤其是阳台之类的排污口，验收时，预先拿一个盛水的器具，然后倒水进排水口，看看水是不是顺利地流走。

(5) 验地平。一般来说，如果差异在 2 厘米左右是正常的，3 厘米在可以接受的范畴。如果超出这个范围，你就得注意了。

(6) 验层高。使用卷尺顺着其中的两堵墙的阴角（夹角）测量，你应该测量户内的多处地方。一般来说，在 2.65 米左右是接受的范围，如果低于 2.6 米，那么房屋就得考虑了。

(7) 验门窗。这里尤其以验收窗为主。验收的关键一点是验收窗和阳台门的密封性。

14. 二手房的验收步骤

(1) 看墙壁。一般来说，如果二手房没有经过临时的粉刷，那么墙壁有渗水的话，会有泛黄或者乳胶漆"流涕"的迹象。

(2) 看地面。主要是要看清楚踢脚线部位有没有渗水迹象，包括乳胶漆或者墙纸表面有没有异常。另外，尤其要看是否有发黑的部位。

(3) 把已放家具搬开。有一些人买二手房时，都会看到房子里面还放有一些家具。把家具从原墙地面搬开，检查这些部位是否存在着掩蔽的问题。

(4) 验防水。到楼下借看一下天花板，看看是否有漏水现象。另外，洗手间与厨房的邻近墙面（另一面）也是可以看到一些迹象的。

15. 如何做好装修准备

(1) 时间准备。你得确定房子的交楼日期，装修准备阶段，一般以提前一个月为佳，太长和太短都是没有什么益处的。时间太长，只会让自己受罪更长；太短，过于仓促也不好。

(2) 资金准备。一般来说，中档的装修大约会占房价的十分之一到五分之一。例如一套房子房价是 50 万元，那么装修款在 5 万元到 10 万元都是可能的。

(3) 心理准备。装修，业主所花费的时间和精力都很多，装修期间也比较辛苦。无论是跑市场买材料，还是监督工人施工，都需要你亲力亲为，因此有一个良好的精神状态是装修顺利的前提保障。

第2章
预备装修

1. 什么是装修

装修，在行业内一般叫装饰工程，它由建筑行业衍生而成，是建筑科学的延伸，它所涉及的面比较广，与众多学科有着千丝万缕的关系。

(1) 建筑结构。空间结构、设计风格、自然采光、建筑指数。

(2) 暖通照明。室内人工照明、空调系统。

(3) 给排水系统。生活用水与污水的给排。

(4) 消防、安全及广播系统。涉及楼层的消防、防盗及电视系统。

(5) 装饰材料及用品产业。它为装修行业提供各种各样的材料、成品及半成品。

装修工程从步骤上来说，包括：

(1) 构思（包括设计）阶段。这包括平面规划、立面规划和设计的过程。

(2) 选样阶段。确定各种材质、品种和品牌。

(3) 不再用的、非结构性的旧建筑构造的拆除（假若有的话）。

(4) 施工阶段。这包括各种水、电、管道和木工、泥工工程的施工。

(5) 整修阶段及验收。包括对不合格项目的返工，出现质量问题的项目返修的阶段。

(6) 保修期。这已经是现在行业出现的一种非常普遍的事情。

2. 装饰行业的现状

从事装修工程的人员主要有 5 类：

(1) 室内专业毕业的人士，是最为专业的一族，对于装修工程知识比较全面。

(2) 建筑及结构专业毕业的人士，是较为专业的一族，在一些方面，比室内专业更优胜。

(3) 其他美术或工程相关行业的人士。这些人具有一定的专业知识，并不全面。

(4) 工程施工队学徒出身的人士。有着丰富的施工经验，但专业知识较少，创造性低，施工时以仿效做法为主。

(5) 其他人士。

这里，我们既看到了中国装饰行业欣欣向荣的一面，另一方面，存在的各种问题也不容忽视：

(1) 专业水平低下，在上述的五类构成人员中，第 3、4、5 类几乎占了绝大部分。

(2) 企业的水平参差不齐。没钱没技术的企业长期混战于市场之中，市场准入措施不当及传统观点根深蒂固，这也是造成装修市场长期混乱的因素。

(3) 恶性价格竞争，也导致一连串的工程质量问题和事故的发生。

(4) 政府有关部门多方采取措施，但并没有取得十分有效的效果。

3. 如何选择装修时间

(1) 空闲时间的问题。一般家装最好是选择在自己比较空闲的时候，如果在装修时期一直工作很忙，而坚持要装修，那么只有找一个绝对信得过的人来装修了。

(2) 天气的因素。很多人认为，在一些潮湿的天气不能装修，其实，这种说法是没有科学根据的。潮湿天气对于装修的唯一影响是油漆。如果处理不当，会有泛白、发霉现象，但处理得当，那就不成问题了。

(3) 价格的因素。如果装修公司的技术可以的话，那么在淡季装修反而可以节省不少钱，因为淡季不仅装修公司会降价，连材料经销商也会降价。上面的所有问题你都准备就绪后，就可以着手下一步的计划了。

4. 春季装修的注意事项

一般来讲，潮湿闷热的春季并不是理想的装修季节。

(1) 注意防火，配备消防器材，选用安全材料。春季装修一定要注意施工时的防火安全。现场禁止吸烟，不能动用明火；油漆、稀料等易燃品应存放在离火源远、阴凉、通风、安全的地方；施工现场应天天打扫，清除木屑、漆垢、残渣等可燃物。

(2) 保证通风，降低油漆涂料挥发物浓度，谨防爆炸。若室内通风不良，油漆挥发出的气体不易排出，大量聚于室内，遇到明火容易爆炸。

(3) 不要选受潮木料，悉心存放防止变形。选购木料时，一定要到大批发商处购买，因为大批发商的木料一般是在产地作了干燥处理，相应减少了木料受潮的机会。

(4) 买瓷砖看含水率，防止出现裂纹陶。瓷砖花样繁多，春季选购时应注意它的含水量。表面平滑细腻、光泽晶莹，无光面手感柔和的就是含水量适中的产品。

(5) 铺地板留好伸缩缝，小心别翘板铺。安装木地板时，一定要请工人留下足够的伸缩缝，这样在夏季来临时，地板才不会起翘。

(6) 防止涂料开裂，先处理保温层，完善基层再涂刷。

5. 夏季装修的注意事项

(1) 注意材料的堆放、保管。半成品的木材、木地板或者是刚油漆好的家具，切勿急于放在太阳底下暴晒，应注意放在通风干燥的地方自然风干，否则材料不仅容易变形、开裂，还会影响施工质量。

(2) 注意做好饰面基层的处理。尤其是粘贴瓷砖、地砖，处理墙面之前，不能让饰面底层过于干燥，一般处理前先泼上水，让其吸收半小时左右，再用水泥砂浆或者石膏粉打底，以保证粘贴牢固。

(3) 注意善后保养。已做好的水泥地，或者是水泥屋面做好后，三五天内每天应放些水保养，以防开裂。

(4) 注意化工制品的合理使用。施工前，应详细阅读所用产品，如胶水、粘贴剂、油漆等化工产品的说明书，一定要在说明书所说的温度及环境下施工，以保证化工制品质量的稳定性。

(5) 注意工地安全。夏季衣着少，身上易流汗，进入工地要做好劳保防护。赤脚最易让钉子刺脚，安装电路时切记要绝缘，断电施工。

6. 秋季装修的注意事项

秋季装修过程中，有一些问题要特别注意，尤其是既要"防脱水"，又要"防上火"。

(1) 家装风格色调要四季适宜。天气转凉，人们会在不知不觉中喜欢一些偏暖的色调，对视觉感官造成误导，因此要客观地审视自己在选购建材时的倾向，发挥空间想象力，打造一个各个季节气候都适合自己的家居环境。

(2) 木材预先处理。秋季气候干燥，木料运进装修现场后，要避免放在通风口，并且要在表面尽快作封油处理。因为此时木料放在通风口易风干，木材内的水分会流失，导致木材表面干裂，出现裂纹。

(3) 壁纸、壁布要防失水。和夏季相比，秋季贴壁纸、壁布要注意更多问题。首先，由于秋季气候干燥，所以在铺贴前一定要先放在水中浸透"补水"，然后再刷胶铺贴；铺好后不能像夏季一样打开门窗让墙面迅速干透，这样做极易让刚铺贴好的壁纸被"穿堂风"吹干，从而失水变形。所以，在秋季，贴好壁纸、壁布的墙面要自然阴干。

(4) 给家居"保湿"。秋季容易出现木地板收缩、板与板之间缝隙加大、墙面与门框因收缩率不同出现缝隙等问题。而房间的保湿，不仅能有效缓解干燥带来的装修问题，同时对人体健康也有很大的好处。

7. 冬季装修的注意事项

冬季装修，要严格控制好室温和通风。

(1) 严格控制室温。低气温(特别是伴随着刮大风)会对建筑材料构成几种影响，一种是收缩，一种是水分挥发。以墙漆和木器为例，气温急降会造成漆面和木器接口急剧收缩，引致各种开裂现象。

(2) 慎用防冻剂。在建筑装修中使用防冻剂，能使混凝土在负温下硬化，并在规定时间内达到足够的防冻强度。但防冻剂的主要成分是三乙醇胺和亚硝酸盐。亚硝酸盐在人体内不会产生蓄积，但是一次性摄入过量亚硝酸盐就会中毒。

(3) 注意施工安全。在冬季装修时，有些房屋室内没有暖气，有些装修工人会在室内用明火取暖，这是很危险的，极容易引起缺氧、中毒，甚至还会发生火灾。

(4) 全面考虑色调问题。冬季装修会对人的视觉感官造成错觉。比如在冬季装修时，人们会在不知不觉中喜欢一些偏暖色调，到了夏季就难受了。

(5) 适度开窗通风。开窗通风虽然有利于室内甲醛等有害物和油漆制品的挥发和干燥，但是由于冬季室外温度低，也会使漆变质甚至粉化，而且装修后没干透的墙面漆很容易被冻住，容易造成开春后墙面变色。

8. 梅雨季节装修的注意事项

在梅雨季节做木器油漆工程，会造成漆面形成一层灰蒙蒙的白灰层，影响观感。要解决这个问题难度并不大，主要在天拿水（香蕉水）中加入 5%～15% 的化白水（防白水）即可消除，但是室内湿度极高时，加化白水后仍然出现发白现象的，应该停工。化白水的使用比例不宜超过 20%，否则会引起漆面慢干发软。

很多业主在装修时，都习惯在附近的驻场店铺购买装修板材，然后用三轮车或者其他没有带篷的货车运输，这种小雨的确对普通的夹板不会造成很大的影响，但对于饰面板一类的板材就会有影响。

梅雨季节也会对墙面的油漆工程构成影响，主要是漆面干透速度会很慢。甚至一层漆需要两三天甚至更长的时间才能干透。这种情况下，应该静候油漆干透，不宜采用煤气灯或高强度灯光进行照射（油漆工程只在局部施工的除外）。

9. 雨季装修更要防室内空气污染

由于雨季具有空气潮湿、气压低等特点，此时装修比其他季节更容易造成室内空气污染。

（1）雨季来临之前，天气闷热，湿度很大，此时装修材料中的一些有毒有害气体的释放量会更大。

（2）在闷热的天气里，施工人员通过呼吸道、皮肤、汗腺等排放出的污染物会比平时更多。此外，为保护刚油漆或涂刷好的门、窗及墙面、顶棚等处不受蚊虫、苍蝇的破坏，还需要灭蚊、灭虫、杀菌，这样也会给室内空气造成污染。

（3）雨季装修时，需要对一些特殊的装修工具进行防潮、防湿和防尘处理，比如在对家具油漆和墙壁涂饰时，便需要紧闭门窗，这样就更容易造成室内污染物的大量积聚。

（4）阴雨天，气压低，即使把门窗全部打开，也会减弱室内外空气的正常对流，导致室内通风状况不佳。

10. 怎样装修最实惠

在装修前，应该对装修中的费用有一个清楚的认识，同时也应该尽量避免不必要的开销。

（1）精心的策划和完美的设计是省钱的第一途径。

（2）采用"画龙点睛"的方法。重点装修的地方，可选用高档材料、精细的做工；其他部位的装修采取简洁、明快的办法，材料普通化，做工简单化。

（3）遵循规矩，把好预算决算关。在施工过程中难免变动修改，应参照原始项目单做好过程记录，以便在决算中清理增减项目。

（4）工期准备。以两室一厅为例，在正常情况下，工期在 20 天左右，如算上其他因素，诸如更改设计方案等，大概 30 天左右。

（5）减少购买装饰材料的数量。业主在去市场购买装饰材料以前，一定要列出详细购物清单（包括数量），在装修过程中，能一次购买的，尽量都买回来，这样节省车费和时间、精力。

（6）时刻提醒自己留意工人施工中对材料的使用是否物尽所用，有关这方面的内容，笔者将在后面施工篇章中为读者提示。

11. 算好各种装修账

一般来说，装修需要算账的方法大致如下：

（1）设计账。设计费占整个装修费的 5% ~ 20% 不等。

（2）材料账。目前的装修材料已是产品化流水作业，装修已成模式，价格也相对固定。所以跑几个建材市场，就可寻到底价。

（3）预算账。在设计和问明价格的基础上，与装修者一同预算出整个装修的材料费用。

（4）时间账。装修毕竟是一项大开支，因此，装修前一定要留出足够的时间把设计、用料、询价和预算做到位，前期准备得越充分，装修的速度才能越快。

（5）权益账。根据上述各项进展情况，与具有装修资格和能力的装修商签订合同，合同内容应包括使用的材料、指定品牌以及双方认可的价格。

12. 省钱省心买材料

在购买装饰材料的过程中，有一些经验和注意事项需要业主有一定的心理准备。

（1）为最大限度节省开支，在选择主材时切记不要看花了眼。因为好东西实在是太多了，而且似乎每一样单看起来，经济上都可以承受。解决办法是先定价格，后选材料，超出预定价位 10% 的材料物品，不要在上面浪费时间。

（2）能省就省，在自购主材时，业主最好在设计师的建议下，根据工程实际用量进行采购。到建材市场去逛摊时，当心因图便宜而买到假冒伪劣产品。而到建材超市买东西，最大的优点是价格相当透明，质量也比较有保证，但有些产品的款式、有些品牌的花色容易不全。

（3）购买主材有时会遇到陷阱，也应该注意。有些商家有两份报价单，对同种材料有好几种报价单，消费者自己去买和与装修公司或工人去买是两套价，给同样的折扣其实所得到的结果是不同的。

另一种陷阱就是把一等品按优等品价格出售。例如有些瓷砖价格虽然贵，但是货品是优等品，而优等品和一等品在外观上非专业人员很难分辨，价格却有很大差别，当你把商家的价格压到他限定的利润之下，最终成交时，你拿到的也许就不是你所看到的样品了。

第**3**章
前期规划

1. 前期新居规划的内容包括哪些

前期规划是整个家装的关键环节，主要包括以下 5 个方面：

（1）装修风格和预算。确定新家的装修采用什么风格，是简约还是复杂，以及可能产生的预算，这直接影响到后期所有的装修环节。

（2）主体设计。接下来，我们需要确定的是各个空间的功用、建筑材料的使用等内容。

（3）主体结构需要进行的拆改。这部分包括对承重墙、间壁墙的改动，以便获得不同的空间组合。

（4）家具家电的摆放。如何在有限的空间，合理安全地摆放各种家具和家电。

（5）开关插座位置的确定。开关插座需要在前期确定下来，数量和位置都直接决定了后期居住的安全性和便捷性。

2. 前期新居主体规划包括哪些方面

（1）确定主卧、次卧、书房的具体位置。比如：有的父母希望给孩子留的空间大点，可以考虑把原设计的主卧作为儿童房；家庭成员由于作息习惯不同，可以考虑分配不同朝向的卧室；对噪声比较敏感，可以考虑使用远离临街的卧室；老人比较怕冷，可以考虑阳面的卧室等。

（2）确定各个空间是贴壁纸还是刷漆。这方面既要考虑美观性、实用性，还要考虑环保及安全性，例如儿童房的墙壁就不适合贴壁纸，即使要贴，也要尽量选择环保壁纸。

（3）确定门是内开还是外开，是左开还是右开。在考虑的过程中，主要以门四周的设施为主要对象，看门的开口是否会碰撞到这些目标以及是否会影响视线和阻挡在房屋中的行动。

（4）确定卫生间用浴缸、淋浴房还是简单的浴帘，它们位置的摆放。最好能根据卫生间的大小，具体到摆放这些洁具的尺寸。

（5）确定客厅是铺地板还是铺地砖。这部分判断的基本原则是室内的取暖方式，如果地热可以铺设地砖，如果是暖气取暖，则最好铺地板；其次就是家庭成员的喜好。

3. 哪些墙体结构可以改

对主体结构的拆改，主要包括以下几个方面：

（1）门的朝向。卫生间的门是很忌讳对着入户门或者卧室门的，这是个常识，很多业主都知道。门朝向的改动，是家装中最常见的改动。

（2）非承重墙改动。非承重墙改动也是家装常见的改动，有些业主考虑隔出衣帽间放衣物、增加空间利用率、增长电视墙等，都会在非承重墙上动脑筋。

（3）承重墙的改动。根据空间需要，有在承重墙上开大孔、挖洞、做嵌入式柜子的可能。承重墙的改动肯定是违规的，一般是以牺牲装修押金或者部分装修押金为代价。

（4）配重墙的改动。配重墙一般是用来压阳台的，但有的业主认为打通以后空间显大，就把配重墙打掉了，这个改动物业一般也都不允许。所以，最好事先跟物业打招呼。

4. 墙体拆除的后果不可不知

墙体拆除不是想拆就拆，大体上需要权衡以下几点：

（1）通常现在新房入住前都需要交纳装修保证金，各地略有不同。这个保证金是为了限制业主改动承重墙而设置，如果业主在装修中擅自拆改墙体承重墙，那么装修保证金将不能归还业主。

（2）墙体拆除需要费用，拆除以后还需要瓦工将墙体重新砌好，这仍然需要费用，而且砖块与水泥砂子仍然是费用。

（3）力工是所有装修工种中技术含量最低的工种，入行的门槛很低，很多工人对装修技术知之甚少，经常野蛮施工，所以如果墙体中带有电路管线，要注意不要野蛮施工，弄断电路，否则后果严重。

（4）承重墙的拆除往往会影响到整栋楼的结构安全，严重的会使墙体下沉。

5. 怎样分辨承重墙和间壁墙

在进行墙体拆除以前，一定要明白哪些墙体是能拆的，哪些是不能拆的。

所谓承重墙，顾名思义就是用于承载楼体结构重量的墙体，这种墙体通常为240毫米，简称二四墙，这种墙体内使用钢混结构，非常结实，通常力工拆除这种墙往往会要求增加人工费。对于业主来说，这种墙尽量不要进行改动，否则会有严重的后果。

所谓间壁墙，顾名思义是用于隔开整个建筑空间的墙体，这种墙体通常小于120毫米，简称一二墙，这种墙体内就是基本的砖混结构，也是被允许进行拆改的。

那么，普通业主如何鉴别非承重墙呢？大致有以下两点：

（1）非承重墙都比较薄，一般在10厘米左右。

（2）有清脆的大回声的，是轻体墙，而承重墙应该没什么太大的声音。

6. 前期规划如何摆放家具

考虑家具摆放的问题，首先应该在各自然间的功能明确划分好之后。仅从生活角度而言，这个环节业主完全可以根据自己的生活习惯独立完成。

（1）主卧室。主卧室的主要家具是大床、床头柜、主卧大衣柜。空间足够大的话，还可以考虑五屉柜、梳妆台等。

①大床床头的位置，大床床头宽度一般以2米计算。

②根据主卧空间的大小，确定大床侧边放一个还是两个床头柜。床头柜宽度一般以50厘米计算。

③根据主卧空间的大小，确定主卧室大衣柜的位置。大衣柜的进深一般以60厘米计算。无论是平开门还是推拉门，大衣柜前面一般至少要预留50厘米站脚的空间。

综上所述，大床床头宽、两个床头柜宽、一个大衣柜进深、大衣柜前的 50 厘米，加在一起 410 厘米宽，此外还要考虑散热器占用的宽度。所以，一个标准的主卧室至少应该有 450 厘米宽的墙边。低于这个宽度，要么考虑用一个床头柜，要么考虑把大衣柜放在床尾对面（前提也是有足够的空间）。

（2）次卧室。次卧室的主要家具是小床、床头柜、儿童书桌、儿童衣柜等。

①小床床头的位置，小床床头宽度一般以 130 厘米计算；小床的摆放和大床不同，现在习惯把大床往地中间摆，但是小床应该尽量靠边，这样可以给儿童留出更多的活动空间，也方便日后儿童书桌、衣柜等的摆放。

②根据次卧室空间的大小，确定小床侧面能否放床头柜。原则上，小床的床边一般最多放一个床头柜，床头柜的宽度一般以 50 厘米计算。

③根据次卧室空间的大小，考虑儿童家具的摆放，如果空间不是足够大，应优先考虑写字台，其次是衣柜，最后是钢琴。

（3）书房。书房的主要家具是写字台、书架、座椅。一些业主会考虑在书房挤出空间放杂物、衣服的问题，所以，写字台、书架和座椅的位置需要根据书房的设计格局，具体情况具体分析。

①书房的空间一般都不大，而且，四面墙中，有一面有窗户的墙几乎利用不起来。所以应该保证人尽量往里坐。这样的话，另外三面墙中，门自身的那面墙或者距离门最近的墙适合放书架。书架的进深比衣柜要小，一般以 30 厘米计算。

②书架的位置确定后，再在另外两面墙中寻找适合写字台的位置。一般来说，要保证书架的位置在写字台的侧面或者对面，不要在背后，否则把人夹在中间，不舒服。

③如果空间足够大的话，座椅的最佳位置是背后靠墙，写字台往地中间摆。如果整个摆放下来，还有空间富余的话，再考虑放别的。

（4）客厅。客厅的主要家具是沙发、电视柜。

①客厅的沙发一般适合摆放在距离客厅窗户较近的位置。沙发的形状适合 "U" 形或 "L+ 方墩" 的形状，忌 "L" 形。

②电视柜不宜过长，浪费空间。有些业主电视柜做得很长，为了把家庭影院的两个主音箱放在上面，这并不是一个理想的方式。主音箱的振动对电视机的电路有损伤，所以，主音箱最适合直接放在地上。

③现在的大客厅设计，客厅基本上都同时兼备餐厅的功能，所以，还要给餐桌、餐椅留好位置。餐桌的位置最好不要正对着入户门、卫生间门。

（5）厨房。厨房最主要的是橱柜，然后还应根据开发商预留的燃气管道、上水管道，明确灶台、水槽的位置，有个基本的设计原则就是：尽量把操作台留得大一些。

（6）卫生间。卫生间的基本功能有三个：洗澡、洗脸、上厕所。所以，进入清水房的卫生间，通过开发商预留的上下水接口的位置，基本上可以判断出马桶、洗脸盆、浴缸（花洒）的位置。

7. 前期规划如何摆放家电

（1）燃气灶最好放在厨房中，位置尽量靠近厨房的窗户。

（2）确定冰箱放厨房还是客厅，最好放在厨房中。如果放在客厅中，也要尽量靠近厨房的位置，这样便于取送食材。

（3）确定洗衣机放卫生间还是厨房，最好放在卫生间中。如果放在卫生间外，要注意洗衣机下边的防水和防潮。

（4）确定各个空间空调的位置，空调应该在垂直窗户的两面墙上。

（5）饮水机最好放在客厅中，位置可以在沙发的旁边，一伸手就可以触到。

（6）确定使用电热水器、燃气热水器还是使用太阳能热水器。

8. 目前家装设计中的流行风格

当前国内家装设计风格流派众多，大致有如下几种常见风格：

（1）现代简约风格。这种风格主要由曲线和非对称线条构成，如花梗、花蕾、葡萄藤、昆虫翅膀以及自然界各种优美、波状的形体图案等，体现在墙面、栏杆、窗棂和家具等装饰上。它也是目前市面上大多数家庭采用的一种装修风格。

（2）田园风格。重在对自然的表现，但不同的田园有不同的自然，进而也衍生出多种家具风格，中式的、欧式的，甚至还有南亚和韩式田园风情，各有各的特色，各有各的美丽。

（3）中式风格。中式风格是比较自由的，装饰品可以是绿色植物、布艺、装饰画，以及不同样式的灯具等。大块颜色上习惯使用白色、黑色、胡桃木等。

（4）地中海风格。地中海风格具有独特的美学特点。一般选择自然的柔和色彩，以蓝色和白色为主，在组合设计上注意空间搭配，充分利用每一寸空间，集装饰与应用于一体，在组合搭配上避免琐碎，要大方、自然，散发出古老尊贵的田园气息和文化品位。

（5）日式风格。日式风格空间造型极为简洁，家具陈设以茶几为中心，墙面上使用木质构件作方格几何形状与细方格木推拉门、窗相呼应，空间气氛朴素、文雅、柔和。一般不多加繁琐的装饰，更重视实际的功能。

9. "不拘一格"谈混搭

风格只是一种生活态度，在装修中，不一定非要完全按照一种风格来装修自己的新家。有些家庭成员年龄构成比较单一，可以选择让所有空间都形成一种纯粹的风格。但是如果上有老、下有小的话，一种风格未必符合所有人的审美和生活习惯。

（1）如果家里有小孩，对儿童房的装修往往要体现出活泼、清新的风格，用色上大多使用鲜艳的浅色。如果装修成中式稳重的风格，则不适合儿童居住。

（2）如果家里有老人，对老人房的装修可以采用中式风格和色彩。此时田园风格那种花花草草的效果又不适合老人。

所以，在新居中，装修完全可以采用混搭来形成特有的效果，既满足了家庭成员的居住要求，又避免了那种千篇一律的风格。

10. 怎么设计自己的新家

首先，设计前应根据事先决定的装饰风格，以及本人的社会地位、自身的经济实力、周边环境、房屋的本来情况等因素进行准确的定位。这样做可以避免在同一居室出现多种装修风格而产生零乱感，同时也可以防止因一时冲动而购进过多的又不需要的家具和陈设。

（1）家具：贵在舒适。通常居室中并不需要放置太多的家具。过多的家具并不一定代表华贵，反而只会给人带来拥挤、狭窄的感觉。

（2）绿化：妙在点睛。在室内布置绿化可以起到调节湿度、降低噪声、净化空气、调节室温的作用。绿化布置要视空间尺度、通风采光，以及其悬挂和放置点的空间环境构图。

（3）颜色：美在和谐。色彩在家庭装修中是很重要的。可以通过结合居室环境、疏密相间、错落有致、色彩相宜地进行布置，来达到丰富景色空间、增加美感的目的。

（4）照明：巧在层次。起居室包括多种不同的活动，因此大体来说起居室必须具备多种照明方式。例如多人聚会时可采用全面照明、均匀散光形式，用吊灯、嵌顶灯、吸顶灯等；听音乐时用低照度的间接光；看电视时座位后方要用落地灯或台灯作微弱照明；摆放盆景、雕塑等，可用射灯或背景灯。卧室活动与起居室不同，休息睡眠时光线要低柔，在床头墙上设壁灯或床头柜上设台灯。穿衣服时要求光质均匀，避免产生逆光现象。

11. 过时的装修方式和建材

（1）窗帘盒。除了吊顶可以暗藏窗帘滑轨外，更多人会选择明露的横杆来代替窗帘盒。

（2）墙裙。一般的装修不会采用墙裙（但个别风格还是会采用墙裙，如田园风格、地中海风格等）。

（3）木质吊顶。木质吊顶易变形，相对石膏板不环保，现在装修中很少使用。一般采用石膏板吊顶。

（4）吊顶、隔墙龙骨。老式的工艺采用木方作为龙骨，易变形，防火性差，造价高。一般采用轻钢龙骨作为吊顶和隔墙龙骨，它相对木龙骨造价低，防火，不易变形。

（5）抛光砖。抛光砖有防污差的问题，因为在制作时留下的凹凸气孔，这些气孔会藏污纳垢，造成了表面很容易渗入污染物。可选用玻化砖或者釉面砖。

（6）铝塑复合管。家装用的冷热水管一般有铝塑管、PP-R管、铜水管。铝塑管是代替镀锌铁管的新产品，但在作为热水管使用时存在设计结构方面的不足，一般已经很少使用。PP-R管是目前供水管道最为经济实用的产品，其可以暗埋安装，是前面三种管道的理想替代产品。

（7）铝合金窗。铝合金窗逐步被塑钢窗所取替或并存，原因更多的是保温和价格方面的因素，优质的保温性能和相对较低的价格使塑钢窗占有了更大的市场。

（8）PVC扣板。PVC吊顶安装长时间会变形，一般采用铝扣板或者铝扣板集成吊顶。

（9）隔墙。现今很少采用红砖，一般采用轻质隔墙，如石膏板。

12. 现在和未来流行的装修方式和建材

（1）仿古砖。近年来很多人钟情欧式田园和地中海等风格，那仿古砖一定是缺少不了的元素。

（2）马赛克。现在的马赛克不同于上世纪80年代的马赛克。现在的马赛克色彩斑斓，形式多样，尤其玻璃马赛克极具装饰效果。一般采用与瓷砖贴片混搭的形式施工。

（3）铝镁合金拉门。铝镁合金材质性能出色，强度高，耐腐蚀，持久耐用，易于涂色，用来制作高档门窗。

（4）厨房不锈钢台面板。挡板与台面的一体化使整个台面的整体感非常好，防渗性、抗冲击性好，硬度高，清洗方便，不变色。

（5）布艺沙发。触感好，易清洗，可更换沙发外套，是大部分业主装修的首选。

（6）地毯（块毯）。家装工程中满铺地毯相对较少，但采用适合的块毯可提升设计风格。

（7）隐蔽式水箱。隐蔽式水箱的马桶、挂厕和洗手盆特别适合狭窄的环境。

13. 家居装修如何搭配颜色

在一般的室内设计中，都会限制使用颜色在三种之内。当然，这不是一种绝对，由于专业的室内设计师熟悉更深层次的色彩关系，用色可能不止三种，但一般只会超出一种或两种。

（1）金色、银色可以与任何颜色相配衬。金色不包括黄色，银色不包括灰白色。

（2）家用配色在没有设计师指导下最佳配色灰度是：墙浅，地中，家具深。

（3）厨房不要使用暖色调，黄色系除外；地砖不要使用深绿色。

（4）不要把不同材质但色系相同的材料放在一起。

（5）如果家里的装修风格是现代简约的，那么就不要选用那些印有大花小花的建材和窗帘等(植物除外)，尽量使用素色的设计，否则室内显得杂乱。

（6）天花板的颜色必须浅于墙面或与墙面同色。

（7）空间非封闭贯穿的，必须使用同一配色方案。不同的封闭空间，可以使用不同的配色方案。

14. 装修中如何提高家居的节能效果

装修时一定要念好节能经，关键是要做好保温、节水、节电等方面的设计和施工。

（1）保温。如果家里原有的外窗是单层玻璃普通窗，最好调换成中空玻璃断桥金属窗，西向、东向窗户最好安装活动外遮阳装置；尽量选择布质厚密、隔热保暖效果好的窗帘；如果家里有某个房间有西向的"冷山"，那么可以在室内再做一下保温措施；北方的冬季比较寒冷，顶层房屋的墙面尽量减少改动，安装空调后的空调孔一定要严密封死。

（2）节水。节水的重点是控制厨房、卫生间设备的选配与安装，最好安装节水龙头和流量控制阀门，采用节水马桶和节水洗浴器具。安装新型的用水量少的浴缸并与淋浴配合使用，做到一水多用，可以起到更节水的效果。

（3）节电。节电除了要选择节能型灯具外，在装修时还可选择使用调光开关，只要一种灯具就能解决问题，它可以将灯光调节成满足不同使用需要的状态，可以有效地实现节能。在客厅内，灯具尽量能够单开、单关，尽量不要选择太繁杂的吊灯；可选择安装节能的家用电器，合理设计墙面开关插座，尽量减少连线插板，不宜频繁插拔的插座可以选择有控制开关的；卫生间最好安装感应照明开关。

15. 如何让新居减少噪声

按国家规定，居民住宅区内的噪声标准白天是 50 分贝以下，夜间在 40 分贝以下。那么，怎样才能减低室内噪声呢？

（1）墙壁。可选用壁纸等吸音效果较好的装饰材料，还可利用文化石等装修材料，将墙壁表面弄得粗糙一些，可减弱噪声。另外，墙壁、吊顶可选用隔音材料，如矿棉吸音板等。

如果房屋临街，那么将临街一面的窗子改装成"隔音窗"，如双层窗户，可以有效隔音，选用中空玻璃，隔音效果也较好。另外，装修期间可以把临街一面的墙壁加一层纸面石膏板，墙面与石膏板之间用吸音棉填充，然后再在石膏板上粘贴墙纸或涂刷墙面涂料。

（2）布艺。悬垂与平铺的织物，其吸音作用和效果是一样的，如窗帘、地毯等，以窗帘的隔音作用最为重要。另外是铺地毯，其柔软的触感不但能产生舒适温馨的感觉，而且能消除脚步的声音，有利于人们休息。在卧室，为了保证宁静的休息环境，应选用质地厚实的窗帘帷幔织物，控制光线和外界噪声。

（3）家具。木质家具的纤维多孔性使它能吸收噪声，购置家具时可适当考虑。装修中使用软木地板也是一种有效的选择。

（4）光线。光线要柔和点。炫目的地板、天花板、墙壁会干扰人体中枢神经系统，让人心烦意乱，也使人对噪声格外敏感。

16. 二手房装修应该注意的问题

二手房装修不同于新房的地方在于，由于长期居住，室内很多建筑结构出现老化，都需要重新进行装修，所以应该格外注意以下方面：

（1）重铺墙、顶、地面。旧房的墙、顶、地面使用时间一般较长，会出现不同程度的开裂、霉变、卷皮、剥落、粉化等现象。因此，必须重新对棚顶、墙面和地面进行整治。卫生间和厨房可能还需要重新铺水泥墙面，再铺墙砖或涂饰乳胶漆。地面的处理，一般都是重铺木地板或地砖。旧房楼层的承重力有限，在铺设地砖时，水泥层不能铺得太厚，最好不用大理石。

（2）彻底更换水电线路。旧房的水电线路设计容量和负荷都远远低于现在，电线线路严重老化，且铝芯线导电性能差、易发热，不适合埋墙处理，更无 PVC 绝缘管保护。所以，水电线路必须按照现在的用电、用水标准敷设。卫生间和厨房的水管，最好放水浸泡数小时后再检查是否漏水。

（3）谨慎墙体改造。有的用户搬到现在的旧房后，按照现代的生活模式对旧房进行改造，打墙推墙。不管是顶楼还是底层，坚决不能打墙，尤其是承重墙。如果非打不可，一定要请房屋工程师到现场勘察后定夺，不能自作主张。

（4）门窗改造。旧房中的门窗一般都已老化，最好换上铝合金或塑钢门窗。如果木质门窗还有八成新，表面的漆膜尚好，材质坚硬，可考虑在装修时贴上装饰面板后再加以利用。钢质门窗的密封性能和美观实用程度较差，已经属淘汰产品。

17. 墙面通常的装饰方式有哪些

（1）刷涂料。刷涂料是对墙壁最简单也是最普遍的装修方式。通常是对墙壁进行面层处理，用腻子找平，打磨光滑平整，然后刷涂料，主要是乳胶漆。上部与顶面交接处用石膏线做阴角，下部与地面交接处用踢脚线收口。这种处理简洁明快，房间显得宽敞明亮，但缺少变化。可以通过悬挂画框、照片、壁毯等，配以射灯打光，进行点缀。

（2）贴壁纸。墙壁面层处理平整后，铺贴壁纸。壁纸脏了，清洁起来也很简单，新型壁纸都可以用湿布直接擦拭。

（3）铺板材。墙面整体都铺上基层板材，外面贴上装饰面板，整体效果雍容华贵，但会使房间显得拥挤。还有一种，虽是用密度板等板材整面铺墙，但上面再刷上白色乳胶漆，从外表上看不出是用板材装修的，这样处理的墙面既平整、造型细致，又避免了大量使用板材而带来的拥挤感。

（4）做"石墙"。一种是文化石饰墙，用鹅卵石、板岩、砂岩板等砌成一面墙。另一种是石膏板贴面，石膏板上雕有起伏不平的砖墙缝，贴在墙壁上凹凸分明，尤其是用灯光一照，层次感非常强，装饰效果显著。

18. 客厅吊顶的分类

客厅中的吊顶大致分为以下几类，可以根据自己新家的情况进行选择。

（1）用石膏在吊顶四周造型。石膏可做成几何图案或花鸟虫鱼图案。它具有价格便宜、施工简单的特点，只要和房间的装饰风格相协调，效果也不错。

（2）四周吊顶，中间不吊。此种吊顶可用木材夹板造型设计成各种形状，再配以射灯和筒灯，在不吊顶的中间部分配上较新颖的吸顶灯，会使人觉得房间空间增高了，尤其是面积较大的客厅，效果会更好。

（3）四周吊顶做厚，中间部分做薄，形成两个层次。此种方法四周吊顶造型较讲究，中间用木龙骨做骨架，而面板采用不透明的磨砂玻璃；玻璃上可用不同颜料喷涂上中国古画图案或几何图案，这样既有现代气息又给人以古色古香的感觉。

（4）空间高的房屋吊顶。如果你的房屋空间较高，则吊顶形式选择的余地比较大，如石膏吸音板吊顶、玻璃纤维棉板吊顶、夹板造型吊顶等，这些吊顶既美观，又有减少噪声等功能。

19. 电视背景墙可以这样做

电视柜背景装饰墙面可用的装饰材料很多，有木质的、天然石的，也有用人造文化砖及布料的。但对于电视背景墙而言，采用什么材料并不很重要，最主要的是要考虑这部分造型的美观及对整个空间的影响。

目前也有设计师以矿棉吸声板为材料做电视吸声墙，就是将矿棉吸声板粘在平整的墙面或细木工板上，通过精心设计组合成一定的图案，也可用涂料将吸声板喷成自己喜爱的颜色，既具有装饰性，又有很强的实用性，起到室内吸声降噪的作用。

20. 几种常见的电视墙风格

下面，简要介绍几种常见的电视墙风格。

（1）彩喷墙纸墙布。过去最常见的方法是电视墙与客厅的其他部位一样，在电视旁边配以一组矮柜，墙壁采用彩喷、墙纸、墙布等。彩喷多采用具有防潮、防霉、可洗、耐热等效能的涂料，而市场上的墙纸、墙布有多种花纹、图案，非常温馨、温暖。

（2）字画装饰。倘若你偏爱中国源远流长的传统文化氛围，那么在电视墙上悬挂一组字画，也颇雅致。

（3）欧洲乡村风格。如果你欣赏欧洲乡村风格，那么铁艺雕花，色彩优美的油画，依墙而造的电视柜，再加上点缀其间的瓷盘、古玩，这就是典型的欧式乡村风格。

（4）文化石造型。从功能上说，文化石可以吸音，避免音响对其他居室的影响。从装饰效果上看，它烘托出电器产品金属的精致感，形成一种强烈的质感对比，十分富有现代感。

（5）玻璃材质。通过前卫时尚的设计元素营造客厅的"亮点"空间也是目前电视背景墙的流行趋势。比如，用玻璃或金属等材质，既美观大方，又防潮、防霉、耐热，还可擦洗，易于清洁和打理，而且，这类材质的选用，多数结合室内家具共同塑造客厅的氛围。

（6）色彩和几何造型。以亮丽的色彩和各种饰线来充实点缀，客厅内家具摆放要简洁却不失单调，电视墙墙体的主色调可用橙色、天蓝色、紫色等"跳"一些的亮丽色彩，用色可大胆、巧妙，也可用两种对比强烈的色彩搭配。

（7）背景光装饰有特效。用文化石从电视墙的中央"位移"到整个墙面的上下左右四个边缘处，把中间空出来的部分用一张双人床竹席铺到墙上作为装饰，在其后埋藏一些小型冷光节能灯，晚间打开时效果十分独特，并成为电视墙的一种辅助光源。

21. 玄关的作用和功能性

玄关原指佛教的入道之门，现在泛指厅堂的外门，也就是居室入口的一个区域。综合来看，家居中设置玄关的功能主要有以下几点：

（1）私密性。避免客人一进门就对整个居室一览无余，也就是在进门处用木质或玻璃作隔断，划出一块区域，在视觉上遮挡一下。

（2）装饰性。进门第一眼看到的就是玄关，这是客人从繁杂的外界进入这个家庭的最初感觉。可以说，玄关设计是设计师整体设计思想的浓缩，它在房间装饰中起到画龙点睛的作用。

（3）方便性。方便客人脱衣换鞋挂帽。最好把鞋柜、衣帽架、大衣镜等设置在玄关内，鞋柜可做成隐蔽式，衣帽架和大衣镜的造型应美观大方，和整个玄关风格协调。玄关的装饰应与整套住宅装饰风格协调，起到承上启下的作用。

22. 玄关的设计方式有哪几种

玄关的变化离不开展示性、实用性、引导过渡性这三大特点。归纳起来主要有以下几种常见的设计方法：

（1）低柜隔断式。是以矮台来限定空间，既可储放物品杂件，又起到划分空间的功能。

（2）玻璃通透式。是以大屏玻璃作装饰隔断，既分隔大空间，又保持大空间的完整性。

（3）格栅围屏式。主要是以带有不同花格图案的透空木格栅屏作隔断，能产生通透与隐隔的互补作用。

（4）半敞半隐式。是以隔断下部为完全遮蔽式设计。

23. 玄关设计的几点注意事项

玄关的设计与其作用的关系十分密切，在设计的过程中，不能因为追求美观性而忽略其功能性。所以下面几点注意事项，需要业主了解：

（1）间隔和私密性。之所以要在进门处设置"玄关对景"，其最大的作用就是遮挡人们的视线。这种遮蔽并不是完全遮挡，而要有一定的通透性。

（2）实用和保洁。玄关同室内其他空间一样，也有其使用功能，就是供人们进出家门时，在这里更衣、换鞋，以及整理装束。

（3）装修和家具。玄关地面的装修，采用的都是耐磨、易清洗的材料。墙壁的装饰材料，一般都和客厅墙壁统一，顶部要做一个小型的吊顶。

（4）采光和照明。玄关处的照度要亮一些，以免给人晦暗、阴沉的感觉。

（5）材料选择。一般玄关常采用的材料主要有木材、夹板贴面、雕塑玻璃、喷砂彩绘玻璃、镶嵌玻璃、玻璃砖、镜屏、不锈钢、花岗岩、塑胶饰面材以及壁毯、壁纸等。

24. 让客厅显得宽敞明亮的方法

一个宽敞明亮的客厅让人身心愉快，相反，则显得压抑。那么，怎么让客厅显得大气而宽敞呢？以下方法值得小客厅业主考虑采纳：

（1）多用浅的颜色。

（2）让灯光自下而上柔和地照射在客厅的天花上。避免直接投射的灯光照在人脸上，这很容易会产生空间局促感和压抑感。

（3）利用空间的死角，摆放小型家具。

（4）在墙面上相间地涂上两种浅暖色的线条，线条与平面平行，横线条由下部往上逐渐变窄。

（5）在入门对面的墙壁上挂上一面大镜子，可以映射出全屋的景象，似乎使客厅扩大了一倍，或在狭长的房间两侧装上玻璃。

25. 如何让"暗厅"变"明厅"

利用一些合理的设计方法，来达到扬长避短的目的，凸显出立面空间，能够让背阴的客厅变得光亮起来。

（1）补充人工光源。光源在立体空间里塑造耐人寻味的层次感，适当地增加一些辅助光源，尤其是日光灯类的光源，映射在天花板和墙上，能收到奇效。另外，还可用射灯打在浅色画上，也可起到较好的效果。

（2）统一色彩基调。背阴的客厅忌用一些沉闷的色调。由于受空间的局限，异类的色块都会破坏整体的柔和与温馨。宜选用白桦饰面、枫木饰面亚光漆家具、浅米黄色柔丝光面砖，墙面采用浅蓝色调试一下，在不破坏氛围的情况下，能突破暖色的沉闷，较好地起到调节光线的作用。

（3）增大活动空间。厅内摆放家具时会产生一些死角，并破坏色调整体协调。解决这一矛盾并不难，应根据客厅的具体情况，设计出合适的家具，靠墙展示柜及电视柜也度身定做，节约每一寸空间，这在视觉上保持了清爽的感觉，自然显得光亮。

另外，若客厅留有暖气位置，可依墙设计一排展示柜，即可充分利用死角，保持统一的基调，还为展示个人文化品位打开了一个窗口。同时要注意，在地面处理上，要尽量使用浅色材料，避免深色吃光，也能增加客厅内的光亮度。

26. 阳台与客厅连通处的注意事项

有些户型的客厅与阳台相连，这样的位置形成了业主装修考虑的死角。由于客厅属于室内，而阳台属于室外，所以如何将这两部分科学而有机地结合在一起，就变成尤为重要的问题。

（1）材料。选择型材，设计好的塑钢窗或断桥设计的铝合金窗。

（2）设计。保证通风良好和擦窗方便的前提下，少设开启扇。

（3）形式。如果有条件，做平开窗比推拉窗密闭（造价高，高层有风压作用，对五金件要求严格）。

（4）玻璃。首选双层镀膜玻璃，透光隔热，防紫外线效果好；其次是双层中空玻璃；再次是双层玻璃。

（5）保温。阳台挡板处，作保温处理。

27. 主卧室装修的几点注意事项

为了设计好主卧室，需考虑以下 6 个方面：

（1）保暖。卧室的地面应具备保暖性，一般宜采用中性或暖色调，材料有地板、地毯等。

（2）墙壁。墙壁约有 1/3 的面积被家具所遮挡，而人的视线除床头上部的空间外，主要集中于室内的家具上。因此墙壁的装饰宜简单些，床头上部的主体空间可以设计一些个性化的装饰品，选材宜配合整体色调，烘托卧室气氛。

（3）吊顶。吊顶的形状、色彩是卧室装饰设计的重点之一，一般以简洁、淡雅、温馨的暖色系列为好。

（4）色彩。色彩应以统一、和谐、淡雅为宜，对局部的原色搭配应慎重。稳重的色调较受欢迎，如绿色系活泼而富有朝气，粉红色系欢快而柔美，蓝色系清凉浪漫，灰调或茶色系灵透雅致，黄色系热情中充满温馨气氛。

（5）灯光。卧室的灯光照明以温馨和暖的黄色为基调，床头上方可嵌筒灯或壁灯，也可在装饰柜中嵌筒灯，使室内更具浪漫舒适的温情。

（6）家具。卧室不宜太大，空间面积一般 15～20 平方米就足够了，必备的家具有床、床头柜、更衣橱、低柜（电视柜）、梳妆台。卧室里有卫浴室的，就可以把梳妆区域安排在卫浴室里。卧室的窗帘一般应设计成一纱一帘，使室内环境更富有情调。

28. 如何进行儿童房的装修规划

了解孩子成长中的性格特点及对居室布置的要求，与了解一些影响孩子生活的设计因素同等重要。

（1）地面。在孩子的活动天地里，地面应具有抗磨、耐用等特点。通常，一些最为实用而且较为经济的选择是刷漆的木质地板或其他一些更富有弹性的材料，如软木、橡木、塑料、油布等。

(2) 地毯。建议铺设在床周围、桌子下边和周围。这样可以避免孩子在上下床时因意外摔倒而磕伤，也可以避免床上的东西摔破或摔裂从而对孩子造成伤害。而孩子经常玩耍的地方，则不宜在地面上大面积地铺地毯。

(3) 家具。在孩子房间里陈设家具对父母来讲应该是一件很有趣味的事情。在这里随心所欲，完全沉浸于想象之中，设计将变得不过分也不荒唐了。因为孩子正是在利用想象力和创造力装点出的房间里才能获得极大的乐趣和启发。

(4) 布艺。可以选择颜色素淡或简单的条纹或方格图案的布料来做床罩，然后用色彩斑斓的长枕、垫子、玩具或毯子去搭配装饰"素淡"的床、椅子和地面。其中，长枕、垫子等的外套可以备有多种颜色，可以在不同季节、孩子不同年龄时更换枕套和垫子的颜色。

(5) 窗帘。窗帘的颜色可以选择浅色或带有一些卡通图案的面料，材质不宜过厚。因为在春、夏两季，白天阳光很强的时候，拉上窗帘孩子仍然可以在光线柔和的房间里玩耍。

29. 儿童房装修的几点注意事项

儿童房的装修要注意"简洁、自由、安全"三要素。

(1) 选用易清洁材料。孩子活泼好动，只要大人稍不注意，墙上便会出现孩童脏手印或彩笔线，发生这种情况家长会大伤脑筋。

(2) 创造更多的活动空间。在孩子的成长中"自由"是发挥一个孩子想象力的摇篮。对于年龄幼小的孩子来说，居室的活动空间对他们非常重要。不管父母怎样告诫，天性使然，孩子们仍然喜欢在地板上摸爬滚打。

(3) 选用实木地板或环保地毯。这些材质天然环保，并具有柔软、温暖的特点，适合幼儿玩耍、学习爬走等。地毯一定要每天吸尘，保持房间的整洁；如果孩子比较大了，就需要采用抗磨耐用的地面材料，一般复合实木地板比较常用，因为它避免了复合地板的甲醛问题，又比实木地板结实，比较耐用，好清理。

(4) 儿童家具注意安全性。儿童家具要结构稳固，家具上不要有大面积的玻璃或镜子，否则一旦被打破极易伤及儿童；儿童家具不应该棱角太多，特别是椅子、沙发的扶手，应当选择圆弧形的；在选购儿童家具时，一定要注意家具的涂料，如刺激味很大的涂料，一般都含有对人体有害的化学物质，不宜选用。电源插座要保证儿童的手指不能插进去，最好选用带有插座罩的插座。

孩子不宜睡太软的床，这会影响孩子的脊椎发育；桌子太矮，长期使用会使孩子驼背等。在给孩子选购桌椅时，最好选择那些可以伸缩调整的，既经济实惠，又可以针对孩子的体形变化随时进行调整。

30. 老人房装修的几点注意事项

要进行老年人房间的装饰设计，首先要了解老年人的特点。根据其特点，老年人的居室应该作一些特殊的布置和装饰。

(1) 控制室内的噪声。老年人的特点是好静，对居家最基本的要求是门窗、墙壁隔音效果好，不受外界影响，要比较安静。

(2) 选用安全的家具。老年人一般腿脚不便，为了避免磕碰，在选择日常生活中离不开的家具时，那些方正见棱见角的家具应越少越好。

(3) 使用平和的色彩。在居室色彩的选择上，应偏重于古朴，色彩平和、沉着的室内装饰色，这与老年人的经验、阅历有关。

(4) 布置温馨的环境。老年人一般视力不好，起夜较勤，晚上的灯光强弱要适中。还有，别忘记房间中要有盆栽花卉。在花前摆放一躺椅、安乐椅或藤椅更为实用，效果会更好。

老年人居室的织物，是房间精美与否的点睛之笔。床单、床罩、窗帘、门帘、枕套、沙发巾、桌布、壁挂等颜色或是古朴庄重，或是淡雅清新，应与房间的整体色调协调一致，图案也同样以简洁为好。在材质上应选用既能保温、防尘、隔音，又能美化居室的材料。

31. 书房设计的几个要点

书房的装修有以下几个要素：

(1) 照明。书房作为主人读书写字的场所，对于照明和采光的要求应该很高，写字台最好放在阳光充足，但不直射的窗边。书房内一定要设有台灯和书柜用射灯，便于主人阅读和查找书籍。

(2) 安静。安静对于书房来讲十分必要，所以在装修书房时要选用那些隔音、吸音效果好的装饰材料。

(3) 雅致。在您的书房中，哪怕是几个古朴简单的工艺品，都可以为您的书房增添几分淡雅、几分清新。

32. 电脑房装修的几个注意事项

(1) 通风良好。电脑需要良好的通风环境，因此，电脑房的门窗应保持空气顺畅，这样有利于机器的散热。

(2) 温度适当。电脑房的温度最好控制在 $0 \sim 30℃$ 之间。电脑摆放的位置有三忌．一忌摆在阳光直接照射的窗口；二忌摆在空调器散热口下方；三忌摆在暖气散热片或取暖器附近。

(3) 湿度适宜。电脑房的最佳相对湿度为 $40\% \sim 70\%$，湿度过大，会使元件接触性能变差或发生锈蚀；湿度过小，不利于机器内部随机动态关机后储存电量的释放，也易产生静电。

(4) 色彩柔和。书房的色彩，既不要过于耀目，又不宜过于昏暗，而应当取柔和色调，如淡绿色的墙裙、猩红色的地板、淡黄色的窗帘。

33. 厨房橱柜的基本形式

厨房设计的最基本概念是"三角形工作空间"，所以洗菜池、冰箱及灶台都要安放在适当位置，最理想的是呈三角形，相隔的距离最好不超过 1 米。橱柜根据厨房的面积和布局，大体上有以下几种形式：

(1) 一字型。把所有的工作区都安排在一面墙上，通常在空间不大、走廊狭窄情况下采用。

（2）L 型。将清洗、配膳与烹调三大工作中心依次配置于相互连接的 L 形墙壁空间。最好不要将 L 形的一面设计过长，以免降低工作效率，这种空间运用比较普遍、经济。

（3）U 型。工作区共有两处转角，和 L 型的功用大致相同，空间要求较大。水槽最好放在 U 形底部，并将配膳区和烹饪区分设两旁，使水槽、冰箱和炊具连成一个正三角形。U 形之间的距离以 120 厘米至 150 厘米为准，使三角形总长、总和在有效范围内。此设计可增加更多的收藏空间。

（4）走廊型。将工作区安排在两边平行线上。在工作中心分配上，常将清洁区和配膳区安排在一起，而烹调区独居一处。如有足够空间，餐桌可安排在房间尾部。

（5）变化型。根据四种基本形态演变而成，可依空间及个人喜好有所创新。将厨台独立为岛型，是一款新颖而别致的设计；在适当的地方增加了台面设计，灵活运用于早餐、熨衣服、插花、调酒等。

34. 厨房装修的基本要求

（1）橱柜的高度。工作台高度依人体身高设定，橱柜的高度以适合最常使用厨房者的身高为宜，工作台面应高 800～850 毫米；工作台面与吊柜底的距离需 500～600 毫米；而放双眼灶的炉灶台面高度最好不超过 600 毫米。吊柜门的门柄要方便最常使用者的高度，而方便取存的地方最好用来放置常用品。开放式厨房的餐桌或吧台距离适中，可以把桌面升高至 1000～1100 毫米，椅子或吧凳可高 400～450 毫米。

（2）橱柜的材料。橱柜面板强调耐用性，橱柜门板是橱柜的主要立面，对整套橱柜的观感及使用功能都有重要影响。防火胶板是最常用的门板材料，柜板亦可使用清玻璃、磨砂玻璃、铝板等，可增添设计的时代感。

（3）照明。要兼顾识别力，厨房的灯光以采用能保持蔬菜水果原色的荧光灯为佳，这不但能使菜肴发挥吸引食欲的色彩，也有助于主妇在洗涤时有较高的辨别力。

（4）天花板。比较经济实用的选择是装上格栅反光灯盘，照明充足而方便拆卸清洗；吊柜下部也可装上灯，方便洗涤工作，避免天花板下射的光线造成手影。

（5）隐蔽工程。管线布置注重技巧性，随着厨房设备越来越电子化，除冰箱、电饭锅、抽油烟机这些基本的设备外，还有消毒碗柜、微波炉，再加上各种食物加工设备，因此插头分布一定要合理而充足。

35. 厨房装修的建材选用

（1）地面材料。有些人在厨房也使用花岗岩、大理石等天然石材。虽然这些石材坚固耐用，华丽美观，但是天然石材不防水，长时间有水点溅落在地上会加深石材的颜色，如果大面积打湿后会比较滑，容易跌倒。因此，潮湿的厨房地面建议最好少用或不用天然石材。

目前在厨房里用得比较多的材料还是防滑瓷砖或通体砖，既经济又实用。在装修厨房选购材料时要充分考虑防潮功能。

（2）墙面材料。厨房墙壁应选购方便清洁、不易沾油污的墙材，还要耐火、抗热变形等。目前，各大建材市场里可供选择的有防火塑胶壁纸、经过处理的防火板等，但最受欢迎的仍是花色繁多、能活跃厨房视觉的瓷砖。

（3）顶面材料。目前建材市场供厨房用的天花板材料主要是塑料扣板和铝扣板。其中，塑料扣板价格便宜，但供选择的花色少；铝扣板非常美观，有方板和长条板，喷涂的颜色丰富，选择余地大，但价格较贵。另外，如果采用吸顶灯，在把灯镶嵌在天花板里时一定要做出隔层，以防灯产生的热量把天花板烤变形。

36. 开放式厨房如何应对油烟

保证开放式厨房环境清新的最根本的方法，还是要选用大功率如 1000 瓦以上的抽油烟机。目前，市面上多功能的"减烟卫士"应是首选，其功能方面，抽力强劲，在整体美观方面也很漂亮。为确保良好通风，去除室内的油烟味儿，让室内的光线更明亮，选用环保型、智能型橱柜必不可少，在屋内开扇大窗也是个好办法。

也可以把厨房和餐厅的功能细分，尝试做一个"复合式"厨房。一般开放式厨房可以分为四个区域，热操作区(烹饪区)、冷操作区(备餐区)、储藏区和就餐区。"复合式"厨房就是先将厨房和餐厅连通，然后把热操作区和其他三个区域分隔开，热操作区设计 3 ~ 4 平方米，以玻璃推拉门作为间隔，以便随时取用备餐区的烹饪用品。其余的 10 多平方米可全部设计为冷操作区、备餐区和就餐区，这一方式不仅有效解决了空间有限的问题，也控制了油烟扩散使污染范围缩小，同时做到了干湿分区、洁污分开，适合中餐的烹饪习惯。

37. 卫生间的作用与特点

卫生间既是多样设备和多种功能聚合的家庭公共空间，又是私密性要求较高的空间，同时卫生间又兼容一定的家务活动，如洗衣、贮藏等。它所拥有的基本设备有洗脸盆、浴盆、淋浴喷头、抽水马桶等。并且在梳妆，浴巾、卫生器材的贮藏以及洗衣设备的配置上给予一定的考虑。从原则上来讲，卫生间是家居的附设单元，面积往往较小，其采光、通风的质量也常常被牺牲，以换取总体布局的平衡。

从环境上来讲，浴室应具备良好的通风、采光及取暖设备。在照明上采用整体与局部结合的混合照明方式。在有条件的情况下对洗面、梳妆部分以无影照明为最佳选择。在住宅中卫生间的设备与空间的关系应得到良好的协调，对不合理或不能满足需要的卫生间设备进行改善。在卫生间的格局上应在符合人体工程学的前提下予以补充、调整，同时注意局部处理，充分利用有限的空间，使卫生间能最大限度地满足家庭成员在洁体、卫生、工作方面的需求。

38. 卫生间的布局方式

卫生间布局有多种形式，例如有把几件卫生设备组织在一个空间中的，也有分置在几个小空间中的。归结起来可分为独立型、兼用型和折中型三种形式。

（1）独立型。浴室、厕所、洗脸间等各自独立的卫生间，称之为独立型。

（2）兼用型。把浴盆、洗脸池、便器等洁具集中在一个空间中，称之为兼用型。

（3）折中型。卫生间中的基本设备，部分独立部分放到一处的情况称之为折中型。

（4）其他布局形式。除了上述几种基本布局形式以外，卫生间还有许多更加灵活的布局形式，这主要是因为现代人给卫生间注入新概念，增加许多新要求的结果。因此，我们在卫生间的装饰中，不要拘泥于条条框框，只要自己喜欢，同时又方便实用就好。

39. 卫生间洁具位置如何确定

(1) 浴盆。侧面与墙间距不少于 50 厘米。

(2) 抽水马桶。纵向中线距离墙间距不少于 38 厘米，前端线距墙间距不少于 46 厘米。

(3) 洗手盆。纵向中线距墙间距不少于 36 厘米。

(4) 淋浴间。宜靠墙角设置。

40. 卫生间装修如何做到干湿分离

所谓干湿分离，就是把卫生间功能彻底分区，克服以往由于干湿混乱而造成的使用缺陷。当然，干和湿只是相对而言的，干也并非绝对的干。因此，只要合理地把洗浴和"方便"分离，使得两者互不干扰，以往那种水花四溅、洗浴完东擦西抹的尴尬就可以完全避免了。

谈到分离，方式有多种。采用淋浴房把洗浴单独分开是最简单的方法。且淋浴房的价格可选择的余地大，所占用的空间也较小。这是一般干湿分离采用较多的一种方法。但是，对安装浴缸的卫生间来说就不实用了。这时可以采取玻璃隔断或者玻璃推拉门来分离，把浴缸放在里面，把马桶和洗手池安放在外，以便较好地实现干湿分离。卫生间的干湿分离，使不同空间各为所用，互不影响，实实在在地考虑到了细微之处，在很大程度上方便了人们的生活。

41. 盥洗室如何进行前期规划

盥洗室一般设置在卫浴空间的前端，主要提供摆放各种盥洗用具，可以洗脸、刷牙、洁手、刮胡须、整理容貌。还时常要起到放置脱、换衣服的作用。

(1) 设计内容。盥洗室的空间较小，设计应侧重简单和实用。设计策划的内容主要有化妆镜、面池、冷热水的调节，盥洗用具的摆放等。

(2) 内部装饰。地面应选用具有防水、耐脏、易清洁的材料，如瓷砖、大理石板等。墙壁以光洁色雅的瓷砖较合适。天棚选用塑胶材料、石棉板或硅酸钙板，并在其表面涂以水泥漆，既经济又实用。

(3) 采光、照明及通风。有条件的，卫生间可采用自然光与室外空气直接交流，也可以采用换气设备通风。晚间的灯光照明宜用柔和光，不宜直接照射。

42. 浴室如何进行前期规划

(1) 设计原则。浴室使用面积不小于 2.5 平方米，冷热水的连接要比较方便，出水口应可调节冷热度，以免烫伤洗浴人的皮肤；热水器切忌安装在浴室内，应分开安装在卫生间之外的通风处，避免中毒事件发生。

(2) 内部装饰。天然石材搭配使用不易滑倒，而大型瓷砖清扫方便，干燥迅速。浴室的墙壁面积最大，须选择防水性强，又具有抗腐蚀与抗霉变的材料。容易清洗的瓷砖、强化板花色多，可拼贴丰富的图案，且光洁平整易干燥，是非常实用的壁面材料。天花受水蒸气影响，最易发霉，以防水耐热的材料为佳。如选用硅酸钙板，表面涂以水泥漆，经济、防水性强。此外，多彩成型铝板和亚克力成型天花板耐水性强，表面又贴有隔热材料，亦是浴室天花的理想用材。

（3）采光、照明和通风设备。浴室的门、窗应密封，遮蔽性好，以保持室内的热量和私密性。浴室除自然采光外，还必须辅以适当的灯光照明，以备晚间洗浴用。浴室的通风可选择自然通风或借助换气扇调节通风。

43. 厕所如何进行前期规划

厕所面积通常为 0.9 米×1.35 米，门向开启长度应保持在 1.5 米以上。厕所应光洁、明亮，色彩轻柔、雅致，且无便臭。因此，必须有适宜的灯光和良好的通风换气设备。

厕所的装饰选材，墙面以瓷砖铺贴最为理想。地面采用地砖，若再讲究些，则可在座便池下方放置块状防水地毯，既美观，又防滑。

44. 卫生间的热水器如何选择

卫生间常用的热水器一般有电热水器、燃气热水器、太阳能热水器三种。

如果有燃气管道，可安装燃气热水器。燃气热水器比较经济，出水快，即开即有，而且水量较大。缺点是不够安全。所以燃气热水器切忌安装在浴室内，应分开安装在卫生间之外的通风处，避免中毒事件发生。一般与厨房邻近的卫生间（客卫生间）与厨房共用一个燃气热水器，并将其装在厨房。

主卫生间可以考虑电热水器或太阳能热水器，特点是比较清洁而且安全。但电热水器用电大，费用较高，而且蓄水量有限，不能满足多人同时或连续使用。

太阳能热水器用电少，属环保型，水量也较大，但它较适用于北方地区。南方冬季雨水多，晴天少，太阳能经常不能将水加热到足够温度，仍需要电辅助加热，相当于电热水器。北方地区全年雨雪少，晴天多，使用就非常方便。

为了合理配置，两个以上的卫生间可选两种热水器。根据不同的环境及设备条件来选择，这样，既可以充分利用能源又可以满足几处同时用热水的需要，是较为合理的设置。

45. 卫生间装修的几点注意事项

（1）防水。卫生间一定要做好防水，不但包括地面，墙壁也要做，而且要达到 1.8 米。

（2）地面坡度。不要因为卫生间是小地方就不重视地面，一定要铺质量好的瓷砖。卫生间地面的坡度要在铺砖之前考虑好，按照国标的坡度并不能够达到迅速排水的效果，而且如果你用了防臭地漏或者超薄地漏，将会大大增加排水的困难。

（3）瓷砖。卫生间瓷砖有腰线和花砖的要事先想好，将来其他东西装好了不要挡住或冲突。如果是在尺寸没量好的情况下铺装的，装台盆时才发现腰线贴低了，只好把台盆的腿锯短。瓷砖填缝剂用色粉配颜色的话最好先调一点儿看一下，再决定用量，否则不是太浅就是太深。

（4）柜体。卫生间的柜子可以到厨具公司定做，不过要做下面有金属脚悬空的，否则以后漏水了不好修，平时打扫也方便。洗脸盆和龙头的尺寸要与柜体配套。

（5）挂件。首先不要买双杆毛巾架，还是一根杆的实用。卫生间中放化妆品的隔板要买质量好的，否则上面放的洗漱用品稍微重了点，隔板容易掉下来。

46. 阳台怎么进行设计

（1）防晒。为了防止仲夏时节阳光的照射，可以利用比较坚实的纺织品做成遮阳棚，遮阳棚本身不但具有装饰作用，还可遮挡风雨。

（2）装饰。阳台是最适合家庭种各种花草的地方，盆栽植物可置于阳台栏板上。可在整齐有致的侧墙上挂置富有装饰韵味的陶瓷壁挂、挂盘、雕塑等装饰品，有的隔墙还可做成博古架的形式，以供放置装饰器物。在平滑素雅的墙面上，也可挂置用柴、草、苇、棕、麻、玉米皮等材料做成的编织物作为装饰品，阳台的地面可利用旧地毯或其他材料铺饰，以增添行走时的舒适感。

（3）封闭。把阳台进行全封闭而安排成孩子卧室或书房的话，也要下一番工夫巧妙构思，使之既实用又美观。即使是把阳台作为家庭的储藏空间，也要根据实际情况和阳台条件去设计装修及陈设方式，切忌"室内室外两重天"，因与室内装饰不般配而显得不伦不类。

（4）照明。目前建造的住宅，如果阳台门与阳台窗之间有间墙，可以装置一盏壁灯，安装高度宜距地面 $1.8\sim2$ 米，灯具材料最好选用不怕日晒雨淋的玻璃灯具；如果门与窗之间无间墙，可以在上一层阳台板底装一盏乳白罩的吸顶灯。由于阳台灯只供休息时照明，故不必太亮，灯的开关则应装置在室内。

47. 开放式阳台最好不要封闭

表面上看，封阳台扩大了房屋使用面积，有利于挡住尘埃和污物进入室内。其实，这种做法因小失大，对健康极为不利。首先，阳台被封，使室内空气难以保持新鲜。其次，封阳台减少了室内阳光照射。因此，阳台还是不封为好。

48. 把阳台当厨房危险

把灶具放到阳台，冬季容易冻裂管线，引发安全事故；春夏多风季节，容易把火吹灭，造成燃气泄漏。

49. 阳台装修的注意事项

（1）注意承载。阳台地面在填平时一定要慎重，绝不能用水泥砂浆或砖直接填平，这样会加重阳台载荷，发生危险。最好是不填阳台地面。如非要填平，可采用轻体泡沫砖，尽量减轻阳台载荷。

（2）注意暖气和地热。阳台与室内相连的门窗被拆除后，要重点解决室内保温问题，有些人采取改变暖气（地热）管道走向的方法，这种做法不可取。

（3）注意保温。封闭阳台最好使用塑钢窗，它的主要优点是密封性好，保暖性好，而且能有效地防尘防沙。

50. 楼梯装修六大注意事项

（1）与物业沟通。一般的复式和跃层住宅中的楼梯是可以拆除改造的，而单体制和错层式住宅中的楼梯则不能随意拆掉改建。

（2）与厂家沟通。在安装楼梯前，最好在整体装修之前，就要与楼梯设计师进行初步楼梯方案的交流和询价，因为楼梯要与整体装修相协调，从款式、材质到坡度等，都要提前考虑，千万别认为楼梯到装修最后再装就可以了。另外，厂家一般还会有 30～40 天的生产周期。

（3）测量与设计。工程师或装修设计师应上门测量，采集所有楼梯洞口的技术数据。如果选用成品楼梯，厂家的设计师应与装修公司的设计师进行现场沟通，以确定最佳方案。设计师出平面彩色效果图。

（4）签订单。在最终确认了楼梯的设计方案后，消费者可与厂家签订订单确认书，付预付款。

（5）楼梯装配。高档次的成品楼梯一般都呈部件化，可在家里现场装配完工。工厂化加工的楼梯不但保证了质量，造型也更加丰富，最大的优点是施工安装更加快速、方便。这种安装只需 2 名工人，少则几小时，多则 3 天就可完成。

（6）售后服务。对于成品楼梯，厂家安装后，应提供售后服务卡、产品合格证及使用说明书。另外，有许多厂家都会赠送配套的工具，以便今后在日常中方便使用。

51. 楼梯装修使用什么材料

能够用来装饰楼梯的材料还有很多，如钢材、石材、玻璃、绳索、布艺、地毯等。将这些材料恰当组合使用，并与整个居室风格相匹配，一定会有很好的效果。

（1）木材。在楼梯的装饰中应用较为广泛，市场上卖的木地板可以拿来直接铺装做踏脚板，扶手也可以选择相应的木料来做。木材的特点就是自然、柔和、温暖，一般家庭都选用木材。

（2）钢材。在一些较为现代的年轻人、艺术人士的家中较为多见，它所表现出的冷峻和它材质本身的色泽都极具现代感。

（3）玻璃。本身所具有的通透感在用作楼梯装饰时，效果更是不凡。现在市场上有喷花玻璃和镶嵌玻璃，可以把它用在楼梯扶栏处，更绝妙的用法是将楼梯台阶做成中空的，内嵌灯管，以特种玻璃做踏脚板，做成可以发光的楼梯。

52. 楼梯选材注意家庭成员的安全

根据居室风格选择装饰和修建楼梯的材料的同时，有一点还需重视，那就是要考虑到家庭中是否有老人和小孩。一般情况下，有老人和小孩的家庭，最好避免采用钢质和铁艺，楼梯台阶也不要做得太高，楼梯扶手最好做成圆弧形，不要有太尖锐的棱角。楼梯踏板可选用木地板和铺地毯。

第**4**章
面对装饰公司

1. 如何找到满意的装饰公司

作为工薪族的业主，一生也装修不了几套房子，所以对装饰公司的选择就变成了慎之又慎的事情。那么，如何选择一家合适的装修公司呢？

（1）查验证照。任何合法注册的企业，都有工商部门颁发的营业执照。营业执照的主要证明是：该企业是否是合法注册的、该企业的注册资金情况、该企业的营业范围。

（2）查验资质。凡是经过政府管理部门，主要是建委或者建设局核准的装修公司都会有一份正式的资质证书。

（3）查验场地和人员。装修公司讲实力，实力的最具体体现莫过于办公场所的大小和装修了；同样，很多人都相信，所观察的企业人数的多寡，是一个公司实力的另一种体现。

（4）参观样板房。最好还是看看该公司的施工现场和样板间比较放心。你除了需要了解对方的施工工艺如何，更要咨询客户的看法。

（5）了解该公司的背景，包括其优良和不良记录等。这一点也可以到网上搜索该公司的相关新闻，主要是负面新闻。

（6）很多业主新房钥匙一拿到，就马上准备装修了，此时要严防一些不良装修公司的"忽悠"，轻易签下合同，交付预付款。最好等其他邻居或朋友开始装修到一定进度以后，查看施工工地现场的情况，看工人的施工水平，分别与工人和业主聊天，这样从反馈的信息来选择公司或者直接找相应工人（虽然这些工人都隶属于公司，但是也单独接私活）。

2. 选择装饰公司要货比三家

很多业主都懂得货比三家的道理，但往往只会比价格，这是一种片面的行为。货比三家要比设计、质量和信誉。任何一方面不比较，都是不完整的。

（1）比设计。有时候大公司能做一些非常复杂、非常专业的设计，但也有一些大公司做出来的图纸不堪入目，土里土气。这里唯一能做的，就是从图面上来看。

（2）比质量。这个多数的业主都会通过样板房来看。样板房可能是由一家大公司做的，但你的房子可不一定会由样板房的施工队来做。唯一的办法是，要么找项目经理，他们多数只会带去参观自己装修的工程项目，要么就是找比较正规，拥有自己企业施工规范的公司。

（3）比信誉。相对来说，大公司的信誉要比小公司的强。但肯定是小公司更依赖信誉来生存，因为他们无力用不断的广告轰炸来宣传自己，所以通过客户间的相互推荐更是业务发展的一个主要办法。

3. 如何找到满意的室内设计师

一个合格的设计师需要具备哪些基本的条件呢？

(1) 专业的设计师主要来自环境艺术设计专业或者建筑设计专业。当然，笔者并不排斥自学成才人士，毕竟这个行业有时候需要的是悟性和热情。他们应该具有良好的室内设计理论基础和相关工程施工基础，其中有一些优秀的设计师还需要具有物理、化学、电工、音响基础、应用力学、心理学、哲学(包括逻辑)、预算学、公共关系学等边缘学科的基础知识。

(2) 专业的室内设计师必定拥有一手基本功。这种基本功不是借助于电脑的，而是实实在在的手绘功夫。设计师手绘的示意图纸是实在的，言之有物的，表现正确和符合透视原理的。

(3) 专业的室内设计师，言出有据，对问题的看法，绝对不是信口开河的，任何问题都是有理论根据的，这不等于引经据典，而是一种成熟的做法。而且可以坚信的是，专业的设计师极少会使用天花乱坠的形容词。

4. 怎样进行量房预算

客户与设计师沟通完之后，就进入了量房预算阶段，客户带设计师到新房内进行实地测量，对房屋的各个房间的长、宽、高以及门、窗、暖气的位置进行逐一测量，此时注意房屋的现况是对报价有影响的。同时，量房过程也是客户与设计师进行现场沟通的过程，设计师可根据实地情况提出一些合理化建议，与客户进行沟通，为以后设计方案的完整性作出补充。

设计师根据客户的要求做好设计方案后，就开始制订家装的概预算并做出报价单。用户最好要了解一下概预算及报价的注意事项，这样才好和设计师讨论方案的可行性及各部位的施工工艺，然后再详细了解每一处施工的价格，并能自己判断报价是否合理，做到心中有数，为签订最终的装修合同提供保证。

5. 房屋现况对报价的影响

装修户的住房状况，对装修施工报价也影响甚大，这主要包括：

(1) 地面。无论是水泥抹灰还是地砖的地面，都需注意其平整度，包括单间房屋以及各个房间地面的平整度。平整度的优劣对于铺地砖或铺地板等装修施工单价有很大影响。

(2) 墙面。墙面平整度要从三方面来度量，两面墙与地面或顶面所形成的立体角应顺直，两面墙之间的夹角要垂直，单面墙要平整、无起伏、无弯曲。

(3) 顶面。其平整度可参照地面要求。可用灯光试验来查看是否有较大阴影，以明确其平整度。

(4) 门窗。主要查看门窗扇与柜之间横竖缝是否均匀及密实。

(5) 厨卫。注意地面是否向地漏方向倾斜；地面防水状况如何；地面管道(上下水及燃气、暖气管)周围的防水；墙体或顶面是否有局部裂缝、水迹及霉变；洁具上下水有无滴漏，下水是否通畅；现有的洗脸池、座便器、浴盆、洗菜池、灶台等位置是否合理。

6. 怎样与设计师沟通你的装修意图

虽然有合格的设计师，但是未必都能与之进行良好的沟通。在与设计师沟通设计意图的时候，应该告诉他哪些情况，应该让他了解哪些问题呢？

（1）自己的想法。把自己模糊的想法告诉设计师，包括希望房子装修到哪一种档次，想要什么风格。

（2）家庭成员及职业。一般家庭都会有几口人，作为一个小集体来说，房子的装修不得不把他们的情况考虑进去。如果家里有小孩子，那么在一些装修项目中就得考虑安全方面的东西了。你还需要让设计师知道他们的职业情况。因为不同的行业，有着其行业特点。

（3）个人爱好。这是指一些平常的爱好，例如对色彩的敏感，特别喜欢或特别讨厌哪一类的色彩等，也会有一些人对特定的图案有特殊的感觉。

（4）生活习惯。这是指日常的一些生活习惯，例如喜欢在家里放置一台跑步机。

（5）特殊家具。如果你有一台大型的钢琴之类的大件家具，那么在开始设计时，就需要把它考虑进去了。除此之外，现有的家私以后还要用的，也要把它考虑进去。

（6）避讳事宜。每一个地方的人都有可能有一个习俗上的避讳。

在这些资讯提供后，一般熟练的设计师都会有一种大概的想法。一些比较好的设计师可以马上用草图勾勒出来。在经过初步的同意后，进行下一步的设计，那么就能减少无用功了。

7. 怎么看懂设计图纸

设计师设计完的图纸包括两部分，一部分是效果图，就是业主新居在装修完后的整体效果；另一部分是平面图和施工图，是装修工程中用于工人参考使用的带有尺寸的平面图纸。对于业主来说，如何看设计得好不好，图纸是不是符合要求呢？

（1）和谐的配色。首先要从第一感觉来看，这是从大体上来说的，不管是不是内行，其实都会有自己的一种看法和审美观。颜色的搭配往往是设计师的基本功，从中可以看出其对效果图制作的水平。

（2）真实性。很多设计师在画效果图时都会故意地调整一些尺寸来尽量地满足自己的图面需要。例如20平方米的房子画成40平方米的，层高2.6米画成3.5米的。而在平面图中，往往会把房子的框架面积和家具的比例采用不同的比例。

（3）业主的需要。一般你原先都会有一些自己的需要。例如你需要的柜子有没有，餐厅的餐桌大小的规划是否符合使用要求等。

（4）创意。一个好的设计师，总会有画龙点睛之笔，在家装中，不是有很多的设计项目，所以一两个纯装饰项目就能体现出很多东西出来。

（5）改进。你的房子都会有这样那样的天生缺陷，有一些是无可弥补的，但有一些是可以改良的，这里就最能看到设计师的设计技巧了。

（6）符合现实。有一些设计图天马行空，有点脱离现实，也是值得注意的，这就要根据实际的国情和环境来看了。另外，有些新手还喜欢加入一些花哨而复杂的装饰，对后期工人的施工造成难度，并且增加了装修的预算。

8. 如何鉴别家庭装修设计的优劣

家庭装修设计的优劣，常因审美差异给人以困扰，也常成为消费者与设计师争执的焦点。怎样的设计才是最佳的呢？我们认为应该从以下几方面来把握。

（1）传统与时尚完美结合。人们知道流行的东西往往是容易过时的，而传统的东西又难以体现时尚的气息。因此，应该说完美的设计是在确定主人的风格要求后，充分将传统精华融入现代人的审美之中。

（2）居家环境综合考虑。优秀的设计应该对居室环境作整体的考虑，对空间、色彩、采光、陈设、绿化等都要有统一的布置。首先满足合理、实用，再考虑其美饰效果。

（3）精心选配装饰材料。劣质的设计往往是泛用高档材料。设计师和客户选材时应该是从设计效果出发，根据主次，用精选的材料来体现设计思想。

（4）装饰工艺繁简得当。根据设计风格的要求，对工艺的简单与复杂进行分析，对反映设计思想的工艺方面必须做严格的要求，并有详尽的图示说明。

9. 影响预算报价的地域因素

一个工程的预算究竟需要多少钱，在某一个地区，存在着一个市场价格，俗称行价，它是一个平均水平的报价。这里面存在着几方面的影响因素：

（1）运费。一些偏远地区，由于材料运输费用等方面的影响，就会使成本增加，从而推高价格。但劳动力及经营场地开支会相对低廉，也会影响价格下降。

（2）物价。一个地区的物价高，工程的报价也会随之增高。反之，在一些物价低的地方，报价就会低。这里所说的物价是一个指数，而不是具体的价格。

（3）竞争。一个地区的装饰行业发展成熟，尤其是卖方市场转为买方市场的地区，市场价格会受竞争影响而大幅度下降。

10. 影响预算报价的公司因素

不同的公司存在着报价上的差异，这里面存在着几方面的影响因素：

（1）工程质量。这是最主要的影响因素。保证质量，首先是保证利润，只有在保证利润的情况下，才有可能保证质量。一个低的价格，必然要从质量方面去取得必要的利润。所以业主在选择装饰公司的时候，不要只图便宜，往往越便宜的报价，偷工减料的陷阱就越多。

（2）设计质量。一个由正式的室内设计师设计的，和一个非正式设计师设计的或者根本就不存在设计的工程，那么，在总体价格上，是必然存在着成本差异的。

（3）场地成本。一家在商业旺区的公司，和一家较为偏僻的公司，在经营成本上，是有着较大的差异的。

（4）广告开支。这本属于经营成本之一，之所以单独提出来，是因为有时候广告开支要比其他的经营成本的总和还要多。而这个开支是必须分摊到报价里面的。

（5）管理费用。排除公司的管理不说，就从工地管理来说，成本也是不同的，一个工地的管理由一名专业工程师承担或者由一名民工包工头承担，管理费用也是不同的。

11. 报价单都包括哪些内容

在家装价格管理上，因为受地区差异的影响，目前国家并没有统一的报价标准，一些家装市场也仅仅列出指导价供业主参考。但由于装修项目和工程量的多少是影响整个装修造价的直接因素，同时装饰公司的规模、资质、等级、管理制度的不同，其收费标准也有所不同。

总体来说，装饰装修中的费用应该包括以下内容：

(1) 设计费。有的装修公司此项费用已经包含在装修费用中了。

(2) 主材费。包括木工板、装饰板、线条、五金、油漆、乳胶漆等。

(3) 辅材费。包括管线、小五金、水泥、砂子等。

(4) 人工费。包括木工手工费、瓦工手工费、水电工工资、油漆工工资等。

(5) 管理费和税费。如果是施工队的话就没有此项费用，一般专业的装饰公司都包含这些费用。

12. 报价单中可能存在的陷阱

首先，我们先来说主材，主材中尤为关键的是木工主材。例如，同样装修使用的细木工板价格差别很大，即使是同一品牌的相差也相当悬殊，更不用说假冒真品的产品。以笔者所在的北方城市为例，好的细木工板可以卖到 160 元左右一张，而最差也就 50 元左右。所以业主一定要警惕报价单中的语焉不详，例如"细木工板 10 张"这样的字句，一定要具体到品牌和等级。

其次，可能业主觉得主材的水分大，辅料本身价格便宜，里面应该没有多少水分吧？这是一个极其错误的想法。辅料在装饰材料中也占有重要的地位。我们以瓷砖填缝剂为例，好的填缝剂可以保证几年不褪色、不渗水，价格在正规家装商场卖到十几元到二十元左右一袋，而假冒品牌的填缝剂用不了几天，就会让你的拖鞋上沾满颜色，而这个的价格在小店拿货，只需要两三块钱一袋。

上述只是冰山一角，总体来看，在业主查看报价单的时候，尤其涉及材料方面内容时，一定要打起十二分的精神，让每一项装修材料都具体到数量、品牌、等级。

13. 如何规避报价单中的风险

装饰公司在报价中玩花样，消费者可从以下几个方面加以注意。

(1) 项目不清。注意防止装修公司在装修报价中"打闷包"，就是把多个项目加在一起，使消费者看不清，也看不懂。即使项目分开，仍把主材、辅材、人工费混在一起，使业主无法参照材料市场价和人工指导价来审核报价。

(2) 工程量。注意防止装修公司虚报工程量。在家庭装修中，工程量直接影响工程总价，而消费者恰恰缺少工程量计算方面的知识。其中，墙面面积、地面面积、墙地砖数量、橱柜体积等是最要仔细核对的。

(3) 材料价格。注意防止装修公司以各种借口抬高材料价格，混淆材料品牌、等级。建材市场价上下浮动较大，但装修公司因批量进货的缘故，正常的材料价格不应高于市场价。

(4) 追加项目。注意防止装修公司故意不去做的项目，而在事后追加。一些装修公司在抢业务时，以低价吸引消费者，报价中故意省去一些必做的装修项目，施工中再逐项提出，而此时业主已是"骑虎难下"。

严格规范的报价体系其程序应是：同业主一起确定施工内容；精确勘测现场；确定平面布置方案；确定主材、辅材的品牌、等级。最后出的报价单中，主材、辅材、人工费均分别列清楚。

14. 装修合同的组成内容包括哪些

签署装修合同，首先要知道装修合同的构成部分，大体上包括以下内容：

(1) 工程主体。包括施工地点名称，这是合同的执行主体；甲乙双方名称，这是合同的执行对象。

(2) 工程项目。包括序号、项目名称、规格、计量单位、数量、单价、计价、合计、备注（主要用于注明一些特殊的工艺做法）等。这部分多数按附件形式写进工程预算/报价表中。

(3) 工程工期。包括工期为多少天、违约金等。

(4) 付款方式。对款项支付手法的规定。

(5) 工程责任。对于工程施工过程中的各种质量和安全责任承担作出规定。

(6) 双方签署。包括双方代表人签名和日期，作为公司一方的还包括公司盖章。

15. 装修合同中应该注意的几点事项

(1) 项目。例如，客厅地面铺 600×600 国产××牌耐磨砖（应指定样品）。

(2) 单位。天花角线、踢脚线、腰线、封门套等用"米"；木地板、乳胶漆、墙纸、防盗网等用"平方米"；家具、门扇、柜台等用"项"、"樘"等单位。有必要标明这些项目的报价单位及报价，例如，按正立面平方数计算，每平方米 600 元。单位应使用习惯的国际通用单位，切忌使用英制等单位。可以计算面积的子项应避免使用"项"来表达。

(3) 数量。有两种方法：一种是按实际测量后，加入损耗量，在合同内标定，日后不再另行计算；另外也可以按单价，再乘以实际工程量，这是一种做多少算多少的做法。建议采用第一种方法，在签合同前确认工程数量，然后在合同内标明，以防一些不良商家用"低预算高结算"的伎俩诈财。

(4) 备注。应对一些工艺做法标明，例如，衣柜：表面用红榉面板，内衬白色防火板，主体为 15 厘米大芯板。

(5) 违约金。不管是业主违约，或者装修公司违约，都可以用经济手法进行惩罚和赔偿。一般违约金大约是在工程总额的千分之一至千分之三左右。但需要提醒的是要注意这个千分之几的写法。

(6) 管理费。所谓的管理费包括小区管理处收取的各种行政管理费用。其中管理处收取的费用是很多种的，有一些管理处不一定会收取，有一些乱收费的管理处却无孔不入，收取的名目也很多：管理押金、垃圾清运费、施工保洁费、通道粉刷费、公共设施维护费、电梯使用费、工人管理费（日）、出入证押金、出入证费、临时户口办证费。这些乱收费的管理处是最令装修公司头痛的，所以越来越多的装修公司要求这些费用由业主支付，不再计算入工程预算之中。

16. 各类装修纠纷早知道

（1）合同纠纷。首先，很多消费者图便宜，不去找正规的装修公司，而是找所谓的"街边游击队"装修，在装修之前不签订任何书面合同，只是口头约定一些装修事项，发生纠纷时，很难说清是谁的责任。

其次，有些消费者没有选择正规的装修公司，也没有在合同中明确约定，结果发生装修工人意外人身伤害时，不但要负担伤者的医疗费、营养费等费用，还耽误了自己的装修。

最后，装修单位没有完全履行装修合同。表现在：装修单位没有按合同约定的做法去装修、使用非合同规定的装饰材料，施工中无故停工或者未在约定工期内完工等。

（2）质量纠纷。质量纠纷主要体现在装修工艺粗制滥造，施工质量低劣；装修破坏了房屋的主体结构或者是承重结构等方面。

（3）服务纠纷。装修完工后，装修公司本应该按合同规定及时维修，但有些装修公司在发生问题时却左右推脱，或者敷衍了事，或者附加条件。还有的装修公司在保修期内根本就不保修。另外，有些装饰公司为了赶工期，在邻居休息时间野蛮施工，造成施工中的噪声扰民。

（4）经济纠纷。装修公司对装修过程中临时增加的项目随意抬高价格，或者装修公司未按工期完成进度，消费者拒付中期款，装修公司停工引起纠纷。

17. 如何避免装修纠纷

（1）选择正规的公司。具有资质认证的装修公司必须具有工商行政管理部门颁发的营业执照和资质认证书，这些都是装修规范化的保障。

（2）认真审查报价单。仔细考察报价单中每一单项的价格和用量是否合理。

（3）签订正式的书面装修合同。合同的每一个条款都要清楚，具有可操作性，特别是有关装修工程的质量条款、付款条款及验收条款。如在装修过程中变更部分装修内容，也应及时采用书面的形式变更合同的相关内容。

（4）预防意外。选择正规的装修公司，因为这些装修公司都应为自己的员工上工伤保险，一旦发生意外事故，可通过保险得到补偿。

（5）保存证据。一要注意保留证据，如合同、双方变更的书面文件及付款凭证等。二要保护好现场，如装修后的破损状况等。

18. 出现装修纠纷的解决方式

一旦装修纠纷产生，应根据纠纷程度，采用下述 4 种方法解决：

（1）当事人自行协商。

（2）主管部门或者市场调解。能够接受消费者投诉的机构主要有：装修公司或个人的建设行政主管部门、建筑装饰协会、在其内部摆摊设点的家居市场等。此外，消费者协会也会接受此类投诉。收到投诉的单位多会采取调解的办法解决纠纷。若未达成协议或不履行协议，则申请仲裁或向法院起诉。

(3) 仲裁。如果装修双方在合同中约定了仲裁条款，或者签订了仲裁协议，双方均可向仲裁机关申请仲裁。

(4) 诉讼。不到最后一步尽量不要进入到诉讼阶段，毕竟对于普通工薪家庭，这么做费心费力。

19. 什么是家装监理

家装监理就是由专业监理人员组成、经政府审核批准、取得装饰监理资格、在装饰行业中起着质量监督管理作用的职能机构。

监理公司接受业主委托，在装修工程中替客户监督施工队的施工质量、用料、服务、保修等，防止装修公司和施工队的违规行为。监理公司在客户与装饰公司签订合同之前，先审核装饰公司的手续是否齐全，是否合法有效，如果客户执意要请无手续的装饰队伍，监理公司将不负连带责任。如客户委托正规的装饰企业，工程结束后出现质量问题监理公司会监督施工企业及时修复和整改，保修期内免费。监理公司接受用户委托后，要马上安排监理员热情主动与业主取得联系，经常介绍装修进展情况，倾听业主的意见和要求，解释业主不清楚的问题，对业主超出合理以外的要求，做好解释工作，公平合理地处理业主与施工队的关系。

20. 请家装监理的作用

(1) 保护利益。装修价位居高不下，装饰材料质量无法保证，施工工程无法精益求精，要纠正这些问题就要靠专业的装饰监理帮助业主把关，帮助业主限定价位，约定装饰材料，检验材料质量，监督施工质量。

(2) 专业。很多来消协投诉的家装业主大多对家装一知半解，有的甚至不懂家装的基本常识。这更容易被那些利欲熏心的装饰公司钻空子，有些搞家装的往往爱哄骗不懂装饰装修专业的客户，真正懂装修的内行人士他想骗也难。

(3) 节省时间。相当部分投诉业主就是因为双职工，工作忙或有的常出差办事，常住外地工作，无暇顾及家中装修才出现一系列质量纠纷，请监理的益处最主要是降低了消费风险，减少了家装纠纷。

(4) 节省精力。监理公司帮助业主审查装饰公司，防止不正规企业和违法游击队介入装修，帮助业主审核设计方案和装修报价，防止高估冒算和丢漏问题发生，帮助业主约定装饰材料的品牌，等级，规格，产地，购买范围，检验材料质量，帮助业主分阶段验收工程质量。

(5) 省钱。监理帮助用户签订正规、合理、规范的装饰合同，防止家装公司欺骗业主，防止业主花冤枉钱，这本身是一种省钱；监理帮助业主审核装修方案和报价，防止高估冒算和中期无限度任意加项加价，使用户支付合理的装修价位，这也是种省钱；监理公司帮助业主检验装饰材料，使用物有所值的真货进行装修，防止假冒伪劣材料进入施工现场，花同样的钱不用假料，用真材实料。

21. 家装监理的职责范畴

作为一名合格的家装监理工程师，应依据国家有关家庭装饰的政策、法规和标准，能够综合运用行政和技术手段维护好家装消费者的利益，达到工程质量好、工期合理和取得有效的造价控制。在施工过程中主要做好以下 5 个方面的工作：

（1）对进场原材料验收。检查所进场的各种装修装饰材料品牌、规格是否齐全、一致，质量是否合格，如发现无生产合格证、无厂名、无厂址的"三无产品"或伪劣商品，应立即要求退换。对存在质量问题的材料一律不准用于施工工程当中。

（2）对施工工艺的控制。督促、检查施工单位，严格执行工程技术规范，按照设计图纸和施工工程内容及工艺做法说明进行施工。对违反操作程序、影响工程质量、改变装饰效果或留有质量隐患的问题要求限期整改。必要时，对施工工艺做法和技术处理作指导，提出合理的建议，以达到预期的设计效果。

（3）对施工工期的控制。监理应站在第三方的立场上按照国家有关装饰工程质量验收规定履行自己的职责，合理控制好工期。在保证施工质量的前提下尽快完成工程施工任务，在工程提前完工时更应把好质量关。

（4）对工程质量的控制。负责施工质量的监督和检查、确保工程质量是家装监理的根本任务。凡是不符合施工质量标准的应立即向施工者提出，要求予以纠正或停止施工，维护好客户的利益。对隐蔽工程分不同阶段及时进行验收，避免过了某一施工阶段而无法验收，从而留下安全隐患。

（5）协助客户进行工程竣工验收。家装监理作为客户的代表，在家装工程结束时，应协助客户做好竣工验收工作，并在竣工验收合格证书上签署意见。督促施工单位做好保修期间的工程保修工作。

省钱又省心——
家居**装修**最关心的
500个问题

第**5**章
污染早预警

1. 什么是健康的住宅

世界卫生组织规定的健康住宅标准：

(1) 会引起过敏症的化学物质浓度很低。

(2) 尽可能不使用易扩散化学物质的胶合板、墙体装修材料等。

(3) 有性能良好的换气设备，特别是对高气密性、高隔热性来说，必须采用具有风管的中央换气系统，进行定时换气。

(4) 在厨房灶具或吸烟处要设局部排气系统。

(5) 室内温度全年要保持在 17 ~ 27℃之间。

(6) 室内湿度全年要保持在 40% ~ 70% 之间。

(7) 二氧化碳浓度要低于 0.1%。

(8) 悬浮粉尘浓度要低于 0.15 克 / 平方米。

(9) 噪声要小于 50 分贝。

(10) 具有足够的抗自然灾害能力。

(11) 有足够亮度的照明设备。

(12) 每天日照确保 3 小时以上。

(13) 有足够人均建筑面积，并确保私密性。

(14) 住宅要便于护理老龄者和残疾人。

(15) 因建材中含有有害挥发性的有机物质，住宅竣工后隔一段时间才能入住，在此期间要进行换气。

2. 什么是装修污染

装修污染，指装饰材料、家具等含有的对人体有害的物质，释放到家居、办公环境中造成的污染。有害物质主要有甲醛、苯、氨气、挥发性有机物、放射性氡。

装修污染物的释放长达 3 ~ 15 年，它们的危害包括：

(1) 造成人体免疫功能异常、肝损伤、肺损伤及神经中枢受到影响。

(2) 对眼鼻喉、上呼吸道和皮肤造成伤害。

(3) 对人体健康造成伤害，降低寿命。

(4) 严重的可引发癌症、胎儿畸形、妇女不孕症等。

(5) 对小孩的正常生长发育影响很大，可导致白血病、记忆力下降、生长迟缓等。

(6) 对女性容颜肌肤的侵害。由于甲醛对皮肤黏膜有强烈的刺激作用，接触后会出现皮肤变皱、汗液分泌减少等症状。

3. 室内空气污染源自哪里

(1) 室内装饰装修材料。这些材料包括油漆、胶合板、刨花板、内墙涂料等。

(2) 建筑物自身的污染。有些楼盘在冬季施工中使用了混凝土防冻剂，夏季气温的升高导致氨气从墙体中缓慢释放出来，危害到人体健康。

(3) 室内家具造成的污染。有关部门调查表明室内污染的 73.6% 由室内装修造成，26.4% 由购置的家具造成。

4. 家装污染源之甲醛

人造板材使用了黏合剂，而含有甲醛。

(1) 性质。甲醛是无色、具有强烈气味的刺激性气体，其 35%～40% 的水溶液通称福尔马林。

(2) 危害。甲醛是原浆毒物，能与蛋白质结合，人吸入高浓度甲醛后，会出现呼吸道的严重刺激和水肿、眼刺痛、头痛，也可发生支气管哮喘。皮肤直接接触甲醛，可引起皮炎、色斑。经常吸入少量甲醛，能引起慢性中毒，出现黏膜充血、皮肤刺激症、过敏性皮炎、指甲角化和脆弱、甲床指端疼痛等。全身症状有头痛、乏力、胃纳差、心悸、失眠、体重减轻以及植物神经紊乱等。

(3) 来源。各种人造板材(刨花板、纤维板、胶合板等)中由于使用了黏合剂，因而可含有甲醛。新式家具的制作，墙面、地面的装饰铺设，都要使用黏合剂。凡是大量使用黏合剂的地方，总会有甲醛释放。此外，某些化纤地毯、油漆涂料也含有一定量的甲醛。

5. 家装污染源之氡

(1) 性质。氡是一种放射性的惰性气体，无色无味。

(2) 危害。氡气在水泥、沙子、砖块中形成以后，一部分会释放到空气中，被人体吸入后形成照射，破坏细胞结构分子。氡的 α 射线会致癌，WHO 认定的 19 种致癌因素中，氡为其中之一，仅次于吸烟。

(3) 来源。氡主要来源于无机建材和地下地质构造的断裂。在室内装修中，主要存在于水泥和沙子中。

6. 家装污染源之苯

(1) 性质。苯是一种无色、具有特殊芳香气味的液体，能与醇、醚、丙酮和四氯化碳互溶，微溶于水。苯具有易挥发、易燃的特点，其蒸气有爆炸性。

(2) 危害。经常接触苯，皮肤可因脱脂而变干燥、脱屑，有的出现过敏性湿疹。长期吸入苯能导致再生障碍性贫血。

(3) 来源。苯主要来自建筑装饰中大量使用的化工原料，如涂料。在涂料的成膜和固化过程中，其中所含有的甲醛、苯类等可挥发成分会从涂料中释放，造成污染。

7. 家装污染源之氨

(1) 性质。氨气极易溶于水。

(2) 危害。对眼、喉、上呼吸道作用快，刺激性强，轻者引起充血和分泌物增多，进而可引起肺水肿。长时间接触低浓度氨，可引起喉炎、声音嘶哑。

(3) 来源。写字楼和家庭室内空气中的氨，主要来自建筑施工中使用的混凝土外加剂。混凝土外加剂的使用有利于提高混凝土的强度和施工速度，但是却会留下氨污染隐患。另外，室内空气中的氨还可来自室内装饰材料，比如家具涂饰时用的添加剂和增白剂大部分都用氨水，氨水已成为建材市场的必备。

一般来说，氨污染释放比较快，不会在空气中长期积存，对人体的危害相对小一些，但是也应引起大家的注意。

8. 家装污染源之 TVOC

TVOC 即总挥发性有机化合物。

(1) 性质。TVOC 的组成极其复杂，其中除醛类外，常见的还有苯、甲苯、二甲苯、三氯乙烯、三氯甲烷、萘、二异氰酸酯类等。

(2) 危害。TVOC 可有嗅味，表现出毒性、刺激性，而且有些化合物有基因毒性。TVOC 能引起机体免疫水平失调，影响中枢神经系统功能，出现头晕、头痛、嗜睡、无力、胸闷等自觉症状，还可能影响消化系统，出现食欲不振、恶心等，严重时甚至可损伤肝脏和造血系统，出现变态反应等。

(3) 来源。主要来源于各种涂料、黏合剂及各种人造材料等。

9. 业主对污染应具备的认知水平

(1) 甲醛。甲醛是一种基础化工材料。建筑装修材料中含有甲醛是在所难免的，问题是其含量如何而已。国家已经对有关的产品有一个安全标准，所以，到信誉较好的大商场购买一些优质产品即可，切莫贪图小便宜而使自己受尽折磨。

(2) 氡。我们已经知道氡几乎是无所不在的，但氡真正对人体构成威胁是需要达一定的剂量的，根本没必要谈氡色变。

(3) TVOC。和甲醛一样，TVOC 也是一种基础化工材料，其存在也是正常的。购买一些 TVOC 含量低的产品是唯一的办法，但如果你想完全避开它是不可能的。

所以说，业主在装修之初完全没有必要"谈污染色变"，任何装饰材料中都或多或少存在着各种污染物，只是是否达到对人身伤害的程度罢了。

10. 如何在装修中控制室内污染

(1) 健康环保地板。在目前环境下，购买建材产品，尤其是地板，要自己多看，购买品牌的合格产品，可能价格高一些，但会减少环境污染。

(2) 装修合理简洁。国家的环保标准是每立方米不大于 8 毫克，在家具搬进去之前最好要控制在每立方米 4 毫克左右，以免搬入家具后超标。所以装修方案要尽量合理简洁，越是复杂、豪华的装修越容易有隐患。

(3) 污染预防为主。安全的室内环境是指室内空气中的有害物质浓度低于国家相关标准，不会危害人体健康。要保障室内环境安全首先必须保证室内装修无污染，装修材料环保、装修设计环保、施工技术科学，各个环节都符合国家规定的控制标准。

11. 家装环保认识的九大误区

(1) 合格建材就是无害的。

所谓达标产品是指有害物质在国际标准的限量之内的产品，它所释放的有害物质人体能够承受。包括板材、石材、油漆、涂料以及水泥在内的主要建材没有一个是无害的，区别只是有害物质多少而已。有时候虽然使用的所有建材都达标，可装修后室内空气有害物质很可能超标，因为有害物质有叠加效果。所以，从环保方面考虑，室内装修越简单越好。

(2) 产品检测报告一定可靠。

目前市场上许多建材产品的检测报告并不可靠。首先，很多检测样品是送检的，商家完全可以把质量最好的样品送去检验，从而获得好的结果。其次，检测报告都有时效性，是针对某一批产品的。那么，到底如何衡量建材产品有害物质超不超标呢？理论上唯一可靠的办法只有消费者请权威检测机关来作检测。在实际生活中，一些著名品牌的产品大多数还是信得过的。

(3) "绿色"建材就一定放心。

应该重点注意以下 3 类装饰材料的选择。

①石材瓷砖类。这类材料要注意放射性污染，特别是一些花岗岩等天然石材，放射性物质含量比较高，应该严格按照国家规定的标准进行选择，如果经销商没有检测报告或者您自己不放心，也可以拿一块样品到室内环境检测单位进行放射性检测。

②胶漆涂料类。家具漆、墙面漆和装修中使用的各种胶粘剂等，这类材料是造成室内空气中苯污染的主要来源，市场上问题比较多。大家最好到厂家设立的专卖店去购买，或者选择不含苯的水性材料。

③人造板材类。各种复合地板、大芯板、贴面板以及密度板等，这是造成室内甲醛污染的主要来源。大家最好在装修前用甲醛消除剂对板材进行有害物质的消除工作。

(4) 建材中的有害物质能仿人。

只要装饰材料中的有害物质被密封在材料当中，不散发到室内空气中去，一般就不会对人体造成伤害，所以人们应该注意的是装饰材料中有害物质的空气释放量。室内良好的通风条件，则可以将有害物质带走，降低对人体的伤害。

(5) 闻不到气味，室内环境就没有污染。

像氡这种放射性物质，它是无色无味的，人体不易感觉，但它对人的伤害却是极大的。氡存在于建筑水泥、矿渣砖和装饰石材以及土壤中，它对人体的主要危害是导致肺癌的发生，是除吸烟外第二大致肺癌病因。

(6) 家具造成的室内污染小。

除硬质家具外，一些软质家具如床垫、沙发等也会造成室内环境污染。一些外表高贵华丽的沙发里面，全是用胶粘着的碎海绵。而这些胶里面，大多含有很重的甲醛和苯。在华贵的皮质、棉质外套包裹下，这些碎海绵慢慢散发出有害气体，毒害着人们的健康。

（7）家用电器没有污染。

家用电器、办公设备以及生物性霉菌也是造成室内环境污染的重要因素，尤其是霉菌污染，目前还没有引起人们足够的重视，而它的危害是很严重的。

（8）只知道通风能清洁空气，但不知怎样合理通风。

上午 9 时至下午 4 时是开窗通风的最好时机。这段时间由于气温相对较高，空气中的污染物易于散发，室外的空气相对清洁些。

（9）知道室内环境应进行检测，但不知道选择什么样的检测单位。

现在社会上声称能检测室内环境的单位很多，大家一定要增强自我保护意识，在查验检测单位和检测人员的资格后，再决定是否委托其进行检测。

12. 使用什么建材更环保

一般来说，装饰材料中大部分无机材料是安全和无害的，如龙骨及配件、普通型材、地砖、玻璃等传统饰材，而有机材料中部分化学合成物则对人体有一定的危害，它们大多为多环芳烃，如苯、酚、蒽、醛等及其衍生物，具有浓重的刺激性气味，可导致人身体和心理的各种病变。

（1）墙面装饰材料的选择。家居墙面装饰尽量不大面积使用木制板材装饰，可将原墙面抹平后刷水性涂料，也可选用新一代无污染 PVC 环保型墙纸，甚至采用天然织物，如棉、麻、丝绸等作为基材的天然墙纸。

（2）地面材料的选择。地砖一般没有污染。如居室大面积采用天然石材，则应选用经检验不含放射性元素的板材。选用复合地板或化纤地毯前，应仔细查看相应的产品说明书。若采用实木地板，应选购有机物散发率较低的地板胶粘剂。

（3）顶面材料的选择。居室的层高如不高，可不做吊顶，将原天花板抹平后刷水性涂料或贴环保型壁纸。若局部或整体吊顶，建议用轻钢龙骨纸面石膏板、硅钙板等材料替代木龙骨夹板。

（4）软装饰材料的选择。窗帘、床罩、枕套、沙发布等软装饰材料，最好选择含棉麻成分较高的布料，并注意染料应无异味，稳定性强且不易褪色。

（5）木制品涂装材料的选择。木制品最常用的涂装材料是各类油漆，是众人皆知的居室污染源。不过，水溶性的油漆环保性能好，大可放心使用。

第**6**章
装修的准备工作

1.装修的基本流程是怎样的

装修的基本流程一般都是按照如图 6-1 所示的进行的。

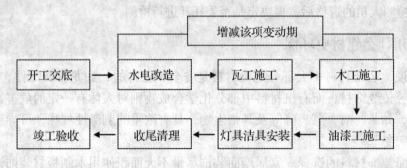

图 6-1　装修的基本流程

上图适用于大多数家庭的装修，不包括一些特殊装修项目，例如暖气地热的改动、墙体结构的改动、顶层阁楼的楼板搭建、楼梯的安装等。这些都需要在水电改造以前完成。

2.各个工种的工作范畴有哪些

上面只是简要介绍了整个装修的基本流程，但是很多业主对于各个工种的工作范畴可能还不是很了解。这些工种对家里装修的工作都有哪些，需要读者清楚。

（1）力工。力工这个工种几乎贯穿整个装修期。前期，力工的主要工作是墙体改造（刨墙、砸墙、地面起皮等）；中期，力工的主要工作是建材的上楼搬运；后期，对装修后的垃圾清运，安装卫生间与厨房的挂架等。

（2）水电工。水电工的工作范围主要为水路和电路的改造，以及后期洁具和灯具的安装。

（3）瓦工。瓦工的工作为砌筑墙面、墙面抹灰、地面找平、卫生间和厨房的防水工程、瓷砖铺设等。

（4）木工。木工的工作根据业主的不同装修要求而定，活多而杂，对技术要求全面。大体上可能有以下内容：吊顶、门和门套制作安装，各类柜体（衣柜、书柜、橱柜、玄关等）的制作，踢脚线和棚线的安装。

（5）油工。室内需要进行油漆处理的工作，包括木工制作的各类家具以及门等的喷漆、墙面使用腻子找平以及涂刷乳胶漆、壁纸的铺装等。

3.如何选择工人

如果业主决定不找装饰公司，而要自己装修的话，那么接下来就是如何找到称心如意、技术全面的工人了。

（1）亲戚朋友介绍。因为亲戚朋友熟悉，他们介绍的工人通常都能靠得住。但是也应该注意的是，他们介绍的工人是否真符合你。例如，你的朋友介绍了一个瓦工，他可能铺设普通瓷砖比较在行，但是却不会铺仿古砖，所以还要衡量介绍的工人是否与你的装修档次以及要求匹配。

（2）同小区的工地。当一个小区办理入住以后，通常有很多家庭都马上进行装修，这个时候你可以到正在装修的邻居家现场观摩，往往就会发现技术很好的工人，可以实时地跟他们沟通一下你的装修思想，并且还顺便可以把价格谈一下，往往会收到比较好的效果。

（3）网上。当前各个门户网站都有装修板块，你可以到你所在当地城市的分版面里面，一定有很多工人发帖推荐自己，或者有网友分享自己的装修日记时，也会重点介绍到所用过的工人，你可能有意外的发现。

（4）看活。无论是哪种方法找工人，都不能只凭一张嘴说，要看他具体的水平如何，也就是一定要看到他的施工工地，网上要看到他的施工照片，现实中一定要到他的工地看一下，这样才能放心。

4. 如何与工人沟通装修意图

当工人上门准备装修的时候，首先会与你面谈涉及其工种的装修任务，这个时候如何直接、详细、准确地表达出你的装修意图，对后面的装修工作以及双方合作的过程至关重要。

（1）有的放矢。在准备装修的时候，效果图作为最终新居装修成型以后的整体参考，必须呈现给各个技术工人看，这里有必要告诉他们装修的整体风格、使用材料基本情况、关键部位的注意事项。如果有可能，可以让设计师作详细介绍。

（2）注重细节。除了效果图以外，对于类似瓦工贴砖的样式（横贴、斜贴）、木工中各种柜体的尺寸，水电改造中各个插座和开关的位置，必须有详细的平面施工图纸，这样工人才能一目了然确定你的施工意图。

（3）虚心聆听。对于在装修过程中，自己拿捏不准的方案，有时一些有经验的老工人会给你提供一些有效的建议，在面对是否采纳这些建议的时候，不必忙于下结论，可以咨询一些有此方面经验的朋友或者网友，甚至设计师。当然，这些工人的建议有些真正为业主考虑，而有些则是为了自己施工方便，劝导业主修改，这都需要业主来判断。

5. 装修中如何与工人相处

在装修中，业主与工人之间的相处，直接决定了整个装修过程是否顺利、装修质量是否合格、心情是否舒畅。

（1）以人为本。装修工人都是靠手艺吃饭，手艺不好、品行不端正的大多被市场所淘汰。对于大多数业主来说，选择工人往往都精挑细选，所以他们大多手艺上没有太大的问题。在这种情况下，业主一定要摆正自己的心态，既不能因为我是业主，就随意地指使工人做一些能力范围外的事情；也不能因为工人有技术，刻意讨好。

（2）将心比心。工薪族买一回房子不容易，装修一回也不容易，大多数工人都知道这个道理，所以在工作时大多不会玩"猫腻"；同样，对于靠手艺吃饭的工人，他们也不容易，工作强度大，劳动保障差，所以在很多时候，面对诸如工资、待遇方面，作为业主来讲，能过得去尽量过得去，这样彼此双方都能相处得比较愉快。

（3）摆正心态。有些业主认为自己花钱雇了工人，那么他就应该什么都听我的，于是趾高气扬、吆三喝四，让工人做一些能力范围外的事情。在此，笔者劝告这样的业主，心态一定要摆正，业主与工人虽然是雇佣关系，但是更是合作关系，如果可能还可以发展为朋友关系。那种领导做派，对你家装修有害无益。

（4）善待工人。在平等的基础上，作为业主更要善待工人。有些业主觉得只要工钱给到了，其余对工人不必再支出什么费用了。在笔者看到的众多工地上，有一些有经验和成熟的业主，往往会准备一箱纯净水，放在那里给工人喝，好一些的还会给工人甩两包烟。其实，即使这些没有，敬业的工人该怎么做就怎么做，但是有了这些小细节，往往他们会更加用心。

6. 前期需要购买的装修工具有哪些

如果你找施工队装修，那么有一些工具需要准备出来，以防以后再买耽误时间和精力，这些工具都是一些小件，而且装修完成以后平时也可能用到。

（1）瓦工专用。如果单独找工人施工，瓦工需要的工具比较多，需要业主购买的主要有铁锹和泥盆，用来和灰使用，一般建材店都有。

（2）五金工具。这部分主要有锤子、钳子、螺丝刀等，这些工具在整个装修期间使用频率都很高，虽然工人都有，但是自备一些以方便不时之需。

（3）生活工具。由于大多数待装修的房子都没有座便，所以可以买一个一次性座便，方便工人在装修时的"内急"，一般建材店都有卖，价格大概是 5 ~ 10 元。

（4）劳保工具。装修中应该注意自身保护，所以可以事先准备一下手套、口罩，多买一些，价格还能便宜，这类东西以后也可以使用。另外，参与装修的业主，应该准备两三套工作服，以备在装修时使用。

7. 前期需要购买的物件有哪些

在整个装修的过程中，不是所有的物件都在装修后买，有一些需要在装修以前进行购买，即使不买，也应该预定下，这样可以获得准确的尺寸，以便于装修中参考和安排布置。

（1）厨房三件套。笔者建议业主应该首先购买厨房中的油烟机、炉灶和水盆。因为这三者直接关系到后期厨房的布置和橱柜的制作。无论是让木工直接打造橱柜，还是定制整体橱柜，这三件直接决定了橱柜的尺寸和布置安排。

（2）卫浴配件。在水电隐蔽工程以前，应该首先考虑好使用哪种热水器、使用台上手盆还是台下手盆、使用浴缸还是花洒，并对它们的尺寸了如指掌，这样才不会造成水电工程完工以后，按照预留的位置和尺寸选择上述配件。

（3）确定好尺寸的家具家电。除了上述介绍的两点比较重要以外，家庭中必不可少的家具和家电，对它们的尺寸也应该有所掌握，比如冰箱、洗衣机、沙发、各种柜体，首先应该确定好它们的位置，然后预留好尺寸。

8. 先买家具还是先装修

在装修房屋前应先把家具的款式、颜色、尺寸及价位等确定下来，然后制订装修方案，就像穿着一样，使风格、色彩、质量得以统一。

家具和装修都建立在"功能、视觉、材质"这三大要素上。人们对房屋的装修和家具的配置，也都离不开对其功能的追求。然而作为追求精神生活的人来说，仅仅在功能上的满足是不够的，视觉上的满足也是极为重要的。装饰材料的材质和功能紧密相关，优质材料和精细加工同时带来视觉、触觉及心理上的满足。

传统那种"先装修后买家具"的主张，忽视了家具和装修的"功能、视觉、材质"这三大要素之间的关系。如果不知道家具的具体尺寸就进行装修，其结果往往就像买衣服不问尺寸一样，不是太大或太小，就是颜色、风格不搭配。这样功能可能是有了，视觉上却难以得到满足。

9. 业主如何自己买建材

要想节省费用，而对建材市场又一知半解，那就要做好几进几出建材城的打算。在列出所需各项建材的品牌后，不用着急掏腰包，在时间允许的情况下，等待商品甩卖优惠。

有些品牌的商品正价购买很贵，除了在其打折时候购买外，还可以通过购买样品来大大降低成本，还能得到品牌保证。以洁具为例，样品并不会因为陈列而降低品质，所以适合采取购买样品的手法。由于门店装修、更换新品等原因，一些经销商需要迅速处理掉现场样品时，他们会以相当低廉的价格出手，清空展台。消费者在淘便宜货时，一定要对自己需要的建材商品的型号、尺寸了解得非常仔细，否则，淘来的可能就是没有用处的废物。

许多消费者认为自己对建材一无所知，虽然装修时选择的是"清包"，但购买建材时还会带上设计师或装修工去帮忙做个参谋，以为自己本人在，就不会被宰。一些设计师和装修工有时会跟商家之间存在某种默契，设计师或装修工以行家的身份向消费者推荐商品，商家则抬高商品价格，此时设计师或装修工还会帮着消费者讨价还价，以示与消费者站在同一个战壕里。其实在消费者转身去交钱时，也许设计师或装修工正在与商家谈回扣的问题。有些商家会给设计师或装修工一定比例的提成，如果他们去买，折扣会低到 4 ~ 5 折，有时甚至是 2 ~ 3 折，而这种折扣有利的不是消费者，而是进了设计师或装修工的腰包，"默契宰客"成了某些建材商店的潜规则。

10. 业主自己买建材容易犯的错误

很多业主自己购买建材，往往会犯一些错误，看似便宜而沾沾自喜，实际上还是被"奸商"骗到。

(1) 高价货。对于商家而言，业主的购买量和次数有限，价格除非蒙的因素外，根本不可能有优惠。对于业主如何解决这个问题，唯一有点帮助的做法是：不要带女士(包括老婆和母亲) 去买货；尽量穿得不要太斯文；多逛几家商店，记得有问题也不要问，如果在逛商店的过程中你还是有解决不了的问题就继续逛。

(2) 劣质货。可以说，除非购买的东西是业主的专业范围，否则有很大的机会遇到假货。现在的劣质货可分为很多种"劣"法。一种是本身就是劣质材料。例如把含铝量低的铝合金当成含铝量正常的铝合金来卖。一种是代替材料，例如把内部用工程塑料外面进行电镀处理的花洒说成是全铜部件的花洒。

(3) 冤枉货。高价货是指同一样货品你用更高的价格去买，而冤枉货是本来可以买便宜的，你买了高价格的另一种货。世界上只有最合适的货，没有最好的货。例如在做一些不具有承重要求的柜子时，有些地方可有大芯板的，当然可以不用买价格高的细芯板。

11. 小心建材团购

近年来，装修团购成为城市装修中的一种新形式。业主在团购建材时，切忌被团购现场火热的气氛以及主持人的语言所"迷惑"，告诉自己冷静再冷静。实际上，根据笔者多年来的经验，团购的建材价格并不比自己去购买便宜多少，有些甚至更贵，里面的"猫腻"众多，业主一定要格外小心。

12. 装修工人转卖建材牟利的几种方法

虽然很多本着良心经营的装饰公司或装修队不屑于做这种倒卖建材赚钱的事，但是也有一些街边的装修队或者工人喜欢。这些行为主要有以下几种方式：

(1) 虚报需求。以细木工板为例，本来 30 张能完成的虚报成 40 张。像这种大件的建材，工人想带出去可能还有些困难，不过小的辅料或者五金件就不是那么容易监控的，这一点在木工环节尤为突出。例如木工需要的钉子、铝封边、合页等。所以在前期一定要问好这些建材是作什么用的，数量是多少，后期一定要认真监控他们的使用。

(2) 偷龙转凤。以乳胶漆为例，业主买回来真货，那么他们会偷偷地转成假货，然后把真货转手再卖出去。

(3) 浑水摸鱼。因为大部分的业主对工序不了解，有一些人就利用这一点，谎报工程工序，本来一道工序能完成的，就变成了两道。事实上，这些加进去的工序是不存在的，而业主因为这些工序增加的货就会被转移。

(4) 偷工减料。最明显的例子就是本身电线要加保护管的，在施工中把管去掉了，然后匆忙把线槽封闭。这一招既省钱又偷料，一举两得。

13. 施工工地业主应该做什么

在施工中，作为业主，应该承担的责任和工作主要有如下几项：

(1) 与设计师、监理、项目经理充分沟通，表明装修构想。

(2) 关注施工工地，如有施工项目变更及时提出。

(3) 进场材料的验收。

(4) 参与隐蔽工程的验收。

(5) 及时缴纳工程进度款。

(6) 及时进行竣工验收和工程决算。

14. 施工工地上业主如何做好监督

下面介绍一些装修工程的做工与要求，其标准基本达到中高级的水平，如果您对居室装饰不谙熟，可参照以下标准，对家居装修进行检查和监督，以确保多项做工质量。

（1）木工制作。

①制作木质门窗护套、木质墙裙、踢脚板基层要有木龙骨架或细木工板底衬。

②龙骨架固定要用电锤或冲击电钻在墙上钻眼钉紧木楔，然后找平。

③饰面层板材要求木纹纹理顺向一致，接缝处要处理严密。

④用乳胶漆或黏结剂粘贴表层材要与木龙骨双面刷胶，晾5~10分钟后双向压合，用木块垫压敲平。

⑤用细圆钉或气钉钉面层，钉头应嵌至面层以下。

⑥外墙角面结合采用45度角，双向刨准角度，不允许外观看见板材立茬。

（2）木饰油漆。

①表面颜色正确、均匀、光亮，平滑适度，无泪滴、过厚、透底、起泡等情形。

②油漆边界平直整齐，不油出界。

③墙身批灰不见凸块凹位，墙角平整。板与板、板与墙的接口，均要贴上纤维胶布，才做批灰刮腻。

④尽量不在潮湿天气油漆，以防"出汗"不干。

（3）铺设墙纸。

①铲墙后先刷一遍防水油，要打磨两遍，每遍均用100号砂布打磨，有缝隙须立即修补，以肉眼看不见凸墙凹位，手触摸无大凸大凹为准。

②墙纸碰口要准确对严，贴平整，无起泡，按规定对花。

③用锋利刀片切口，不可有纸边撕裂的情形。

④壁纸胶外溢立即用干净毛巾揩净。

（4）墙面粉饰。

①至少墙面要刮两遍腻子，腻子采用滑石粉和稀释乳胶混合而成。

②每遍腻子干后即用80号砂布磨平。

③检查墙面的粉饰平整度，可用一根长1.5米左右的平直木杆或铝材，竖放墙面，从侧面观察木杆或铝材的直边与墙面的连接情况，如缝隙过大，说明墙面不平有凸凹；如缝隙很小成一条暗线，说明墙面平整符合标准。

（5）敷设水管。

①放管以最近距离、最少接口为标准，管身要平直整齐，尽量少弯曲和交叠。

②室内全部用镀锌管，热水用包胶管，下水用PVC管，接口要用防水胶布裹严以防渗漏。

③安装面盆及座便器要对水平及四角周正。

④安装龙头或管件，要用布包工具，不可弄花龙头及配件，不准用锤子直接大力敲击。

⑤厨房、厕所要安装地漏，以保证地面不积水。

⑥安装完毕要试水，无渗、漏、滴水现象。

（6）铺贴瓷砖。

①瓷砖面要镶平，角度要准确，接口要对线。

②瓷砖在使用前要浸水半日。

③厨厕地面要有适当斜度，不可积水。

④瓷砖接口扫白水泥后要用藤丝刷，不可在瓷砖面留有水泥污渍。

⑤地砖铺砌完成，要用纸板等覆盖砖面，并至少要在 24 小时后才能行走。

（7）铺设地板。

①木质地板铺前要打地龙骨架，尺寸与地板规格吻合。

②打磨地板要平滑，不能出现凹坑或刮痕，角落处要用角磨机磨平。

③地板蜡至少要油三遍。

④枫木地板要用 9 ~ 12 毫米夹板做底衬，板底要铺防油纸或塑料膜等物，以防地面返潮。

⑤铺设复合地板要先将水泥地面处理，将大的凸凹处铲平或填平整，以保证铺设平整。

（8）装饰线。

①木饰线要镶嵌平直，表面无疤痕，接口采用斜线相接。

②小钉或气钉钉牢后要将钉头嵌入木线表层以下，再用腻子抹平。

③镶石膏饰线底层要用电锤打眼钉木楔，装上石膏线后再用自攻螺钉上紧，钉头用石膏粉找平。

④石膏线接口处要对花抹平。

15. 施工中业主应该注意哪些细节

在装修过程中的很多细节，看似不起眼，但是由于工人的误操作或者图省事，都可能对以后的居住安全造成隐患，不可不防。

（1）冷热水管混接。白色为冷水管，红色为热水管，把冷水管和热水管混合接起来。

存在隐患：冷热水管的伸缩率是不同的，由于热胀冷缩，造成冷水管破裂漏水。

规范操作：按颜色区分冷热水管，严格操作。

（2）电线没有套绝缘管。在施工时将电线直接埋到墙内，导线没有用绝缘管套好，电线接头直接裸露在外。

存在隐患：这样非常不安全，入住后可能会因为某种原因，比如电线老化而导致电线破损造成电线短路；同时，一旦出现电线断掉的情况根本无法换线，只有砸墙敲地。

规范操作：电线敷设必须在外面加上绝缘套管，同时电路接头不要裸露在外面，应该安装在线盒内，分线盒之间不允许有接头。

（3）随意拆改水路。在业主不懂装修的情况下，误导业主随意拆改水路，浪费钱财。

存在隐患：浪费钱财仅是一方面，在拆改水路时一旦没有密封好或缺乏试压，会导致水管爆裂。

规范操作：该改动管线时就动，不该动时坚决不能动。

（4）强弱电放置一起，典型的偷工减料。把强电（照明电线）和弱电（电话线、网线）放在一个管内或盒内，少敷一根管，省时省力。

存在隐患：打电话、上网时会有干扰。同时一根管内穿线过多也有发生火灾的危险。

规范操作：强弱电应分开走线，严禁强弱电共用一管和一个底盒。

（5）长度不够无连接配件。因绝缘管长度不够，此处恰好为一转弯，不放置连接配件，在与接线盒交接处露出一节。

存在隐患：入住长时间后可能会因为线路老化而造成漏电。

规范操作：在管口和接线盒之间应该有配件连接。

（6）重复布线。大量重复布线，多用材料，浪费业主的财物。

存在隐患：一旦线路出现问题，在有如"天罗地网"的布局中很难检测。

规范操作：周密安排，在不超过管的容量40%的情况下，同一走向的线可穿在一根管内，但必须把强弱电分离。

（7）线管被后续工程损坏。典型的野蛮施工。管线敷好后又在地上开槽，结果打穿已敷好的管线。

存在隐患：入住后可能才会发现家中某个房间没有电，只能把家中所有的线一根根检测，重新穿线。

规范操作：在敷好管线的地方不能再次施工。

如果已损坏，在换线时严禁中途接线。电路负荷较大时，穿线管内电线的接头处容易打火花而发生火灾。

（8）腻子当水泥。有不少的工地上，施工队的错误是明知故犯的，横向开槽不说，线管布线完成后，竟用腻子粉当做水泥用。

存在隐患：装修时横向开槽破坏了整楼体的承重，原设计的抗震能力降低。

规范操作：用于封堵线槽的水泥，必须与原有结构的水泥配比一致，以确保其强度。

（9）电线不分色。所有的线用了一种颜色，贪图省工。

存在隐患：一旦线路出现问题，再次检测分不清线。

规范操作：底盒接线包线布用不同标志的包扎。火线用红色线及红色包布，零线用蓝、绿、黑色，应用同种颜色包线布包扎，接地线应用黄、绿、蓝线。

（10）防水不彻底。只是卫生间地面做了防水，墙面没有做。

存在隐患：洗浴时水会溅到邻近的墙上，如没有防水层的保护，隔壁墙和对顶角墙易潮湿发生霉变。

规范操作：一定要在铺墙面瓷砖之前，做好墙面防水，一般情况下墙面要做30厘米高的防水处理，但是非承重的轻体墙，就要将整面墙做防水，至少也要做到1.8米高。特别要注意边角，严格防止其发生滴漏，实际上大多数防水层漏水都是边角部位，所以只要把这些地方做好了，出现渗漏的可能性就会减少。

16. 施工中工人容易偷工减料的细节

在整个装修进程中，有很多细节处理上，工人未必能处理好。一方面他们可能图省事儿，另外一方面也可能是技术不到位。总之，业主一定要对这些环节格外注意。

（1）墙面刷漆。如果工人在施工时不认真或敷衍了事，常会出现微小的色差。尤其是颜色较深的乳胶漆更会出现这种问题。

规范操作：乳胶漆在使用之前需要加入一定的清水，调配好的乳胶漆要一次用完。同一颜色的涂料也最好一次涂刷完毕。如果施工完毕后墙面需要修补，就要将整个墙面重新涂刷一遍。

（2）下水管路。施工队在进行装修时，有时为了图省事，将含有大量水泥、沙子和混凝土的碎块倒入下水道。有些工程虽然在最后验收时没有问题，但总是出现下水不畅的问题。

规范操作：严格监督施工队，不能拿下水道当垃圾道使用。在水路施工完毕后，将所有的水盆、面盆和浴缸注满水，然后同时放水，看看下水是否通畅，管路是否有渗漏的问题。

（3）电线接头。电工在安装插座、开关和灯具时，不按施工要求接线。尤其在消费者使用一些耗电量较大的热水器、空调等电器时，造成开关、插座发热甚至烧毁，给消费者带来了很大的损失。

规范操作：在施工中监督电工严格按照操作规程进行施工，在所有开关、插座安装完毕后，一定要进行实际的使用，看看这些部位是否有发热现象。

（4）墙地砖铺贴。铺贴墙地砖是一个技术性较强的工序。如果工人们偷工减料的话，最容易出现瓷砖空鼓、对缝不齐等问题。另外，铺贴瓷砖用的水泥和黏合剂也有讲究，如果配比不合理也会出现脱落等问题。

规范操作：要求墙地砖铺贴应平整牢固、图案清晰、无污垢和浆痕，表面色泽基本一致，接缝均匀，板块无裂纹、掉角和缺棱，局部空鼓不得超总数的 5%。

（5）墙面剔槽。暗埋管线就必须在墙壁和地面上开槽，才能将管线埋入。少数工人在进行开槽操作时野蛮施工，不仅破坏了建筑承重结构，还有可能给附近的其他管线造成损坏。

规范操作：在施工之前，要和施工队长再次确认一下管线的走向和位置。针对不同的墙体结构，开槽的要求也不一样。房屋内的承重墙是不允许开槽的，而带有保温层的墙体在开槽之后，很容易在表面形成开裂，而在地面开槽，更要小心不能破坏楼板，给楼下的住户造成麻烦。

（6）接缝修饰。在一些墙面与门、窗户的对接处，以及两种不同颜色涂料对接的地方，也正是工人们经常敷衍了事的所在。您往往会看到乳胶漆与木作之间的涂料互相混杂，接缝处出现各种问题。

规范操作：对于接缝的处理是很重要的，您一定要监督工人认真施工。如果在墙面上有两种颜色的涂料相对接时，在施工中一定要在第一种颜色的边沿处贴上胶带，再在其上涂刷另一种颜色的涂料，这样只要在施工完毕后撕去胶带，整个接缝就可以非常齐整了。

（7）电线穿管。在家庭装修施工中，几乎所有电线都是穿在 PVC 管中，暗埋在墙壁内。因此电线穿进 PVC 管后，消费者根本看不见，而且更换比较难。如果工人在操作中不认真，会导致电线在管内扭结，造成用电隐患。如果工人有意偷工减料，就会使用带接头的电线或将几股电线穿在同一根 PVC 管内。

规范操作：消费者最好自己购买电线，然后在现场监督工人操作，安装完毕后要进行通电检验。另外，消费者一定要让装饰公司留下一张"管线图"。当电工刚刚把电线埋进墙壁时，就可把这些墙壁编上号码并画出平面图，接着用笔画出电线的走向及具体位置，注明上距楼板、下离地面及邻近墙面的方位，特别应标明管线的接头位置，这样一旦出现故障，马上可查找线路位置。

（8）小面处理。所谓"小面"，就是一些消费者眼睛看不到，又不太留意的小地方，例如户门的上沿、窗台板的下面、暖气罩的里面等地方，有些工人在这里就会偷工减料，甚至会不作任何处理。

规范操作：记住任何物体都是有 6 个平面的，在检验工程质量时不要忽略任何一个细节。

（9）地面找平。有些房屋的地面不够平整，在装修中需要重新找平。如果工人不够细心或有意粗制滥造，就会造成"越找越不平"的问题，而且施工中使用的水泥砂浆还会大大增加地面荷载，给楼体安全带来隐患。

规范操作：在进行地面找平之前，必须先做好地面的基底处理，然后用水泥砂浆进行地面找平。在水泥干透之后，用专用的水平尺确定整个地面的平整度，然后再进行下一步的施工。

（10）基底处理。在涂刷乳胶漆、铺贴墙地砖之前，一定要做好基底处理。有些工人在施工时在这方面偷工减料，轻则造成墙面不平整，乳胶漆涂刷后有色差，重则乳胶漆变色脱落，或瓷砖粘贴不牢。

规范操作：在墙地砖的铺装施工中，您要注意瓷砖不能直接铺在石灰砂浆、石灰膏、纸筋石灰膏、麻刀石灰浆和乳胶漆表面上，而是要将基层面处理干净后方能铺设。瓷砖和基底之间使用的黏结浆料，应严格按照施工标准和比例调配，使用规定标号水泥、黏结胶材料，不能随意调配。在涂刷乳胶漆时，您一定要注意墙面腻子的批刮是否均匀、平滑，打磨和滚涂是否到位等问题。另外，您还要注意乳胶漆是否配比得当。

省钱又省心——
家居**装修**最关心的
500个问题

第**7**章
水电改造之材料篇

1. 水电材料都包括哪些

水电材料分为水暖类、电线类、电工辅料类以及开关插座类等 4 部分，如图 7-1 所示。

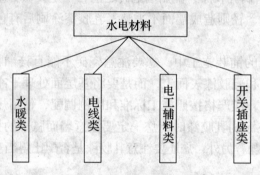

图 7-1   水电材料的分类

2. 水暖管材是如何分类的

装修中涉及水暖的部分大体上有如图 7-2 所示的材料。

PP-R 管

铝塑复合管

PVC 管

生料带

PP-R 水管接头

图 7-2   水暖材料

其中，管材部分分为铝塑复合管、PVC 管和 PP-R 管 3 种。

(1) 铝塑复合管。铝塑复合管是目前市面上应用较多的一种管材，由于其质轻、耐用而且施工方便，其可弯曲性更适合在家装中使用。其主要缺点是在用作热水管使用时，由于长期的热胀冷缩会造成管壁错位以致造成渗漏。

（2）PVC 管。PVC（聚氯乙烯）塑料管是一种现代合成材料管材。由于其强度远远不能适用于水管的承压要求，所以极少用于自来水管。大部分情况下，PVC 管适用于电线管道和排污管道。

（3）PP-R 管。PP-R（嵌段共聚聚丙烯）由于在施工中采用溶接技术，所以也俗称热溶管。由于其无毒、质轻、耐压、耐腐蚀，正在成为一种推广的材料，这种材质不但适合用于冷水管道，也适合用于热水管道，甚至纯净饮用水管道。

3. 购买 PP-R 水管的注意事项

（1）规格。要根据当前自来水压力来选择承压度，一般有 1.6MPA、2.0MPA，管壁有 2.3 毫米、2.8 毫米、3.5 毫米、4.4 毫米等厚度，不是承压越高厚度越大就好，其实够用就行了。一般而言，2.3 毫米或 2.8 毫米的管壁，1.6MPA 承压就足够家用了。

（2）价格。水管经销商经常会打折促销，一般都是 6～6.5 折等，但应该注意到，经销商只会把水管打折出售，配件如弯头、三通、阀门之类基本很少打折，或打折幅度较低。按照一厨一卫计算，另加水管到阳台，最多用 15～20 米水管，即使全部按照热水管计算，按照市场标价 14 元/米打 6 折，最多也不过 200 多块。但是接头、三通和阀门如果不打折价格就高了。

所以一定要说明按照实际用料结算，在施工时要看好工人带来的水管有没有短的（就是其他人家用剩的），并且在开工前，清点好工人带来所有水管的数量和品种，并经过工人认可，才可以动工。完工后，断头剩余的管子坚决不能让工人带走，宁可扔掉也不能给他。除非用来抵扣工程款，一般剩余管子（0.65 米以上）可以按照实际购买价格的 8 折结算扣除。

4. 如何辨别真假 PP-R 管

（1）真 PP-R 管的产品名称应为"冷热水用聚丙烯管"或"冷热水用 PP-R 管"，凡是冠以超细粒子改性聚丙烯管（PP-R）或 PP-R 冷水管、PP-R 热水管、PPE 管等非正规名称的均为伪 PP-R 管。

（2）伪 PP-R 管的密度比真 PP-R 管略大。

（3）真 PP-R 管呈白色亚光或其他色彩的亚光，伪 PP-R 管光泽明亮或色彩鲜艳。

（4）真 PP-R 管手感柔和，伪 PP-R 管手感光滑。

（5）真 PP-R 管完全不透光，伪 PP-R 管轻微透光或半透光。

（6）真 PP-R 管落地声较沉闷，伪 PP-R 管落地声较清脆。

（7）伪 PP-R 管的使用寿命仅为 1～5 年，而真正的 PP-R 管的使用寿命均在 50 年以上。

5. 使用铜水管最健康

铜水管的寿命一般可超过建筑物的使用年限，已经为实际应用所证明。铜水管耐热、耐腐蚀、耐压、耐火和耐老化；铜管材坚固密实，表面是密实坚硬的保护层，无论是油脂、细菌、氧气或紫外线，既不能穿过也不能侵蚀而污染水质。更重要的是铜能抑制细菌生长，保持饮用水清洁卫生，是水管中的上等品。

　　铜管接口的方式有卡套和焊接两种。卡套跟铝塑管一样，长时间存在老化漏水的问题，所以安装铜管的用户大部分采用焊接式，焊接就是接口处通过氧焊接到一起，这样就能够跟 PP-R 水管一样，永不渗漏。铜管的一个缺点是导热快，所以有些铜管厂商生产的热水管外面都覆有防止热量散发的塑料和发泡剂。铜管的另一个缺点就是价格贵，极少有小区的供水系统是铜管的。如果你打算换水管，又觉得铜管不错的话，建议一定要采用焊接的接口方式。

6. 如何选购电线

　　家用电线主要分为铜芯电源线、电话线、有线电视线等，如图 7-3 所示。

铜芯电源线　　　　　　电话线　　　　　　　有线电视线

图 7-3　电线的分类

　　家庭用电源线宜采用 BVV2×2.5 和 BVV2×1.5 型号的电线。BVV 是国家标准代号，为铜质护套线，2×2.5 和 2×1.5 分别代表 2 芯 2.5 平方毫米和 2 芯 1.5 平方毫米。一般情况下，2×2.5 做主线、干线，2×1.5 做单个电器支线、开关线。单相空调专线用 BVV2×4，另配专用地线。

　　购买电线，首先看成卷的电线包装上有无中国电工产品认证委员会的"长城标志"和生产许可证号，再看电线外层塑料皮是否色泽鲜亮、质地细密，用打火机点燃应无明火。非正规产品使用再生塑料，色泽暗淡，质地疏松，能点燃明火。其次，看长度、比价格，BVV2×2.5 每卷的长度是 100±5 米，市场售价 280 元左右，非正规产品长度 60~80 米不等，有的厂家把绝缘外皮做厚，使内行也难以看出问题，一般可以数一下电线的圈数，然后乘以整卷的半径，就可大致推算出长度，该类产品价格在 100~130 元之间。再其次可以要求商家剪一断头，看铜芯材质。2×2.5 铜芯直径 1.784 毫米，可用千分尺量一下，正规产品电线使用精红紫铜，外层光亮而稍软，非正规产品铜质偏黑而发硬，属再生杂铜，电阻率高，导电性能差，会升温而不安全。最后，购电线应去交电商店或厂家门市部。

7. 如何选购网线

　　在网线类别上要充分加以留意，有些不良厂商经常会用 3 类、4 类线的线材来冒充 5 类甚至超 5 类线，还是一个品牌的选择问题，只要记住不贪便宜，不选杂牌厂家的网线一般就能保证这一点。

　　为局域网选购线材时一般来说是选购 5 类或超 5 类网线，因为 3、4 类双绞线一般是使用在 10M/bps 的以太网中，而 5 类双绞线能满足现在日趋流行的 100M/bps 的以太网，超 5 类双绞线主要用于将来的千兆网上，但现在也普遍应用于局域网中，因为价格方面比 5 类线贵不了多少，现在已有 6 类线了，一般用于 ATM 网络中，公司局域网中暂时还不推荐采用。

这些线类如属正规厂家生产则都在包装的封皮上有标志，如 3 类线就用 "3 cable"，5 类线就用 "5 cable"，而超 5 类线则一般表示为 "5e（或 5E）cable"，要注意看清楚，千万别花 5 类线的价格买回 3 类或 4 类线。另外，好的双绞线较粗且较软，所印字符很清晰；冒牌产品为了节约成本，通常较细且一般较硬，在包裹塑料皮上所印字符也较粗糙，行家一看就知道是非名牌厂家生产。

8. 电工辅料都有哪些

电工辅料主要包括穿线管、开关盒、电线卡钉、生料带等材料，如图 7-4 所示。

穿线管

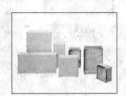

开关盒

电线卡钉

生料带

图 7-4　电工辅料

9. 开关插座的类型有哪些

开关从控制的光源数量来说，一般分为一开、二开、三开，乃至多开，但是开关的作用除了控制电路，也承担着居室美观的作用，所以很少家庭能使用到四开以上的开关。

开关从控制方式上，分为单控方式（大多数开关采用此方式）、双控方式（分别使用两个开关控制同一光源）等。

通过上面两种组合，就可以形成各种不同的开关面板，例如双开双控开关面板等。

插座从控制的电源类型，主要分为二极插座（两孔插座）、三极插座（三孔插座），通常家庭中使用五孔组合插座（上有一个两孔插座、一个三孔插座）比较普遍。

除了上述所介绍的普通插座以外，还有一些特殊用途插座，例如：网线插座、有线电视插座、特殊用途插座。

另外，如果家庭中有空调机，还需要特别购买专门用于空调使用的 16A 专用插座。

对于家庭中使用开关插座的基本指导思想就是墙面上面板尽可能少，功能尽可能多。基于这个思路，现在很多品牌也开发出众多开关插座组合，满足人们日益苛刻的追求。

如图 7-5 所示的，就是一些常见开关插座类型，对于业主来说，开关插座可以咨询为你家装修的水电工人，它们在进行完水电改造以后，通常会给你列出一个清单，按此购买即可。

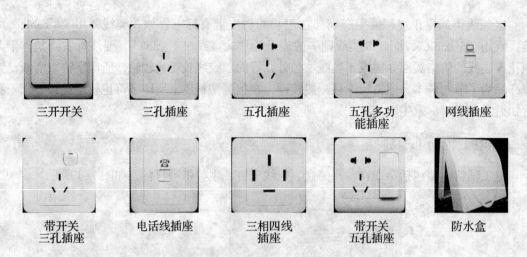

三开开关　　　三孔插座　　　五孔插座　　　五孔多功　　网线插座
　　　　　　　　　　　　　　　　　　　　　　　能插座

带开关　　　　电话线插座　　　三相四线　　　带开关　　　防水盒
三孔插座　　　　　　　　　　　插座　　　　　五孔插座

图7-5　一些类型的开关插座

10. 开关插座的选材做工

面板的尺寸应与预埋的接线盒的尺寸一致；表面光洁、品牌标志明显，有防伪标志和国家电工安全认证的长城标志；开关开启时手感灵活，插座稳固，铜片要有一定的厚度；面板的材料应有阻燃性和坚固性。

开关插座安全与否，与其内部电线的连接方式有着很大的关系。目前最为先进的连接方式是速接端子结构。这种结构连接方式简单，只需将电线插进端子部，连接即告完成，但接线状态均匀、整齐而牢固，即使吊上一个保龄球，连接也不会脱落。带电部分不外露，所以施工时不会有触电的危险。

带保护门装置也是开关插座设计安全性的一个体现。在插座插孔中装上两片自动滑片，只有在插头插入时，滑片才向两边滑开，露出插孔；拔出插头时，滑片闭合，堵住插孔，避免事故的发生。

还有专门为厨卫设计的开关插座，在面板上安装防水盒或塑料挡板，有效防止油污、水汽侵入，延长使用寿命，防止因潮湿引起的短路。

11. 购买开关插座的几点注意事项

购买开关插座需要注意以下几项：

（1）外观。开关的款式、颜色应该与室内的整体风格相吻合。例如居室内装修的整体色调是浅色，则不应该选用黑色、棕色等深色的开关。

（2）手感。表面不太光滑，摸起来有薄、脆的感觉的产品，各项性能是不可信赖的。好的开关插座的面板要求无气泡、无划痕、无污迹，开关拨动的手感轻巧而不紧涩，插座的插孔需装有保护门，插头插拔应需要一定的力度并单脚无法插入。

（3）分量。购买开关时还应掂一下单个开关的分量。因为只有开关里部的铜片厚，单个开关的重量才会大，而里面的铜片是开关最关键的部分，如果是合金的或者薄的铜片将不会有同样的重量和品质。

（4）品牌。很多小厂家生产的开关或者插座很不可靠，根本就用不了多长时间，而经常更换显然是非常麻烦的。但大多数知名品牌会向消费者进行有效承诺，如"可连续开关10000 次"等。一般来讲，国外品牌的产品因其成本普遍偏高，所以价格较国产高。而国内产品无论在质量上，还是外观造型上都接近或超过国外品牌。

（5）服务。尽可能到正规厂家指定的专卖店或销售点去购买，并且索要购物发票，这样才能保证能够享受到良好的售后服务。

（6）标志。要注意开关、插座底座上的标志：包括长城认证（CCEE）、额定电流电压。

（7）包装。产品包装面上应该有清晰的厂家地址、电话，内有使用说明和合格证。

第**8**章
水电改造之工程篇

1. 水暖工程施工的基本流程

水暖工程分为两部分，前一部分为水路改造，在装修后期还需要进行洁具的安装，具体流程如图 8-1 所示。

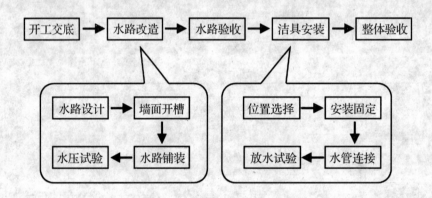

图 8-1　水暖施工流程示意图

2. 水暖工程施工有哪些规定

（1）除设计注明外，冷热水管均采用铝塑管，主管统一为 φ20 毫米，分管为 φ16 毫米；安装前应检查管道是否畅通。

（2）不得随意改变排水管、地漏及座便器等的废、污排水性质和位置（特殊情况除外）。排水管必须有点存水弯，以防臭气上排。

（3）钢管全部采用螺纹连接，并用麻丝、厚漆或生料带衬口，管道验收应符合加压≥0.6MPa，稳压 20 分钟管内压下降≤0.5MPa 为标准；下水管竣工后一律临时封口，以防杂物阻塞。

（4）管道安装应做到横平竖直，铺设牢固，PVC 下水管必须胶粘严密，坡度符合35/1000要求。

（5）管道安装不得靠近电源，并在电线管下面，交叉时需用过桥弯过渡，水管与燃气管的间距应该不小于 50 毫米。

（6）通往阳台的水管必须加装阀门，中间尽量避免接头。

（7）冷热水管外露头间距必须根据龙头实际尺寸而决定。两只头（明装头芯必须用镀锌式样管加长 30 毫米套管，确保以后三角阀安装并行）必须在同一水平线上；外露头凸出抹灰应不小于 10～15 毫米，并用水泥砂浆固定，热水管埋入墙身深度应保证管外有 15 毫米以上的水泥砂浆保护层，以免受热釉面裂开（特殊情况除外）。长距离热水管须用保温材料处理。

（8）外露管头常规高度（均为净尺寸）。

浴房 1000 毫米；洗脸盆 500 毫米；洗衣机机高加 200 毫米；淋浴房 1000 毫米；厨房水池 600 毫米；热水器 1200～1600 毫米或现场订；浴缸 650 毫米。

（9）前期工程完工时须安装工地临时用水龙头 1～2 只（以低龙头为佳），并提供后期所需材料清单（规格、数量、种类）以便于客户自行安排时间选购。

（10）卫生洁具安装必须牢固，不得松动，排水畅通，各处连接密封无渗漏；安装完毕后盛水 2 小时，自行用目测和手感法检查一遍。

（11）座便器安装必须用油石灰或硅硐胶、黄油卷连接密封，严禁用水泥砂浆固定水池下水；浴缸排水必须用硬管连接。

（12）所有卫生洁具及其配件安装前及安装完毕均应检查一遍，查看有无损坏，工程安装完毕应对所有用水洁具进行一次全面检查。

3. 电工工程施工的基本流程

电工工程分为两部分，前一部分为电路改造，在装修后期还需要进行开关插座以及灯具的安装，具体流程如图 8-2 所示。

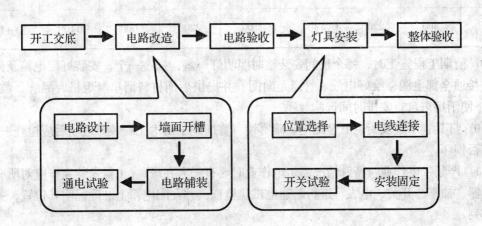

图 8-2　电工工程施工流程示意图

4. 电工工程施工有哪些规定

（1）每户设置的配电箱尺寸，必须根据实际所需空气开关而定；每户均必须设置总开（两极）＋漏电保护器（所需位置为 4 个单片数，断路器空气开关为合格产品），严格按图分设各路空气开关及布线，并标明空气开关各使用旧路。配电箱安装必须有可靠的接地连接。

（2）确定开关、插座品牌，核实是否有门铃、门灯电源，核对图纸跟现场是否相符，不符时经客户同意应调整交签字。

（3）电器布线均采用 BV 单股铜线，接地线为 BBR 软铜线，穿 PVC 暗埋设（空心楼板、现浇屋面板除外），走向为横平竖直，沿平顶墙角走，无吊顶但有 80 毫米高的阴角线时限走 $\phi20$ 毫米、$\phi15$ 毫米各一根，禁止地面放管走线；严格按图布线（照明主干线为 2.5 毫米^2，支线为 1.5 毫米^2），管内不得有接头和扭结，均用新线，旧线在验收时交付房东。禁止电线直接埋入灰毫米层（遇混凝土时采用 BVV 护套线）。

（4）管内导线的总截面积不得超过管内径截面积的 40％。同类照明的几个同路可穿入同一根管内，但管内导线总数不得多于 8 根。

（5）电话线、电视线、电脑线的进户线均不得移动或封闭，严禁弱电线与导线安装在同一根管道中（包括穿越开关、插座暗盒和其他暗盒），管线均从地面墙角直走。

（6）严禁随意改动燃气管道及表头位置，导线管与燃气管间距同一平面不得小于 100 毫米，不同平面不得小于 50 毫米，电器插座、开关与燃气管间距不小于 150 毫米。

（7）线盒内预留导线长度为 150 毫米，平顶预留线必须标明标签，接线为相线进开关，零线进灯头，面对插座时为左零右相接地上；开关插座安装必须牢固，位置正确，紧贴墙面。同一室内，线盒在同一水平线上。

（8）开关、插座常规高度（以老地坪计算），安装时必须以水平线为统一标准。开关常规安装高度为 1200～1300 毫米，插座如下：

类型	普通	分体空调	立式空调	房间电视	油烟机	床头灯	厨房	特殊
高度（毫米）	300	2200	300	700	2200	600	1100	实际

（9）前期工程施工时，每个房间安装临时照明灯一盏，插座一个，安装好配电箱及保护开关并接通全部电源，绘好电线、管道走向图。并提供后期材料清单（规格、品牌、数量、种类），便于房东自行安排时间选购。

（10）灯具、水暖及厨卫五金配电、防雾镜（普通镜子由木工安装）进场后应检查一遍，查看有否损坏。

（11）严禁带电作业（特殊情况需带电作业时要有一人在场）。工程安装完毕应对所有灯具、电器、插座、开关、电表等进行断通电试验检查，并在配电箱上准确标明其位置，并按顺序排列。

（12）绘好的照明、插座、管道在隐蔽工程验收时，经客户签字认可后，配合设计人员打印成图，交工程部、客户一份（底稿留档）。

（13）工班长必须在现场作业，验收时在场，前期和后期工程完工时均应做好清理工作，做到工完场清。

（14）油漆进场前，应对所布强电、弱电进行一次全面复检。

5.确保水路改造施工的安全性

（1）给排水工程。由于镀锌管易生锈、积垢、不保温，而且会发生冻裂，建设部已明文禁止使用。目前使用最多的是铝塑管，即 PP–R 管。这种管子有良好的塑性、韧性，而且保温、不开裂、不积垢，采用专用铜接头或热塑接头，质量有保证、能耗小。

（2）埋在墙里的水管部分千万不要有接头，一定要是一根完整的管子，不要为省这点钱而得不偿失。

（3）管道穿越楼板、屋面时，应采取严格的防水措施，穿越点两侧应设固定支架。

（4）原有的下水管、地漏的位置最好别改变，改不好的话，最容易反水。

（5）检查水管给水是否畅通，接头弯头位置是否出现水珠或者渗漏。水管的验收必须在项目施工完成后（不是整个工程完工），即在封闭前进行 24 小时的加压测试。

6. 水路改造中应注意的小问题

（1）下水改造要采用最简洁的布管线路，尽量减少弯头、三通的数量，否则会影响水流的大小，最重要的是减少接头处渗漏的几率。

（2）水管的安排除了走向，还要注意埋在墙里接龙头水管的高度，否则会影响比如热水器、洗衣机的安装高度。

（3）冷热水安装应左热右冷，安装冷热水管平行间距不小于 20 毫米。

（4）加管子移动下水道口的话，在新管道和旧下水道入口对接前应该检查旧下水道是否畅通，这时候疏通一下会避免日后很多麻烦。

（5）铝塑管安装后封水泥的时候一定要在场监督工人按照施工标准给热水管预留膨胀空间。总之管线在墙内卡得不要太紧，松动一下反而好。

（6）水路改造注意留接头。一般座便器需要留一个冷水管出口，脸盆、厨房水槽、淋浴或浴缸等需要留冷热水两个出口，出口不要留少了或者留错了，一旦出错会造成日后的麻烦。

（7）水表、阀门处要留检修口。许多家庭为了美观，常将管子全包起来，但注意在水表、阀门处应留检修口，以备日后维护及检修使用。

（8）同电路改造一样，水工管线刚一铺完，没封槽之前，就要求工人画出走线平面图，或自己照相留底。

7. 水暖工程后要进行加压测试

安装后一定要进行增压测试。增压测试一般是在 1.5 倍水压的情况下进行，在测试中应保证没有漏水现象。但这是在没有加压条件下的简单测试方法，所以并不完全可行。

（1）关闭水管总阀（即水表前面的水管开关）。

（2）打开房间里面的水龙头 20 分钟，确保没水再滴后关闭所有的水龙头。

（3）关闭马桶水箱和洗衣机等具有蓄水功能的设备进水开关。

（4）打开水管总阀。

（5）打开总阀后 20 分钟查看水表是否走动，包括缓慢地走动。

如果有走动，即为漏水了。如果没有走动，可能没事。但是如果水表有问题或水管微渗，有可能难以确定。所以建议施工完一定要进行水压测试实验，一般打压 8 公斤，时间20 ~ 30 分钟（最好亲自过目）。

8. 标准加压试验的程序

上面介绍的是没有条件下的简单测试方法，如果条件允许，仍然建议采用标准的打压程序。

首先关闭进家里水表的阀门（这点很重要，不然会把家里的水表弄坏），将需要打压的管路各出口用堵头封好，只留一个进口。然后在该进口接打压机，所谓打压机就是一个简易的手摇水泵，用打压机打到6~8个大气压（0.6~0.8兆帕），持续30分钟以上，在此期间观察压力降不大于0.1个大气压，所有接头、阀门无渗水、漏水现象即可。减压2~3小时后，才能封管，没有做打压试验不能封管。

9. 严禁拿下水道当垃圾道用

在对水管的施工改造中，一定要防止下水道堵塞。有些施工队在进行装修时，为了图省事，将大量水泥、沙子和混凝土碎块倒入下水道，这样做的直接后果就是严重堵塞了下水道，造成厨房和卫生间因下水不畅而跑水。有些工程虽然在最后验收的时候没有问题，但总是出现下水不畅的现象。

检查办法：在水路施工完毕后，将所有的水盆、面盆和浴缸注满水，然后同时放水，看看下水是否通畅，管路是否有渗漏的问题。

10. 水路管道漏水有哪些现象

在日常生活中，如果发现如下情况，请尽快检查有关管道：

（1）水管走地下。墙漆表面发霉出泡或者踢脚线或者木地板发黑及表面出现细泡。

（2）水管走顶部。顶棚上出现阴湿现象或有水滴下或者走管墙砖部位有阴湿现象或有水渗出。

在水路改造完成后的一周内，是事故高发期，所以一定要多到施工工地检查，发现问题，立即修改，否则后患无穷。

11. 确保电路施工的安全性

为确保电路改造施工的安全性，业主和施工工人要共同做到以下几点：

（1）持证上岗。

施工人员必须持有国家有关部门发放的电工本，方可进行施工。严禁非专业人员无证上岗。

（2）材料选用。

要用分色线，施工时要使用三种不同颜色外皮的塑质铜芯导线，以便区分火线、零线和接地保护线，切不可图省事用一种或两种颜色的电线完成整个工程。

（3）布线施工。

①如果装修的是旧房，原有的铝线一定要更换成铜线。因为铝线极易氧化，其接头易打火。如果只换开关和插座，那会为住户以后的用电安全埋下隐患。

②电气布线时，要上下竖直，左右平直，一定要穿管走线，暗管敷设需用PVC管，明

线敷设必须使用 PVC 线槽。管壁不可太软太薄，管壁厚度不少于 1.2 毫米，这样做可以确保隐蔽的线路不被破坏。吊顶内不允许有明露导线，且不可在墙上或地下开槽明敷导线之后，用水泥糊死了事，这会给以后的故障检修带来麻烦。

③在同一管内或同一线槽内，电线的数量不宜超过 4 根（国家标准要求管中电线的总截面积不能超过塑料管内截面积的 40%），而且弱电系统（包括网络线、电视天线等）与电力照明线不能同管敷设，以免发生漏电伤人毁物甚至着火的事故。

④线路接头过多或处理不当是引起短路、断路的主要原因。如果墙壁的防潮处理不太好，还会使得墙壁潮湿带电，所以线路要尽量作绝缘及防潮处理，有条件的可以进行"涮锡"或使用接线端子。

⑤做好的线路要注意及时保护，以免出现地面线管被踩坏、墙壁线路被电锤打断、铺装地板时气钉枪打穿 PVC 线管或护套线而引起的线路损伤。

⑥在线路安装时，一定要严格遵守"火线进开关、零线进灯头、左零右火、接地在上"的规定。

⑦电线不得与水管、暖气管道离得太近，以免万一漏电时容易造成全楼通电。同时电线也不得与燃气管道距离过近，以免引起危险。以上距离一般要不小于 30 厘米。

⑧若要减少漏电、超负荷及触电之类的隐患，就必须在住宅分电盘的必要回路上加装"漏电断路器"，大多数的新物业都为业主加装了新式电表和"漏电断路器"，但对老房改造就必须自行加装"漏电断路器"，以确保安全，适应不断增加的电器使用要求。

12. 电路改造施工中应注意的小细节

（1）暗埋管线就必须在墙壁开槽，才能将管线埋入。少数工人在进行开槽操作时野蛮施工，不仅破坏了建筑承重结构，还有可能给附近的其他管线造成损坏。

（2）PVC 管在连接时都要使用接头，拐弯处要用弯头或三通连接，同时要用胶水粘牢。不允许将 PVC 管硬性弯曲 90 度，否则属违规安装。电线导管要畅通，用手来回抽导管内导线，应能抽动，确保以后方便更换损坏的电线。

（3）暗装的线管要固定牢固，否则墙面易开裂。导线装入套管后，应使用导线固定夹子，先固定在墙内及墙面后，再抹灰隐蔽或用踢脚线、装饰角线隐蔽。

（4）电线如有交叉处要设置明线盒，以便于维修和管理。

（5）电工管线一经敷完，没封槽之前，应要求工人画出走线平面图，但是现在绝大多数人都忽略了这一点。

（6）电视、电话等信号线不能与电线近距离平行，正常情况下要求保持一定角度（非平行）或者 50 厘米以上距离，避免信号干扰。

13. 墙面横向开槽要注意

针对不同的墙体结构，开槽的要求也不一样：房屋内的承重墙是绝对不允许横向开槽的，而带有保温层的墙体在开槽之后，很容易在表面造成开裂。注意一定要禁止在地面开槽，这样做会破坏楼板，给楼体造成危险。

14. 走线平面图的重要性

把走线的墙壁编上号码，接着用笔画出电线的走向及具体位置，注明上距楼板、下离地面及邻近墙面的方位，测量后用准确数值标注出来，特别应标明管线的接头位置，这样一旦出现故障，马上可查找线路位置。有条件的业主最好自己再用数码相机拍照记录。

15. 各个空间的开关插座数量如何安排

在电工工程以前，业主势必要规划一下新家中开关插座的数量。

(1) 主卧室。开关：主卧室顶灯；插座：床头灯、空调、电话、电视、地灯。

(2) 次卧室。开关：次卧室顶灯；插座：空调、电话、写字台灯插座、备用插座。

(3) 书房。开关：书房顶灯；插座：网口、空调、电话、书房台灯、电脑、备用插座。

(4) 客厅。开关：客厅顶灯；插座：电视、饮水机、空调、电话、地灯、备用插座。

(5) 卫生间。开关：卫生间顶灯、排风扇或浴霸；插座：洗衣机、吹风机、电热水器、电话。

(6) 厨房。开关：厨房顶灯；插座：电冰箱、油烟机、厨宝、微波炉、橱柜台面上至少有两个备用插座。

(7) 餐厅。开关：餐厅顶灯；插座：备用插座。

(8) 阳台。开关：阳台顶灯；插座：备用插座。

在安排插座开关的时候，你可以根据自身空间的具体特点和情况，对它们进行组合，这样减少墙面上开关插座的数量。例如，主卧室与主卫的顶灯开关可以放置在一起；客厅与餐厅的顶灯开关可以放置在一起等。

16. 开关插座的位置如何安排

通常来讲，家里的开关插座位置大体上有以下几个决定因素：

(1) 家具及家电的位置。家具及家电的位置直接决定了开关插座的位置，在预留的过程中，既要考虑好它们的位置，更要考虑好它们的尺寸。在没有具体尺寸的情况下，尽可能将插座开关靠边放置，以备将来安放家具及家电时不会因为开关插座的关系产生问题。

(2) 空间的功用性。每个房间的功能性不同，开关插座安放的位置也不尽相同。

(3) 家庭成员组成和习惯。要综合考虑到家里每个成员的年龄组成和生活习惯。例如，儿童房有些开关可以适当降低，喜欢发烧音响的家庭中电视墙需要预留更多的插座等。

17. 开关插座安装中的几点注意事项

(1) 总体原则。开关插座的数量应尽可能少，单个面板上功能应尽可能多。在减少数量的前提下，每个面板上的功能尽可能要多。能够合并到一起的开关，可以进行合并；一个面板上可以同时存在开关和插座，当然还需要保证后期使用的便捷性。

(2) 价格。从目前国内知名的开关插座品牌上来看，国外的品牌要高于国内的品牌，一线品牌要高于二线品牌，价格差异甚至要达到10倍以上。一个普通的两居室的房屋，完全购买国外的品牌，价格可能要两三千，而国内品牌，大概也就是300多元。所以建议经济条件有限的业主，可以选择国内的一线品牌，从质量上完全可以媲美国外品牌。

（3）五孔还是三孔。五孔插座是需要购买的所有开关插座中数量最多的，如果你所购买的品牌中，三孔插座与五孔插座价格差异不大，建议都购买五孔插座。毕竟在后期居住中，我们所面对的家用电器各式各样，不一定什么时候就可能使用到二孔插头。

（4）注意电视柜。电视柜的插座预留位置一定要格外注意，如果你还没有购买电视柜，那么插座位置宁高勿低，否则后期需要用的时候，就会出现不断挪动电视柜的情况；除此之外，也应该根据客厅中使用家电的多少，预留多孔插座。

（5）防潮盒。一般来说，潮湿或近水区域的插座需要防潮盒，比如：临近水槽、洗脸盆的插座，卫生间湿区的插座。而开关不需要安装防潮盒。

（6）保护。一定要作出标记，哪部分是新的，哪部分是旧有的。瓦工施工的时候，如果分不清新旧，有可能会将新开关盒用水泥封死。除此之外，水电工在工程完工以后都会将线头用绝缘胶布封死，但是后期其他工人在使用装修工具的时候有可能打开，此时一定要提醒工人用后恢复原貌，否则容易发生漏电危险。

18. 开关插座安装的技术规范

为防止儿童触电、用手指触摸或金属物插捅电源的孔眼，一定要选用带有保险挡片的安全插座；单相二眼插座的施工接线要求是：当孔眼横排列时为"左零右火"，竖排列时为"上火下零"；单相三眼插座的接线要求是：最上端的接地孔眼一定要与接地线接牢、接实、接对，绝不能不接。余下的两孔眼按"左零右火"的规则接线。值得注意的是，零线与保护接地线切不可错接或接为一体；电冰箱应使用独立的、带有保护接地的三眼插座。严禁自做接地线接于燃气管道上，以免发生严重的火灾事故；为保证家人的绝对安全，抽油烟机的插座也要使用三眼插座，接地孔的保护绝不可掉以轻心；卫生间常用来洗澡冲凉，易潮湿，不宜安装普通型插座。

装配开关时，明装插座位置距地面应不低于 1.8 米，暗装插座距地面不低于 0.3 米，强电与弱电插座保持 50 厘米以上距离。暗装开关要求距地面 1.2 ~ 1.4 米，距门框水平距离 15 ~ 20 厘米。另外，敷设线路的面板连接端线应留出 20 ~ 30 厘米的余地，以保证线路检修的方便。

19. 居家光源照明的基本原则

（1）亮度。照明一定要保证各种活动所需不同光照的实现。写作、游戏、休息、会客等，无论哪种活动都应有相应的灯具发挥作用。这种照明应该是科学的配光，使人不觉得疲倦，既利于眼睛健康，又节约用电。

（2）装饰。照明要能把房间衬托得更美。光的照射要照顾到室内各物的轮廓、层次及主体形象，对一些特殊陈设品如摆件、挂画、地毯、花瓶、鱼缸等，还要能体现甚至美化其色彩。

（3）安全。照明要可靠与安全。灯具不允许发生漏电、起火等现象，还要做到一开就亮，一关就灭。

（4）位置。在人们频繁聚会的客厅、餐室、沙发群等处不能采用直接向上或向下的照明。如采用侧射直接照明，即让光线从侧上方投射，就会使人脸轮廓线条丰富、明朗；如采用漫射式灯具，让散射光来投射人脸，就会取得清晰可亲的形象。

20. 卫生间水电工程的几点注意事项

（1）卫浴配件的尺寸。由于卫浴产品花样繁多，业主在选购时，常常会挑花了眼，买回家后才发现与自己的卫浴间根本不协调。业主最好在设计阶段就考虑好到底购买何种产品，在施工时就可按照所选购产品的具体安装要求和技术参数预留空间、改造管路、创造安装条件，保证装修过程能够顺利完成，卫浴产品能正常安装使用。此外，卫浴洁具的安装需要非常精确的测量数据，就是差了1厘米也可能需要返工，因此一定要请专业人员测量尺寸，马虎不得。

（2）水电路改造无图可循。卫浴间内有水电路需要改造时，业主要事先向设计师索要一张电路改造图，如果施工过程中有所改动，业主还要与设计师沟通再画一张改造图，然后开始施工，最好不要边施工边修改，以免今后在对墙体施工时，弄伤电线引起灾祸。

（3）设计要预留误差。这种情况在卫浴间较为普遍。如墙面上的插座固定后，才发现吊顶的高度与其正好冲突，但此时已贴好瓷砖，难以更改。又如洗面盆安装到位后，才发现管线无法正常通过，只得再拐几个弯儿从浴室柜里穿出等。

21. 卫生间照明的设置方式

卫生间在灯种选择上，一般整体上宜选白炽灯，调至柔和的亮度就足够了。因为卫生间内照明器开关频繁，选择白炽灯做光源比较省电，而且人的脸色，除了在自然光下，就属在微偏黄的灯光下显得漂亮。化妆镜旁必须设置独立的照明灯，作为局部灯光补充，这种照明可选日光灯，以增加宽敞、清新的感觉，而且便于发现妆容的微小瑕疵。

面积比较大的浴室，可安装以下设备：在盥洗盆的镜上或墙上安装壁灯，使用间接灯光造成强烈的灯光效果；天花灯的理想配置是，能在面盆、座便、浴缸、花洒的顶位各安装一盏筒灯，使每一处卫生间的关键部位都能享受到光亮的眷顾。

一种叫"浴柱"或"浴板"的电子温控冲淋装置，正越来越多地受到青睐。这种电子温控浴柱采用电子控制板，是一种多喷头组合的花洒，不仅能够显示、调节、控制水温，而且不占地方，还能调节水流形式。条件好的家庭可以配上一道玻璃浴门，空间小的拉道浴帘也不错。从结构配置上看，多数浴柱都在顶部喷头附近设置了柔和的灯光，淋浴区无须再分装照明灯，即使浴帘遮住部分卫生间的灯光，洗浴的采光也不受影响。

最后，筒灯的安装也是个不错的选择，但是选择的时候务必选防水防爆的。

22. 儿童房电路改造的注意事项

（1）插座最好有封盖。小孩有天生爱到处攀爬的个性，同此必须注意儿童房里的电源插座是否具有安全性。一般的电源插座是没有封盖的，因此，您要为了小宝宝的安全着想，选择带有保险盖的，或拔下插头电源孔就能够自动闭合的插座。

（2）灯泡要有保护罩。父母在为孩子选择灯具时，不要挑那些容易让孩子触摸到灯泡的灯具，以避免发热的灯泡烫到小孩稚嫩的肌肤。最好是选择封闭式灯罩的灯具，或为灯泡加一层保护罩。另外，也应避免在儿童房里摆放地灯，以减少孩子触电的危险。

（3）安装多个备用插座。儿童房里的灯光布置要比大人房里的多，需要在装修时多安装些插座，以避免插座不够而导致在单个电源点上超负荷连接电器设备。一般来说，考虑到孩子学习、娱乐、活动及储物的需要，房间里最少要预留 6 个电源插座，其中有两个需安装在写字台的上方，其他可配置在墙角。

23. 阳台水电改造的注意事项

阳台起到居室内外空间过渡的作用，阳台的布置大有讲究，应该关注以下几个方面：

（1）照明不可少。夜间，你可能在阳台收下白天晾晒的衣服。所以，即便是室外，也要安装灯具。灯具可以选择壁灯和草坪灯之类的专用室外照明灯。

（2）插座要预留。如果想在阳台上进行更多活动，譬如在乘凉时看看电视，那么在装修时就要留好电源插座。

（3）排水要顺畅。考虑到阳台遇到暴雨会大量进水，所以地面装修时要考虑水平倾斜度，保证水能流向排水孔，不能让水对着房间流，安装的地漏要保证排水顺畅。

24. 网线怎么连接

一般来说双绞线的制作方法有如下几种，要注意一一对应，不能错用。

（1）一一对应接法。即双绞线的两头连线要一一对应，这一头的一脚，一定要连着另一头的一脚。这种网线一般是用在交换机与计算机之间。

（2）1−3、2−6 交叉接法。即网线一头的第一脚连另一头的第三脚，网线一头的第二脚连另一头的第六脚，其他脚一一对应。这种网线一般用在交换机的级联。

（3）100M 接法。所谓 100M 接法，是指它能满足 100M 带宽的通信速率。它的接法虽然也是一一对应，但每一脚的颜色是固定的，具体是：第一脚——黄白、第二脚——黄色、第三脚——绿白、第四脚——蓝色、第五脚——蓝白、第六脚——绿色、第七脚——褐白、第八脚——褐色。

另外，用来制作网线接口的水晶头也是较容易忽略的，选择水晶头也要选择好的牌子，好的水晶头上的插针所采用的材料阻抗较小，不易氧化、生锈。

25. 家庭影院音频线的分类

投影家庭影院中使用的线材大致可以分为电源线、喇叭线、音视频线三大类。其中音视频线是最重要和最多的一类，选择好合适的音视频线非常重要。

（1）电源线。DVD、AV 放大器和电视机以及投影机本身都附带电源线。对于那些要求比较高的用户，可以考虑将原配的分体式电源线予以更换，选择更好材质的线材。

（2）喇叭线。家庭影院中，环绕声道用的喇叭线通常都由前方音响柜中 AV 放大器 / 多声道后级上引出，再连接到后墙的环绕音箱中，出于整洁与美观的考虑它们必须在装修时加以预埋。不过，主声道和中置声道的喇叭线通常都比较短，因此基本上不用预埋。

（3）音视频线。音视频线主要包括以下几类：

S-Video 线：用以传输模拟视频信号，传输质量优于 AV 线的连接线。

AV 线：用以传输模拟音视频信号，最"古老"的连接线。

色差分量线：传输质量最好的模拟视频连接线，一般 DVD、电视机和投影机都具备此类端口。

VGA 线：适用于电脑的模拟视频线，如果想利用电视来作为电脑显示器使用就必须配备。

DVI 线：全称为 Digital Visual Interface，用以无压缩传输数码视频信号，有部分 DVD、电视机和投影机会配备。

HDMI 线：全称为 Hi–Definition Multimedia Interface，相比 DVI 它增加了无压缩音频信号的传输，因此未来将会取代 DVI。当然，对于那些原来只具备 DVI 端口的器材，使用 HDMI–DVI 转换器或转接线就能做到彼此兼容。

同轴数码线：外形与普通 AV 线相同，有时还能以 AV 线暂代，用于传输数字音频信号。

光纤数码线：与同轴数码线具有相同功能，只是传输载体不同而已。

话筒线：用于连接放大器、卡拉 OK 混响器与话筒的线。应用范围有限，也可选择无线话筒。

26. 音视频线的预埋技巧

在布线的时候，由于各家各户的具体情况不一样，所以要根据具体情况因地制宜地来确定布线的方法。根据声学规律，音箱特别是前左前右环绕音箱，摆在短墙一方，声音效果胜过放于长墙那边。超低音由于没有明显的方向性，可放于同一房间地面的任意合适之处，一般不用埋线，但如果不是摆于聆听者前面墙的，自然也要选好位置作埋线。通常我们要埋线的，一般只有后环绕音箱。在 5.1 系统的时候，环绕就只有一对，不过作为长远考虑，在这个基础上，最好能多设一组到两组后环绕的喇叭线，以备将来升级为 7.1 或 8.1 声道。埋线时，无论是在地板刨坑，还是在墙上凿槽，建议用塑料套管或黄蜡管将喇叭线套上，做好保护工作，不要直接用水泥封固。有条件的话，每只音箱的喇叭线各用一条套管更好。其次，线管最好用塑料盘管（一种半硬半透明、正规建筑施工普遍采用的那种），使线管中间没有接头，这样穿线时不会卡线。如果中间必须有接头，也要用大小头的方法插接，并且要方向一致。

27. 投影家庭影院布线指导

了解了布线的类型和预埋后，我们下面提供一些基本的布线指导。

（1）电源。在装修房间时，请确定摆放影音器材的大致位置，预留出足够多的墙面插座。还应考虑直接从电表箱里拉一路电源供影音器材专用，就像拉空调专用线一样，这将有效减少其他电器使用过程中对它的干扰。

对于已经完成装修的用户，提供以下两个改善方案。

基础型：俗称的"拖线板"，请尽可能将所有的电源插头直接插入到墙上的插座中。超市甚至是地摊上卖的"拖线板"往往自身在用料上就比较差，它们只能起到劣化音质的作用。

增强型：如果插座数量不够，可以考虑专用的电源滤波器，它们能够滤除市电中的杂质和噪声，这有可能改善画面的清晰度和令音质更为纯净。

（2）音视频线和喇叭线。只有挂墙安装的平板电视和投影机需要预先考虑埋设音视频线，同样需要预埋的还包括环绕用喇叭线。请给它们安排专用的线槽，避免与电源线共用。尤其是喇叭线，由于它本身不具备屏蔽层，因此很容易受到干扰。对于有线头标记的信号线和喇叭线，请务必根据线头的指示来排线。

要尽可能在两头预留足够长的线，经常会碰到有用户在最终完成音箱和放大器安装时发现预留的线材短了那么一截。环绕音箱的安装高度应该比聆听者坐在椅子上时人耳的高度高出 60 ~ 90 厘米。

（3）器材安装。装修之前，要与商家和装饰公司沟通，知道预计会在哪些位置完成影音器材的安装，并且获得双方的配合，画出图纸。

无论环绕音箱、平板电视还是投影机，商家都会提供专业安装服务。所有自行采取的安装所造成的后果都不受到保修条例的保护，所以除非用户本身具备足够的安装经验和安装工具，否则最好把一切交给专业人士来完成。

28. 如何验收水电路施工

切记水电改造完毕一定要验收，等到其他项目施工完毕再发现问题就为时已晚了。

（1）水路验收。水改完毕，用软管连接已改造完的冷热水管，保证整个室内管道的冷热水管同时打压；安装好打压器，打压器充满水，管内空气放掉，使整个回路里面全是水；关闭水表及外面闸阀（一定要做好保护）。然后开始打压，实验值为工作压力的 1.5 倍，30 分钟不渗不漏，掉压不超过 0.05MP 为合格。

（2）强电验收。采用 500 V 绝缘电阻表测试各回路绝缘电阻值，同时可考验所用电线质量，不达标的电线可能会被击穿。

（3）弱电验收。弱电采用专用工具测试网络 8 芯信号是否畅通，载波器铜轴电缆测试工具、万用表等完全测试合格后再进行下一步施工。

29. 座便器的安装步骤

（1）取出地面下水口的管堵，检查管内确无杂物后，将管口周围清扫干净。

（2）将座便器出水管口对准下水管口，放平找正，在座便器螺栓孔眼处画好印记，移开座便器。

（3）在印记处打直径 20 毫米、深 60 毫米的孔洞，把直径 10 毫米螺栓插入洞内，用水泥捻牢，将座便器眼对准螺栓放好，使之与印记吻合，试验后将座便器移开。在座便器出水口及下水管口周围抹上油灰，再把座便器的四个螺栓孔对准螺栓，放平找正，螺栓上套好胶皮垫，拧上螺母，拧至松紧适度。

（4）对准座便器后尾中心，画垂直线，在距地面 800 毫米高度画水平线，根据水箱背面两个边孔的位置，在水平线上画印记，在印孔处打直径 30 毫米、深 70 毫米的孔洞。把直径 10 毫米、长 100 毫米的螺栓插入洞内，用水泥捻牢。将背水箱挂在螺栓上，放平找正，特别要与座便器中心对准，螺栓上垫好胶皮垫，拧上螺母，拧至松紧适度。

（5）安装背水箱下水弯头时，先将背水箱下水口和座便器进水口的螺母卸下，背靠背地套在下水弯头上，胶皮垫也分别套在下水管上。把下水弯头的上端插进背水箱的下水口内，下端插进座便器进水口内，然后把胶垫推到进水口处，拧上螺母，把水弯头找正找直，用钳子拧至松紧适度。

（6）用八字门连接上水时，应先量出水箱漂子门距上水管口尺寸，配好短节，装好八字门，上入上水管口内。将铜管或塑料管断好，然后将漂子门和八字门螺母背对背套在铜管或塑料管上，管两头缠油石棉绳或铅油麻线，分别插入漂子门和八字门进出口内，拧紧螺母。

30. "蹲便"改"座便"的注意事项

以前很多老房子安装的是蹲便器。为了防止臭气顺管道进入室内，其连接的管道有一个存水弯。因此，"蹲改座"时应注意以下问题：

座便器也有一个存水弯，所以，原有的存水弯不仅是多余的，而且妨碍座便器排水时的抽水作用。如有可能，最好将管道上原有的存水弯改装成顺弯（该工程是在您的下一层住宅内施工，必须经楼下房主同意。楼房底层住宅不适于施工）。

在不适宜改管道时，应尽量选用冲落式座便器。

31. 燃气热水器的安装

燃气热水器应设置在通风良好的厨房、单独的房间或通风良好的过道里。房间的高度应大于 2.5 米并满足下列要求：

（1）燃气热水器必须安装在干燥通风处，不得晃动和明显倾斜。

（2）燃气热水器排气管道必须安装防止回风装置，进水口、进气口均应安装球阀。

（3）热水器应设置在操作、检修方便又不易被碰撞的部位。热水器前的空间宽度应大于 80 厘米，侧边离墙的距离应大于 10 厘米。

（4）热水器应安装在兼顾耐火的墙面上，当设置在非耐火墙面时，应在热水器的后背衬垫隔热耐火材料，其厚度不小于 10 毫米，每边超出热水器的外壳在 10 厘米以上。热水器的供气管道宜采用金属管道（包括金属软管）连接。热水器的上部不得有明敷电线，热水器的其他侧边与电器设备的水平净距应大于 30 厘米。当无法做到时，应采取隔热措施。

（5）热水器与木质门、窗等可燃物的间距应大于 20 厘米。当无法做到时，应采取隔热阻燃措施。

（6）热水器的安装高度，宜满足观火孔离地 1.5 米的要求。

（7）安装燃气热水器必须由专业人员进行施工。

32. 严禁擅自移动燃气表具

管道移动必须由燃气公司专门人员进行改造。燃气管道不得暗敷，不得穿越卧室，穿越吊顶内的燃气管道直管中间不得有接头。燃气管道应沿非易燃材料墙面敷设，当与其他管道相遇时，应符合下列要求：

（1）水平平行敷设时，净距不宜小于 15 厘米。

（2）竖向平行敷设时，净距不宜小于 10 厘米，并应位于其他管道的外侧。

（3）交叉敷设时，净距不宜小于 5 厘米。

（4）燃气管道安装完成后应做严密性试验，试验压力为 300 毫米水柱，3 分钟内压力不下降为合格。

省钱又省心——
家居**装修**最关心的
500个问题

第**9**章
瓦工施工之材料篇

1. 瓦工施工的建材都包括哪些

瓦工建材主要包括瓷砖（墙面砖、地砖）以及辅料两大部分，如图 9-1 所示。

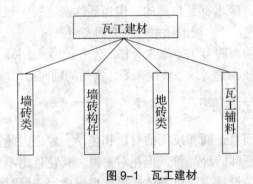

图 9-1 瓦工建材

2. 瓷砖都分为哪几类

瓷砖从制作工艺和表面构成分为釉面砖、通体砖、抛光砖、玻化砖以及马赛克几种，如图 9-2 所示。

釉面砖　　　　　　通体砖　　　　　　抛光砖

玻化砖　　　　　　马赛克

图 9-2 瓷砖的分类

3. 釉面砖的介绍和特点

顾名思义，釉面砖就是砖的表面经过烧釉处理的砖。

（1）分类。基于原材料的不同，可分为两种：陶制釉面砖，即由陶土烧制而成，吸水率较高，强度相对较低，其主要特征是背面颜色为红色；瓷制釉面砖，即由瓷土烧制而成，吸水率较低，强度相对较高，其主要特征是背面颜色是灰白色。

釉面砖的釉面根据光泽度的不同，还可以分为下面两种：亮光釉面砖和亚光釉面砖。

（2）常见问题。釉面砖是装修中最常见的砖种，由于色彩图案丰富，而且防污能力强，被广泛使用于墙面和地面之中，常见的质量问题主要有两方面：

①龟裂。龟裂产生的根本原因是坯与釉层间的应力超出了坯釉间的热膨胀系数之差。当釉面比坯的热膨胀系数大，冷却时釉的收缩大于坯体，釉会受拉伸应力，当拉伸应力大于釉层所能承受的极限强度时，就会产生龟裂现象。

②背渗。不管哪一种砖，吸水都是自然的，但当坯体密度过于疏松时，就不仅是吸水的问题了，而是渗水泥的问题，即水泥的污水会渗透到表面。

（3）常用规格。正方形釉面砖有 152 毫米×152 毫米、200 毫米×200 毫米，长方形釉面砖有 152 毫米×200 毫米、200 毫米×300 毫米等，常用的釉面砖厚度 5 毫米及 6 毫米。

4. 通体砖的介绍和特点

通体砖的表面不上釉，而且正面和反面的材质和色泽一致，因此得名。通体砖是一种耐磨砖，虽然现在还有渗花通体砖等品种，但相对来说，其花色比不上釉面砖。由于目前的室内设计越来越倾向于素色设计，所以通体砖也越来越成为一种时尚，被广泛使用于厅堂、过道和室外走道等装修项目的地面，一般较少会使用于墙面，而多数的防滑砖都属于通体砖。

通体砖常用的规格有 300 毫米×300 毫米、400 毫米×400 毫米、500 毫米×500 毫米、600 毫米×600 毫米、800 毫米×800 毫米等。

5. 抛光砖的介绍和特点

抛光砖就是通体坯体的表面经过打磨而成的一种光亮的砖种。抛光砖属于通体砖的一种。相对于通体砖的平面粗糙而言，抛光砖就要光洁多了。抛光砖性质坚硬耐磨，适合在除洗手间、厨房和室内环境以外的多数室内空间中使用。

抛光砖有一个致命的缺点：易脏。这是抛光砖在抛光时留下的凹凸气孔造成的，这些气孔会藏污纳垢，以致抛光砖谈污色变，甚至一些茶水倒在抛光砖上都回天无力。一些质量好的抛光砖在出厂时都加了一层防污层，但这层防污层又使抛光砖失去了通体砖的效果。如果要继续通体，就只好继续刷防污层了。装修界也有在施工前打上水蜡以防沾污的做法。

抛光砖的常用规格是 400 毫米×400 毫米、500 毫米×500 毫米、600 毫米×600 毫米、800 毫米×800 毫米、900 毫米×900 毫米、1000 毫米×1000 毫米。

6. 玻化砖的介绍和特点

为了解决抛光砖出现的易脏问题，市面上又出现了一种叫玻化砖的品种。玻化砖其实就是全瓷砖。其表面光洁但又不需要抛光，所以不存在抛光气孔的问题。玻化砖是一种强化的抛光砖，它采用高温烧制而成，质地比抛光砖更硬更耐磨。毫无疑问，它的价格也同样更高。

玻化砖主要是地面砖，常用规格是 400 毫米×400 毫米、500 毫米×500 毫米、600 毫米×600 毫米、800 毫米×800 毫米、900 毫米×900 毫米、1000 毫米×1000 毫米。

7. 马赛克的介绍和特点

马赛克(Mosaic)是一种特殊存在方式的砖，它一般由数十块小块的砖组成一个相对的大砖。它以小巧玲珑、色彩斑斓被广泛使用于室内小面积墙面和室外大小幅墙面和地面。它主要分为：

(1) 陶瓷马赛克。是最传统的一种马赛克，以小巧玲珑著称，但较为单调，档次较低。

(2) 大理石马赛克。是中期发展的一种马赛克品种，丰富多彩，但其耐酸碱性差、防水性能不好，所以市场反应并不是很好。

(3) 玻璃马赛克。玻璃的色彩斑斓给马赛克带来蓬勃生机。

马赛克常用规格有 20 毫米×20 毫米、25 毫米×25 毫米、30 毫米×30 毫米，厚度依次在 4~4.3 毫米之间。市面上还有其他五花八门的砖的名称，但不管其叫法如何乱，基本上都可以划入上述的品种之一。

8. 仿古砖的介绍和特点

仿古砖是从彩釉砖演化而来，实质上是上釉的瓷质砖，属于瓷质釉面砖的一种。

(1) 规格。通常有：300 毫米×300 毫米、400 毫米×400 毫米、500 毫米×500 毫米、600 毫米×600 毫米、300 毫米×600 毫米、800 毫米×800 毫米的，欧洲以 300 毫米×300 毫米、400 毫米×400 毫米和 500 毫米×500 毫米的为主，国内以 600 毫米×600 毫米和 300 毫米×600 毫米的为主，300 毫米×600 毫米则是目前国内外流行的规格。仿古砖的表面，有做成平面的，也有做成小凹凸面的。

(2) 图案和颜色。仿古砖的图案以仿木、仿石材、仿皮革为主，也有仿植物花草、仿几何图案、纺织物、仿墙纸、仿金属等。烧成后图案可以柔抛，也可以半抛和全抛。瓷质有釉砖的设计图案和色彩，是所有陶瓷中最为丰富多彩的。

(3) 实用性。在公共场合，人流大，使用频率高，抛光砖 2~3 年几乎暗淡难看，而仿古砖则和刚铺贴时一样。同时，根据花色进行设计，可以做到个性化。

(4) 环保与安全性。抛光砖表面光滑，铺设以后几乎都解决不了防滑的问题，仿古砖就正好可以解决这个问题。

9. 墙砖构件都有哪些

墙砖构件包括有腰线、花片、瓷砖阳线和阴线、腰线的阳角和阴角等部分，如图 9-3 所示。

(1) 腰线。一般空间墙面只使用一条饰线，安排在离地面 0.8~1 米的位置，称为腰线。瓷砖腰线的位置就好像服装的腰线一样，是不可或缺的点缀。

在以前，腰线一直都是横排。但从近几年的很多装饰中，腰线设计将会走竖排路线。相对横排腰线而言，竖排的腰线在线条上将更加流畅，而且比横排腰线要更节省材料。而在图案花纹的选择上，鲜艳、耐看，又具有文化味或现代感的竖排腰线，是最佳选择。

（2）花片。通常在厨房、卫生间的腰线以上，使用带有图案、花纹的瓷砖对墙面进行装饰，我们将带有装饰图案的瓷砖称为花片。花片上的图案各有差异，通常都有与之配套的腰线和瓷砖。

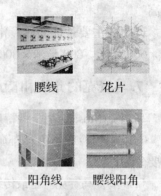

腰线　　　　花片

阳角线　　腰线阳角

图 9-3　墙砖的部分构件

（3）阴阳角线。我们将瓷砖在铺贴过程中凸出平面形成向外的角称为阳角，凹进平面形成向内的角称为阴角。对于两种角必须进行处理，否则将产生缝隙影响美观。对于处理的方法，目前市面上普遍采用两种做法。一种就是在铺设瓷砖时，对构成"角"两侧的瓷砖进行倒角，让"角"更加平滑，当然对施工人员的技术要求要高一些；另外一种方法，就是使用阴阳角线对"角"进行覆盖，从而形成过渡。目前阴阳角线的材料普遍采用 PVC 或者铝合金等材质。

（4）腰线阴阳角。如果家中考虑铺仿古砖的话，购买的腰线往往是带有浮雕效果的，也就是说凸出墙面瓷砖一部分。此时，阴阳角就必须要使用，尤其是阳角，是不可或缺的。工人需要使用腰线的阳角来形成平滑的过渡。

10. 墙砖构件消费陷阱不可不防

业主在购买瓷砖的时候，在确定购买样式以后，一定要问一下与之配套的花片、腰线、阴阳角等的价格，将这些价格计算到购买瓷砖的全款中，看是否符合自己的购买预算。这些小件看似不起眼，而商家往往赚的就是它们的钱。很多商家在墙砖上折扣很大，对消费者的吸引力很高。此时，千万不要被低价位冲昏了头脑，一旦确定了购买意向，而交付了钱款，回头再咨询这些构件的价格，往往会让你感到惊讶。但是，由于花片、腰线都是与瓷砖相配套的，你还不能不买，所以只能"哑巴吃黄连"了。

11. 瓷砖的未来流行趋势

（1）大规格瓷砖。现在居民购房面积越来越大，小规格瓷砖已不能满足家居的要求，室内墙面瓷砖一般以 250 毫米×360 毫米的尺寸较为普遍，客厅地面用砖一般不小于 500 毫米×500 毫米。如果客厅面积 40 平方米以上，对地砖规格的要求则更大。

（2）艺术瓷砖。多年前，家庭铺贴瓷砖几乎未曾听说花砖、腰线，而今人们对瓷砖花色、款式的要求已从传统意义的平面瓷砖、简单的花草树木图纹发展到立体瓷砖及三维立体图案。

（3）复合瓷砖。木纹、玻璃、石材、树脂甚至不锈钢都在不同程度地与瓷砖结合。

（4）仿古砖。就如人们大鱼大肉吃多了，自然更多地想到萝卜白菜一样，人们在一度要求高光、亮釉面的热潮后，又开始向仿古砖迈进。

12. 如何确定客厅地砖的规格大小

地砖选择多大规格的产品才能起到很好的效果？在挑选时要注意以下几个方面：

（1）居室的大小。房间的面积如果小的话就尽量用小一些的规格，具体来说，一般如果客厅面积在 30 平方米以下的话，考虑用 600 毫米×600 毫米的；如果在 30～40 平方米的话，600 毫米×600 毫米或 800 毫米×800 毫米的都可以；如果在 40 平方米以上的话，就可考虑用 800 毫米×800 毫米的。

（2）客厅的长宽。就效果而言，以瓷砖能全部整片铺贴为好，就是指到边尽量不裁砖或少裁砖，尽量减少浪费，一般而言，瓷砖规格越大，浪费也越大。

（3）造价和费用。对于同一品牌同一系列的产品来说，瓷砖的规格越大，相应的价格也会越高，不要盲目地追求大规格产品，在考虑以上因素的同时，还要结合一下自己的预算。

13. 如何确定瓷砖的数量

业主在购买瓷砖以前，最关心的问题莫过于瓷砖的用量了，普通消费者由于没有遇到过这方面的问题，所以不知道如何确定数量。下面，我们来详细介绍一下如何确定瓷砖的用量。

（1）用量与面积具有直接关系，即铺设瓷砖的面积／瓷砖的单体面积 = 瓷砖的数量，这个还是比较容易理解的。例如，当前客厅的面积是 30 平方米，铺设的瓷砖是 600 毫米×600毫米规格的，那么数量就应该是 30/（0.6×0.6）=84 片。

（2）通常设计师会帮助业主计算各个空间所使用的各种瓷砖的数量，否则业主也可以到一些比较正规的品牌店购买瓷砖，每个品牌店也都有设计师使用软件为业主拼贴出平面图，从中可以获得购买瓷砖面积的数值。

（3）作为业主来说，如果想做到心中有数，也可以自己来计算。地砖的面积比较好统计，就是长×宽，如果地面有拐角的话，要分别测量出来计算；墙面砖的面积统计起来比较麻烦，可以按照以下公式来进行：地面周长×墙面举架高度 -（门口面积 + 窗口面积）= 墙面面积。

（4）在购买的时候一定要预留出损耗，以免出现多次补货现象及由多次补货引起的色差，通常损耗是所购买瓷砖数量的 10%。

14. 瓷砖的几项重要技术指标

在确定瓷砖的种类、型号后，就要深入考察瓷砖的各项技术指标是否过硬。主要标准是耐磨度、吸水率、硬度、色差、尺码等，每一项都马虎不得。

（1）耐磨度。分为五度，从低到高，五度属于超耐磨度，一般不用于家庭装饰，家庭用砖在一度到四度之间选择。

（2）吸水率。决定着瓷砖的使用，吸水率高的瓷砖密度低，砖孔稀松，不宜在频繁活动的地方使用，以免吸水积垢后不易清理；吸水率低的瓷砖则密度高，具有很高的防潮抗污能力。

（3）硬度直接影响瓷砖的使用寿命，尤为重要，可以用敲击听声的方法，声音清脆的就表明内在质量好，不易变形破碎。

（4）色差、尺码。根据直观判断即可，查看一批瓷砖的颜色是否大体一致，能不能较好地拼合在一起，色差小、尺码规整的即是上品。

15. 购买瓷砖时应该注意的几个小细节

（1）无论是设计师、工人，还是瓷砖的销售人员，在他们介绍购买的瓷砖数量基础上，一定要多买出 2~3 平方米的用量。这些用量包含了工人施工中的损耗以及各类不确定因素对瓷砖的破坏，即使用不了也可以后期一起退掉。很多业主按照正常用量购买，结果装修过程中不断跑市场，再次购买瓷砖，无形之中增加了运费成本。

（2）目前市场上每种瓷砖品牌，通常在一个城市都有几个销售网点，所以购买的时候尽量就近选择，减少运费开销。

（3）问清三包日期。有些业主跨年装修，或者由于各种原因，导致装修期过长，从而影响了退瓷砖的时间。

（4）票据留好。这几年由于瓷砖主材购买导致的纠纷和官司逐年增加，消费者维护权益时，购买瓷砖时的发票以及收据都将是直接证据。

（5）退瓷砖时，每种瓷砖可以预留 1~2 片，以备家庭中日后损坏更换。

16. 选购瓷砖的几个要点

（1）箱内任取几块砖，检查砖表面是否光亮、有无变形，不允许有缺角、缺边、缺釉、洞眼、斑点等缺陷。

（2）取四片以上陶瓷砖拼摆在平面上，看砖的色泽是否一致，图案是否完整；稍远些看整体效果是否理想。

（3）取两片以上陶瓷砖拼摆在玻璃平面，看砖面是否平整；用手压砖的对角，看是否有翘边；看缝隙，越小越好。

（4）取两块砖相碰，听声音是否清脆响亮。如有异常，说明砖有裂纹或烧结过程中有空气残留瓷砖中。

（5）一次买进所需瓷砖，以免出现色差。

（6）剔除尺寸不符合要求的瓷砖。

17. 如何节省瓷砖用量

家庭装修中，如果想节省瓷砖和降低造价，建议对以下几点进行考虑：

（1）找设计师，选择合适规格，画排砖图。按图计算瓷砖数量，加正常施工损耗。

（2）选择对"拼对花色"、"拼对图案"要求不高的品种，以便裁割下来的半块(或边条)能利用到其他地方。

（3）调整平面、立面设计，避免包立管、小转角时必须切割、容易破损、浪费瓷砖的地方。

（4）巧妙利用腰线、其他规格面砖拼花色、地面圈边线、竖向装饰线、卫生间墙面镜面尺寸等方面设计，丰富效果的同时，避免或减少裁砖。

（5）掌握家装"小块省砖，大块费砖"原则。结合设计效果，合理选用偏小规格。

（6）选择质量好的瓷砖和技术高的工人，施工切割时，减少无谓的损耗。虽然单价略高，但综合算下来，还是节省的。

（7）对遮盖或者看不到的地方考虑使用便宜的瓷砖，例如橱柜后面、沙发下边等。在购买瓷砖的时候，有一些商家会甩卖很多便宜尾货瓷砖。

18. 马赛克的购买与施工

(1) 规格。现在市场上马赛克的规格很多，玻璃马赛克的厚度为 2 ~ 3 毫米，陶瓷马赛克的厚度为 4 毫米左右，石材厚度较大，一般在 1 厘米左右。由于马赛克面积都很小，所以它是以"片"来销售的，1"片"为多片马赛克单体通过纸或塑料网连接而成的。举个例子：最常见的玻璃马赛克，1"片"为 30 厘米 × 30 厘米，如果马赛克单体面积为 2.5 厘米 × 2.5 厘米，那么在这"片"马赛克上一共有 12 块 × 12 块马赛克。在建材商场上，"片"是最小销售单位了，换句话说，要买最少买"1 片"。

(2) 连接方式。一般用纸连接的为玻璃通体马赛克、云纹马赛克、金线马赛克、个别陶瓷马赛克。纸连接一般是纸贴在马赛克的正面；用塑料网连接的包括水晶马赛克、面包砖和自由石陶瓷马赛克、石材马赛克，网连接的一般都贴在马赛克背面。

(3) 施工常识。首先要注意马赛克铺在浴室，则需要放水胶，现在最常规的施工方法为"水泥 +108 胶 + 填缝剂"。

19. 瓦工辅料包括哪些

瓦工辅料包括砖（砌烟道、排气道）、水泥、沙子、填缝剂、瓷砖定位十字架（调整瓷砖缝隙）、防水涂料等，如图 9-4 所示。

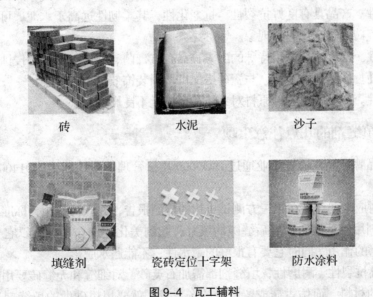

砖　　　　　　水泥　　　　　　沙子

填缝剂　　　瓷砖定位十字架　　防水涂料

图 9-4　瓦工辅料

20. 购买水泥要注意的几个问题

(1) 标志。看水泥的纸袋包装是否完好，标志是否完全。纸袋上的标志有：工厂名称，生产许可证编号，水泥名称，注册商标，品种(包括品种代号)，标号，包装年、月、日和编号。

(2) 质感。用手指捻水泥粉，感到有少许细、沙、粉的感觉，表明水泥细度正常。

(3) 色泽。观察色泽是否深灰色或深绿色，色泽发黄、发白（发黄说明熟料是生烧料，发白说明矿渣掺量过多）的水泥强度比较低。

（4）保质期。看清水泥的生产日期。超过有效期30天的水泥性能有所下降。储存3个月后的水泥其强度下降10%~20%，6个月后降低15%~30%，1年后降低25%~40%。优质水泥，6小时以上能够凝固。超过12小时仍不能凝固的水泥质量不好。

21. 沙子应选中砂

中砂的颗粒粗细程度，十分适宜用在水泥砂浆中。许多用户以为沙子越细砂浆越好，其实是个误区。太细的沙子吸附能力不强，不能产生较大摩擦而粘牢瓷砖。

22. 填缝剂是什么

填缝剂又叫勾缝剂，是以白水泥为主料，加入少量无机颜料、聚合物及微量防菌剂组成的干粉状材料；填缝剂从颗粒大小上分有沙和无沙两种，无沙型为粉状，没有颗粒，有沙型里面有小颗粒，一般磨边砖铺贴的时候留的是2~3毫米的小缝，仿古砖及小砖铺贴的时候留的是5~8毫米的大缝，一般小缝用无沙型填缝剂填充，大缝用有沙型填缝剂填充效果好。通常6毫米以上的缝用有沙型填缝剂。

填缝剂有以下几个特点：

（1）黏性。产品具有很强的黏结性，增强了瓷砖与基面、瓷砖与瓷砖之间的黏结力，使瓷砖与基面、瓷砖与瓷砖之间更加稳固。

（2）防裂性。产品具有良好抗裂性、抗老化性，其柔韧性远高于水泥，可消除砖因热胀冷缩而存在的瓷砖开裂、拱起等现象。

（3）防霉性。部分产品采用特殊的配方，具有抗霉菌、藻类等微生物侵蚀的能力。

（4）装饰性。产品色彩多样，与瓷砖搭配可增强装饰效果。

（5）环保性。产品所用各种原料对人体和环境无不良影响。

23. 购买填缝剂的几点注意事项

（1）选择品牌产品，最好企业通过ISO9000质量管理体系认证、ISO14001环境管理体系认证。

（2）选购时应索要产品在第三方测试机构的检测报告，并应符合相关标准要求。

（3）填缝剂用于墙地砖贴好后缝隙的填补，起到美化装饰作用。所以它要具有黏结牢固、抗裂和耐磨的作用。同时它要有很好的耐水性，不能遇水脱落。

（4）为提高抗裂性、耐磨性，填缝剂都需加石英砂，对细缝和无缝砖要用超细石英砂作为填充剂所做的材料，而仿古砖或留宽缝的场合我们就要用粗砂做的填缝剂。在选购时一定要看清材料说明。

24. 防水涂料的类型

（1）硬性灰浆，也称刚性灰浆。乳液与砂浆的配比为1:4，刷完后不需对涂层进行处理，可直接贴砖，比较方便。固化后形成水泥硬块，不会起包渗水，其背水面的防水效果很好，是其最大优势。缺点在于此种灰浆硬度较高，容易随着基层的变形开裂而开裂，因此一般用于背水面的防水。价格：200～300元/桶，一桶18公斤，可刷10～13平方米。

（2）柔性灰浆。乳液与砂浆配比是5：4，具有弹性，就算基层变形开裂也不会影响防水效果。多用于墙面和地面等迎水面，不可用于顶面等背水面，如果防水没做好，有水渗透，很容易起包渗水。价格：300～500元/桶，一桶18公斤。

（3）丙烯酸酯。纯液体，开盖即用。水性，可溶于水，很容易与地面缝隙结合，形成坚固的防水层，防水效果较柔性灰浆更好。刷完后需要进行拉毛或者扬沙等表面处理，来增加摩擦性，易于贴砖。由于防水效果很好，柔性灰浆和丙烯酸酯更适合用于长期浸水的环境中。价格：300～500元/桶，一桶18公斤。

（4）单组分聚氨酯。室内外兼用，刷完很厚，约3毫米左右，而且弹张力在300%以上，很有弹力，任何基材的开裂都不会使其开裂，防水效果最好。虽然安全性能控制在环保要求之列，但此种防水涂料的气味较大，一般人难以接受，而且极个别品牌的环保性能不达标。聚氨酯呈胶状，很稠，施工时需要使用刮板，很费劲，比较复杂。刷完涂料后需要进行表面处理，拉毛或者扬沙来增加摩擦性，易于贴砖。价格：500元左右/桶，一桶18公斤。

单组分、双组分差别：灰浆类都是双组分聚合物，即由乳液和砂浆配比而成；丙烯酸酯和聚氨酯不用砂浆配比，是单组分。

25. 如何购买防水涂料

市场上的品牌和产品琳琅满目、参差不齐，如何选购防水材料呢？

（1）首先，尽量购买品牌产品。品牌防水质量稳定、施工方便、服务完善、防水效果更有保障。品牌产品的包装物设计精美，说明书详细完整，又提供厂家或当地区域的联系方式，您还可以通过企业网站进行了解和咨询。

（2）另外，购买之前多打听。使用过的人最有发言权。所以，购买前你可以向装修过的朋友和熟悉的泥水工询问哪个品牌更值得信赖。建议您不要交给陌生的泥水工购买，以防止"假品牌"以高价、高达上百元的回扣恶性倾销产品而让您遭受"蒙骗"。

（3）再有，购买时切忌仅仅对比价格，而应多方综合考虑，一时小节省埋下大隐患。防水是隐蔽工程，一旦漏水非常麻烦，再后悔就来不及了。

26. 地漏的作用与做工

在卫生间铺设地砖以前，业主需要为其选购地漏，它的性能好坏直接影响室内空气的质量，对卫浴间的异味控制非常重要。地漏虽小，但要选择一款合适的地漏需要考虑的问题也很多。

（1）地漏的构造。普通的地漏一般都包括地漏体和漂浮盖。地漏体是指地漏形成水封的部件，主要部分是储水弯，由于目前许多地漏防臭主要是靠水封，所以该构造的深浅、设计是否合理决定了地漏排污能力和防异味能力的大小。漂浮盖有水时可随水在地漏体内上下浮动，许多漂浮盖下另外连接着钟罩盖，无水或少水时将下水管盖死，防止臭味从下水管中泛到室内。

（2）地漏的用途。从使用功能上分，地漏分为普通使用和洗衣机专用两种。洗衣机专用的地漏是在中间有一个圆孔，可供排水管插入，上覆可旋转的盖，不用时可以盖上，用时旋开，非常方便，但防臭功能不如普通地漏。目前也有一些地漏是两用的。

（3）地漏的材质。市场上的地漏从材质上分主要有不锈钢地漏、PVC地漏和全铜地漏三种。由于地漏埋在地面以下，且要求密封好，所以不能经常更换，因此选择适当的材质非常重要。其中全铜地漏因其优秀的性能，所以开始占有越来越大的市场份额。

不锈钢造价高，且镀层薄，因此过不了几年仍免不了生锈的结果。而PVC地漏价格便宜，防臭效果也不错，但是材质过脆，易老化，尤其北方的冬天气温低，用不了太长时间就需要更换，因此市场也不看好。目前市场上最多的是全铜镀铬地漏，它镀层厚，即使时间长了生铜锈，也比较好清洗，一般情况下，全铜地漏至少可以使用6年。

27. 地漏的分类

按防臭方式地漏主要分为三种：水防臭地漏、密封防臭地漏和三防地漏。

（1）水防臭地漏。主要是利用水的密闭性防止异味的散发，在地漏的构造中，储水弯是关键。这样的地漏应该尽量选择储水弯比较深的，不能只图外观漂亮。按照有关标准，新型地漏的本体应保证的水封高度是5厘米，并有一定的保持水封不干涸的能力，以防止泛臭气。现在市场上出现了一些超薄型地漏，非常美观，但是防臭效果不是很明显，如果您的卫浴空间不是明室，那么最好还是选择传统一些的。

（2）密封防臭地漏。是指在漂浮盖上加一个上盖，将地漏密闭起来以防止臭气。这款地漏的优点是外观现代前卫，而缺点是使用时每次都要弯腰去掀盖子，比较麻烦。但是最近市场上出现了一种改良的密封式地漏，在上盖下装有弹簧，使用时用脚踏上盖，上盖就会弹起，不用时再踏回去，相对方便多了。

（3）三防地漏。是迄今为止最先进的防臭地漏，它在地漏体下端排管处安装了一个小漂浮球，日常利用下水管道里的水压和气压将小球顶住，使其和地漏口完全闭合，从而起到防臭、防虫、防溢水的作用。

28. 不要购买圆形地漏

市场上卖的地漏大多是方形的，也有少量圆形的，有些人为了好看，买了圆形的地漏回家，安装时才知道让安装工人在地砖上开圆孔是一件多么困难的事情，即使切出来也是难看得很。早知如此，还不如一开始就买方形地漏省事得多。

29. 什么是过门石

过门石就是石头门槛，解决内外高差、解决两种材料交接过渡、阻挡水、起美观等作用的一条石板。

因不同房间内材料不同，导致地面厚度不同，产生高差，某些材料也不好"收头"。例如客厅或走道室内地面铺强化复合地板，大概厚度在12～15厘米（8厘米厚地板+5厘米厚地垫），而卫生间地面贴瓷砖，有水泥砂浆厚度+瓷砖厚度+地面流水的找坡厚度等，完成后远远高于地板地面。同时卫生间还要考虑少量正常使用的水不要流出来损坏地板地面，这样，"过门石"就是常用解决办法之一。

30. 如何选购过门石

建议过门石比卫生间地面略高 5～10 毫米。略有阻挡水流高度即可，一是美观，二是脚下尽量少磕绊，三是卫生间门口是找坡最高点，水应该很少。而低的那一侧，过门石高于地面也不宜超过 20 毫米，同上述道理差不多，一是美观，二是脚下尽量少磕绊，三是标准石材厚度通常在 18～20 毫米。过高的高差，可以选用加厚石材另定制。注意家中是否有老人或行动不便的人员使用。

石材边角通常做"倒角"，也就是磨一个斜边，同样是为了美观和方便。石材建议选用花岗石，花岗石材质比大理石硬，耐踏。如果有一侧地面（通常是卫生间外侧）有石材地面拼花或石材地面圈边线，也可选用近似或相同材质，比较好看。常见便宜、结实、颜色好搭配的石材为丰镇黑（内蒙黑）、济南青、芝麻灰等。

省钱又省心——
家居**装修**最关心的
500个问题 | 第**10**章
瓦工施工之工程篇

1. 瓦工施工的基本流程

瓦工施工的基本流程按照如图 10-1 所示的进行：

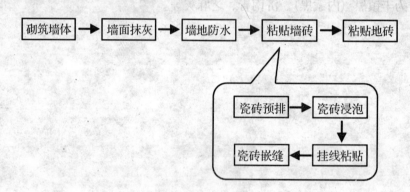

图 10-1 瓦工施工流程

2. 瓦工施工的基本操作规范

（1）原墙面过于光滑，刷过油漆、乳胶漆的需要作铲除或打毛处理，打毛后粉刷或水泥浆处理一遍，不平直处粉刷平直，作防水处理（如需要），老房子墙面铲除到红砖的，须在粉刷后 7 天再贴瓷砖，铺贴前须在墙面洒些许清水。

（2）地砖铺贴前需要充分清洁地面，洒水润湿，带线干铺。

（3）墙地砖在铺贴前须进行仔细挑选，泡水充足，铺贴时要带水平线、垂直线，看好花纹，卫生间、阳台和有地漏的厨房地面要做好防水，做工要精细，墙砖 45 度角处要在切割机切后的基础上用磨刀石带水磨边，做到不掉釉，不爆边，手感光滑。厨房、卫生间、阳台墙地砖的铺贴，严格按照墙压地的程序铺贴。纯白色镜面地砖要在上纯水泥浆前刷白乳胶一遍。

（4）厨房、卫生间需要贴瓷砖的水管，要用水泥、黄沙、碎砖以下水管外壁为准，尽可能包到最小。墙地砖铺贴时要及时清洁砖面，不可空鼓，铺贴完毕后要及时清理砖缝，填充填缝剂或白水泥，修补所有缝隙。

（5）瓷砖铺贴完成，水龙头接口内丝要与瓷砖表面持平或内陷超过 5 毫米。

（6）墙地砖铺贴要预留 2 毫米以上膨胀缝，严禁铺贴质量差的无缝砖（在不留膨胀缝的情况下）。

3. 做防水要用专用涂料

"防水处理"一般用于厨房、卫生间，使水不会渗入楼下和墙体。

现在有些施工队为了偷工减料，用沥青来替代防水材料，根本不能达到良好的防水效果。

而一般正规装修公司采用防水涂料，目的是为了确保工程质量，一方面是对业主负责，另一方面是维护自身的信誉。因为，大凡正规装饰公司在签订装修合同时都有一年保修承诺。如果防水不用过硬的材料施工，造成的后果则由该装饰公司承担责任。而"游击队"为了追求更大的利润，偷工减料，打一枪换一个地方，业主如出现维修问题，回头来找，可能连人都找不到，只有自食其果。因此，提醒装修居室的消费者，对装饰公司的选择一定要慎之又慎，且认真识别沥青与其他防水涂料。

4. 厨卫防水工程工艺规范

(1) 尽量不破坏原有防水层。装修中会增加一些卫生间的洗浴设施和对多种上下水管进行重新布局或移动，这样做本身已经严重破坏了建筑物原有的防水层，但是，却没有修补或重新做防水施工，以至于发生渗漏后问题才暴露。

(2) 接缝处要涂刷到位。墙与地面之间的接缝、上下水管道与地面的接缝处以及"地漏"处是最容易出现问题的地方，一定要督促工人处理好这些边角，防水涂料一定要涂抹到位。要求装修队给厨房、卫生间的上下水管一律做好水泥护根，即从地面起向上刷 10～20 厘米的防水涂料，然后地面再重新做防水，加上原有防水层，组成复合防水层，以增强防水性。

(3) 一定要做墙面防水。卫生间洗浴时水会溅到邻近的墙上，如没有防水层的保护，隔壁墙和对顶角墙易因潮湿而发生霉变，所以一定要在铺墙面瓷砖之前做好墙面防水。一般墙面要做 30 厘米高的防水处理，但是非承重的轻体墙，就要将整面墙做防水处理，至少也要做到 1.8 米高，与淋浴位置邻近的墙面防水也要做到 1.8 米高。若使用浴缸，与浴缸相邻的墙面防水涂料的高度要高于浴缸的上沿。

(4) 墙内水管凹槽也要做防水。施工工程中在管道凹槽、地漏等地方，其孔洞周边的防水层必须认真施工。墙体内埋水管，做到合理布局，铺设水管一律做大于管径的凹槽，槽内抹灰圆滑，然后凹槽内刷防水涂料，这样就算以后跑水也不会弄湿墙里面。

(5) 保持下水通畅。卫生间内所有的下水管道，包括地漏、卫生洁具的下水道等，都要保持通畅。厨房、卫生间的地面必须坡向地漏口，适当加大坡度。厨房、卫生间内管道装修时应尽量避免改动原来的排水和污水管道及地漏位置，这样才能从根本上避免跑水的发生。

5. 刷防水涂料的技巧

(1) 基层表面应平整，不得有空鼓、起砂、开裂等缺陷。

(2) 防水涂料要涂满，无遗漏，与基层结合牢固，无裂纹，无气泡，无脱落现象。一面墙涂刷高度一致，一般厚度不少于 1.5 毫米，不露底。

(3) 地漏、阴阳角、管道等地方要多做一次防水。

6.闭水试验一定要做

在防水工程做完待干后，封好门口及下水口，在卫生间地面蓄满水达到一定的液面高度，并做上记号，告知楼下用户注意，24小时内液面若无明显下降，特别楼下住家的房顶没有发生渗漏，防水就做合格了。如验收不合格，防水工程必须整体重做后，重新进行验收。这种24小时的闭水试验，是保证卫生间防水工程质量的关键。

对于轻质墙体防水施工的验收，应采取淋水试验，即使用试管在做好防水涂料的墙面上自上而下不间断喷淋3分钟，4小时以后观察墙体的另一侧是否会出现渗透现象，如果无渗透现象出现即可认为墙面防水施工验收合格。

7.重铺地砖也要做防水

如果需要更换卫生间原有地砖，将原有地砖凿去后，一定要先用水泥砂浆找平地面，再做防水处理，这样就可以避免防水涂料因厚薄不均而造成渗漏。在做防水之前，一定要将地面清理干净，用防水涂料反复涂刷2~3遍。

8.瓷砖铺贴中的几种流行趋势

（1）瓷砖黏着剂。也叫干贴法，是一种新型的铺装辅料。它一改水泥砂浆的湿做法。瓷砖不需预先浸水，基面不需打湿，只要铺装的基础条件较好就可以，使作业状况得到极大改善。

（2）多彩填缝剂。它不是普通的彩色水泥，一般用于留缝铺装的地面或墙面。其特点是颜色的固着力强、耐压耐磨、不碱化、不收缩、不粉化，不但改变了瓷砖缝隙水脱落黏着不牢的毛病，而且使缝隙的颜色和瓷砖相配，显得统一协调，相得益彰。

（3）封边条十字定位架。这些辅助材料的使用使铺装中阴角、阳角的施工工艺得到了很大的改进。不再需要瓷砖45度切边，大大节约了工时和破损。十字定位可以使地砖铺装时的缝精度有所提高，简化施工工艺。

（4）多种规格的组合。它的特点是选择几何尺寸大小不同的多款地砖，按照一定的组合方式成组地铺装。由于地砖由不同大小组合加之组合方式多，使地面的几何线条立刻发生变化，在秩序中体现着变化和生动。

（5）多种颜色组合。这是西班牙瓷砖的最新铺装潮流，它是由釉面颜色不同的地砖随机组合铺装。其视觉效果千差万别，令人遐想。这是对我们传统的"对称统一"审美观的挑战。它适合较大厅堂采用。

（6）留缝铺装。现在市场流行仿古地砖，它主要强调历史的回归。釉面处理得凹凸不平，直边也做成腐蚀状，对于铺装时留出必要的缝隙将它加之彩色水泥填充，使整体效果统一，强调了凝重的历史感。

（7）墙面铺装。采用45度斜铺与垂直铺装结合，这使墙面由原来较为单调的几何线条变得丰富和有变化，增强了空间的立体感和活跃气氛。

9.铺瓷砖的基本流程

（1）先清理好基面。

（2）确定一水平面，接拉好纵横的定位线。

（3）铺贴前，将地砖置于清水中浸泡 1 小时（有些类型瓷砖无需浸泡）。

（4）捞起地砖待其贴面无水渍时，宜用 1 : 2 水泥砂浆（或 1 : 0.15 水泥厂灰膏浆）均匀抹于铺贴面，再用均匀力铺在基面上。

（5）用木锤轻敲、按平地砖，要避免空鼓。

（6）并用水平测量，以确保地砖水平。

（7）铺贴后宜把砖缝的水泥勾深，并把地砖表面抹干净。

（8）稍干后填砖缝。

（9）最后彻底清洁地砖。

（10）若遇到顽固污渍，可用草酸或稀盐酸清洗。

10. 铺仿古砖的几点注意事项

（1）包装上标明该品种的色号、尺寸，同一色号的砖也应检查使用，如发现色差等缺陷时应及时反映，使用同一色号，以求邻近色号色泽均一。

（2）采用高缝铺贴，更能体现出本产品的装饰效果。间缝一般为 5 ~ 8 毫米（特殊装潢效果除外）。间缝清洁要及时，嵌缝工作应在铺贴近 4 个小时后进行。

（3）采用干铺法，即铺底的水泥砂平层必须干燥牢固后才能铺贴产品，平层水平应做好，确保砖面平整。

（4）在铺贴过程和使用后应保持砖面清洁，如有污渍应该及时处理与清洁。

11. 铺地砖时要注意的几点问题

（1）橱卫地砖的铺贴厚度不宜过厚，防止与橱卫外面的地面无法连接。

（2）所有地砖需要提前预排砖，非整砖应放在周边。

（3）卫生间的地砖需要做好足够的泛水，即流水坡度处理。

12. 砸砖重铺应注意哪些问题

有些情况下，瓷砖需要砸掉，重新铺设，这个时候应注意以下几点：

（1）应最大限度地保证湿度，但又不能有浮水。

（2）假如基面不平，应适当提高沙子的比例。

（3）如基面比较平整，建议使用市售"贴得牢"代替水泥、沙子。以前掺胶的做法因 107、108 胶已被淘汰使用，目前少有人用。

13. 如何防止墙地砖空鼓

（1）保持基层干燥，浇水浸润地面时不得有积水。

（2）水泥与沙子的比例适当，一般为 1 : 2 ~ 4，不得加水过多。

（3）墙砖铺设前浸水润湿，除去表面浮土，浸泡不少于 2 小时，黏结厚度控制在 6 ~ 10 毫米之间，不得过厚或过薄。

（4）铺砖时，必须用橡皮锤把砖砸实，让砖与砂浆结合牢固。

（5）地面铺装完成后，要等水泥砂浆干透后才可在上面走动。

产生空鼓时，应取下墙地砖，铲去原来的黏结砂浆，重新铺装。

14. 如何使用填缝剂

关于填缝剂，有两点需要强调：

（1）瓷砖铺完后不要马上使用填缝剂，一般都是装修最后才填，否则填早了，容易脏。

（2）填缝剂填好后，必须及时将沾在瓷砖上的部分用干净的棉纱擦去，否则沾到瓷砖上的填缝剂，干后很难擦掉。

省钱又省心——
家居**装修**最关心的
500个问题

第**11**章
木工施工之材料篇

1. 吊顶材料都有哪些

吊顶分为龙骨和面板，其中龙骨是吊顶中隐藏的用于固定面板的"骨架"，属于隐蔽工程的一部分，而面板是吊顶的外饰面，如图11-1所示。

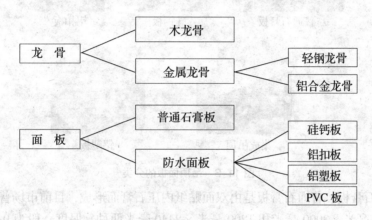

图 11-1 吊顶材料的分类

2. 吊顶龙骨的类型和特点

吊顶的龙骨目前普遍用木龙骨和金属龙骨两种，其中金属龙骨又分为轻钢龙骨和铝合金龙骨，如图11-2所示。

木龙骨 　　　　　　　　　轻钢龙骨 　　　　　　　　　铝合金龙骨

图 11-2 龙骨的类型

（1）木龙骨。家庭装修吊顶常用木龙骨，同时木龙骨也是隔墙的常用龙骨。木龙骨有各种规格，吊顶常用木龙骨规格为30毫米×50毫米，常用木材有白松、红松、樟子松。

（2）轻钢龙骨。轻钢龙骨是现代极常用的吊顶龙骨，除了在吊顶时采用外，轻钢龙骨还是隔墙的好材料，它具有坚硬、防火、施工方便等特点。一般工程隔墙、大面积吊顶使用较多，家庭装修中极少采用。轻钢龙骨吊顶架构由主龙骨、副龙骨和配件组成。

（3）铝扣板龙骨。铝扣板全部配套采用轻钢龙骨，由于铝扣板分条形和方块形两种，因此其配套龙骨也各不相同。

3.吊顶面板的类型和特点

吊顶面板目前普遍使用的材料有石膏板、硅钙板、铝塑板、铝扣板以及集成吊顶等，如图11-3所示。

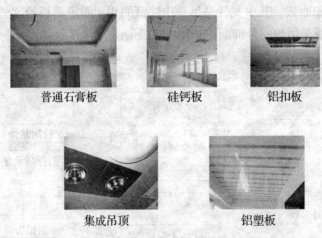

普通石膏板　　　　硅钙板　　　　铝扣板

集成吊顶　　　　铝塑板

图11-3　吊顶面板的分类

（1）普通石膏板。普通石膏板是由双面贴纸内压石膏而形成，目前市场普通石膏板的常用规格有1200毫米×3000毫米和1200毫米×2440毫米两种，厚度一般为9毫米。其特点是价格便宜，但遇水遇潮容易软化或分解。

（2）硅钙板。硅钙板又称石膏复合板，它是一种多孔材料，具有良好的隔音、隔热性能，可以适当调节室内干湿度、增加舒适感。硅钙板与石膏板比较，在外观上保留了石膏板的美观，重量方面大大低于石膏板，强度方面远高于石膏板；彻底改变了石膏板因受潮而变形的致命弱点，数倍地延长了材料的使用寿命；在消声吸音及保温隔热等功能方面，也比石膏板有所提高。硅钙板一般规格为600毫米×600毫米，不适宜在家庭装修中使用。

（3）铝扣板。一种20世纪90年代出现的新型家装吊顶材料，主要用于厨房和卫生间的吊顶工程。由于铝扣板的整个工程使用全金属打造，在使用寿命和环保能力上，更优越于PVC材料和塑钢材料，目前，铝扣板已经成为家装整个工程中不可缺少的材料之一。

家装铝扣板在国内按照表面处理工艺分类主要分为：喷涂铝扣板、滚涂铝扣板、覆膜铝扣板三大类，依次往后使用寿命逐渐增大，性能增高。喷涂铝扣板正常的使用年限为5~10年，滚涂铝扣板为7~15年，覆膜铝扣板为10~30年。

（4）集成吊顶。集成吊顶又称整体吊顶、组合吊顶、智能吊顶，是继整体浴室和整体厨房出现后，厨卫上层空间吊顶装饰的最新产品，它代表着当今厨卫吊顶装饰的最顶尖技术。集成吊顶打破了原有传统吊顶的一成不变，真正将原有产品做到了模块化、组件化，让你自由选择吊顶材料、换气照明及取暖模块，效果一目了然。

（5）铝塑板。铝塑板作为一种新型装饰材料，仅仅数年间，便以其经济性、可选色彩的多样性、便捷的施工方法、优良的加工性能、绝佳的防火性及高贵的品质，迅速受到人们的青睐。铝塑板常见规格为 1220 毫米×2440 毫米，颜色丰富，是室内吊顶、包管的上好材料。很多大楼的外墙和门脸亦常用此材料。

铝塑板分为单面和双面，由铝层与塑层组成，单面较柔软，双面较硬挺，家庭装修常用双面铝塑板。

4. 什么样的空间不需要吊顶

目前大多数居家室内高度为 2.75 米左右，有的高层楼房的层高甚至只有 2.6 米，吊顶使室内空间缩小，但人们普遍认为家居装饰不吊顶就没装饰好。当然，一些家居装饰中的吊顶做得确实很好。通过装饰吊顶，不但掩饰了建筑物遗留下的先天不足，而且又把天花装饰成艺术感极强的造型图案。

有的家居建筑顶面原本四方平整，无主次梁突出来。然而，做装饰时却大动干戈，非要把四周跌一两级，并在跌级内装满日光灯带，四周边上装满节能灯泡，甚至装上彩色日光管。这便使整个居室显得商业气氛很浓。实际上，在做顶面装饰时，清淡的一条阴角线或平角线等线条都可起到装饰的作用，而不一定要用吊顶的手法来处理。过分装饰还会造成视觉上的心理负担。

5. 什么样的空间需要吊顶

那么，什么情况下适宜吊顶？主要的一点是要使建筑原有的梁及管道看不到，还有一点是使空间高度趋于相同。

客厅顶面中有不适当的主次梁，要想办法去设计化解、装饰。有时业主把阳台改成厅的一部分时，厅与阳台天花间会有一梁，简单的做法是在梁底向外吊平顶，可以让人感觉不到隐去的梁，看上去很顺畅，也可以解决窗帘盒隐去的问题。

客厅到餐厅之间一般情况下会有梁。餐厅面积一般都比客厅小，可考虑在餐厅做吊顶装饰。如果餐厅是单独房间也不一定要吊顶。

在卫生间、厨房，一般情况下是应该吊顶。因为这些地方一般都有管道，并且空间平面很小。要注意选择材料，要无污染、无纤维粉尘。这些地方吊顶后要用明亮光源，造成卫生洁净的通亮感觉。

6. 如何选购龙骨用木方

家居装修时很多家庭选择地板，一般选用 30 毫米×50 毫米的木方做吊顶或其他基层龙骨。怎样选择好的杉木方呢？采购木方注意以下事项：

（1）要选密度大的木方，用手拿有沉重感，用手指甲抠不会有明显的痕迹，用手压木方有弹性，弯曲后容易复原，不会断裂。用手敲声音响亮清脆，因为这种杉木一般生长在山上，而且在北面，经过北风吹打越发坚韧。

（2）看所选木方横切面大小的规格是否符合要求。木方头尾是否光滑均匀，不能有的地方大，有的地方小。应测一下木方的实际尺寸，有些经销商说是 3 厘米×5 厘米的木方，实际上最多也就是 3 厘米×4 厘米。

(3) 看颜色是否鲜明，新鲜的木方略带红色，纹理清晰，如果木方色彩呈暗黄色，无光泽，说明是朽木。

(4) 要选木节较少、较小的杉木方，俗话说"杉木节，硬如铁"。如果木节大且多就会从木结处断裂，螺钉、钉子在木节处拧不进去或钉断木方，会导致基层不牢固。

(5) 看木方是否直，如果有弯曲也只能是顺弯，不许呈波浪弯，否则用弯曲的木方做龙骨容易引起结构不平、变形等。

(6) 要选没有树皮、虫眼的木方，树皮是寄生虫栖身之地，有树皮的木方易生蛀虫。有虫眼的木方更不能用，说明此木方里有蛀虫或虫卵，如果此木方用在家庭装修中蛀虫会吃掉所有能吃的木质。

7. 轻钢龙骨的规格和质量标准

轻钢龙骨按用途有吊顶龙骨和隔断龙骨，按断面形式有 V 型、C 型、T 型、L 型龙骨。

(1) 产品规格系列。隔断龙骨主要规格分为 Q50、Q75 和 Q100。吊顶龙骨主要规格分为 D38、D45、D50 和 D60。

(2) 外观质量。轻钢龙骨外形要平整，棱角清晰，切口不允许有影响使用的毛刺和变形。镀锌层不许有起皮、起瘤、脱落等缺陷。外观质量检查时，应在距产品 0.5 米处光照明亮的条件下，进行目测检查。轻钢龙骨表面应镀锌防锈，其双面镀锌量：优等品不小于 120 克／米×米，一等品不小于 100 克／米×米，合格品不小于 80 克／米×米。

8. 石膏板吊顶的分类和选购

(1) 浇筑石膏装饰板。具有质轻、防潮、不变形、防火、阻燃等特点。并有施工方便，加工性能好，可锯、可钉、可刨、可黏结等优点。

(2) 纸面装饰吸音板。以纸面石膏板为基板，表面由轻丝网印刷涂料装饰及钻孔处理而成，具有防火、隔音、隔热、抗振动性能好、施工方便等特点。

(3) 装饰石膏线角。以建筑石膏为基料，配以增强纤维、胶粘剂等，经搅拌、浇注成型，表面光洁、线条清晰、尺寸稳定、强度高、阻燃、可加工性好、拼装容易，采用黏结施工，施工效率高。

石膏吊顶装饰板的图案很多，主要有带孔、印花、压花、贴砂、浮雕等多样，用户根据使用场所及个人的审美观念来选择。总之，石膏吊顶板图案、颜色若选择得当，搭配相宜，则装修效果大方、美观、新颖，给人以舒适、清雅、柔和的感觉。

9. 铝扣板吊顶的分类和选购

(1) 规格。铝扣板的规格有长条形和方块形、长方形等多种，颜色也较多，因此在厨卫吊顶中有很多的选择余地。目前常用的长条形规格有 5 厘米、10 厘米、15 厘米和 20 厘米等几种；方块形的常用规格有 300 毫米×300 毫米、600 毫米×600 毫米多种，小面积多采用 300 毫米×300 毫米，大面积多采用 600 毫米×600 毫米。为使吊顶看起来更美观，可以将宽窄搭配，两种颜色组合搭配。

（2）种类。铝扣板分为表面有冲孔和平面两种。表面冲孔可以通气吸音，扣板内部铺一层薄膜软垫，潮气可透过冲孔被薄膜吸收，所以它最适合水分较多的厨卫使用。

（3）标准。铝扣板的好坏不全在于薄厚，关键在于铝材的质地。家装用铝扣板，0.6 毫米的就足够用了。很多销售员会说他们铝扣板是 0.8 毫米的，还有朋友说有人给他介绍 0.88 毫米的，这种板子通常是不达标的，所以只能拿厚度来蒙人。

（4）安装方法。铝扣板吊顶有轻钢龙骨和木方龙骨两种安装方法。木方会受到温度和潮湿度的影响而变形，这样，时间长了，各个木方之间有的变形大，有的变形小，最后的结果是吊顶出现不平变形。相反，用轻钢龙骨的方法安装，由于吊顶上面所有的材料都是金属的，最大限度地减少了变形，因而，轻钢龙骨的安装方法是最可取的。

10. 如何选购集成吊顶

所谓集成吊顶就是将卫生间的各部分功能组合到一起，实现多功能化的一种吊顶。

（1）组成。一般由吊顶模块、造型模块、取暖模块、照明模块及换气模块等功能性模块组成。

（2）优点。它将传统吊顶拆分成若干个功能模块，再通过消费者自由选择组合成一个新的体系并能自由移动，再次组合；彻底消除传统吊顶中的因浴霸带来的安全隐患。它外表美观、时尚，功能齐全、实用。

（3）购买标准。通常应注意以下五点：是否美观，是否环保，是否安全，功能是否实用性，是否重视产品的细节。

（4）细节。外观：产品模块是否平整，表面处理是否干净光滑；内工艺：特别是功能模块内在电器连接是否整齐，做工是否精良。各项零配件是否品牌提供等。

11. 购买集成吊顶的几个误区

在业主购买集成吊顶的时候，一定要注意以下几个误区：

（1）外国的好。集成吊顶是中国发明的，国外还没有这类产品的生产和销售，所以消费者在购买集成吊顶的时候，不要盲目迷信什么美国、德国、意大利等外来的技术，或是找个老外当代言人就以为是国外的品牌。

（2）品牌的好。目前，集成吊顶行业内有很多国际、国内大品牌，中文字一样，英文注册不一样，和国际、国内大品牌毫无关系。

（3）板材越厚越好。真正好的铝材生产厂家不会生产超过 0.68 毫米以上厚度的板材，因为只有那些本身品质不过关的含铅、铬、汞等有害的回收铝才会因为韧性和纯度不足无法做薄而生产相对厚度较高的铝扣板。

（4）外饰漂亮的好。顾客在部分商家误导下往往只关注外观部分而忽略了内部的安装框架。这部分辅材相当于建筑的地基与梁柱，偷工减料极易造成吊顶下沉甚至塌落。

（5）电器都一样。取暖灯爆炸、风暖导致火灾等事故不绝于耳，皆归咎于不良厂家用劣质电器拼凑低价产品。集成吊顶，电器是核心。

12. 门窗套的分类

门窗套按照对应门的类型分为以下几种，如图 11-4 所示。

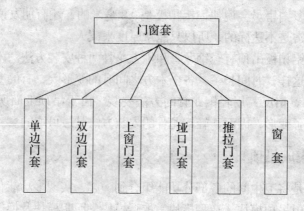

图 11-4   门窗套的类型

(1) 单边门套。只有一面的门套，如进户门。

(2) 双边门套。有双面的门套，如卧室门。

(3) 上窗门套。在普通门套上面留有玻璃上窗的门套。

(4) 垭口门套。垭口即指不装门的门套，通常垭口门套会有一些造型设计，以求更美观。

(5) 推拉门套。为安装推拉门而制作的门套。

(6) 窗套。窗套大都是单边套。

门窗套的制作材料很多，家庭装修中大部分以木材为主，也有极少数使用金属材料和塑钢材料。门窗套根据其制作工艺可分为现场制作和工厂制作两种，根据其选材不同，又可分为实木套和复合套两种：复合门窗套大多由底层和面层组成，实木套则由一种实木制作而成。

13. 实木门窗套的材质有哪些

随着人们对环保的重视和经济条件的提高，部分家庭选用实木门窗套，实木材料具有环保、美观、自然等优点，但也有易变形、热胀冷缩、易裂等缺点。根据最后上色的不同，实木套分为原色、错色和混色等。目前比较常用的实木材料有樟子松、红松、曲柳、楸木，另有部分名贵材料如榉木、楠木、花梨、紫檀等。

根据木材的拼接方式，分为纯实木和集成材两种，集成材是指将细小木材拼接成一张大板，既节省材料，又方便实用。

14. 底衬板材的分类

市场上销售的底衬板与饰面板的规格都是 1220 毫米×2440 毫米，底衬板的厚度有 18 毫米、15 毫米、12 毫米毫米三种，制作门窗套或柜体的底衬板厚度多采用 18 毫米。底衬板根据材料的不同，又分为细木工板、密度板、三聚氰胺板、刨花板等，如图 11-5 所示。常用以细木工板和密度板为主。

细木工板

密度板

三聚氰胺板

刨花板

图 11-5　底衬板材的分类

（1）细木工板。细木工板俗称大芯板，是由两片单板中间胶压拼接木板而成。中间木板是由优质天然的木板方经热处理（即烘干室烘干）以后，加工成一定规格的木条，由拼板机拼接而成。拼接后的木板两面各覆盖两层优质单板，再经冷、热压机胶压后制成。与刨花板、密度板相比，其天然木材特性更顺应人类自然的要求；它具有质轻、易加工、握钉力好、不变形等优点，是室内装修和高档家具制作的理想材料。

细木工板是制作门窗套、各种柜子、隔断、吊顶造型等常用的材料。优质细木工板中间的填芯木条有杨木、杉木、桐木、桦木，其成品轻便，握钉力强；劣质细木工板填芯层多为硬杂木，较为沉重，且握钉力不强。

（2）密度板。密度板也称纤维板，是以木质纤维或其他植物纤维为原料，施加脲醛树脂或其他适用的胶粘剂制成的人造板材。按其密度的不同，分为高密度板、中密度板、低密度板。密度板由于质软耐冲击，也容易再加工，在国外是制作家私的一种良好材料，但由于我国关于高密度板的标准比国际标准低数倍，所以，密度板在我国的使用质量还有待提高。

很多成品复合门和家具都选用密度板作为底衬材料。但是，目前多数厂家生产的密度板环保要求不达标，其大量使用胶粘剂，使得板材当中的甲醛含量相当高，家装中大量使用，对人体有害。

（3）三聚氰胺板。三聚氰胺板，是经过刨花板表面砂光处理，单层贴纸，表面再进行热压处理，所谓爱家板就是此类产品，有进口和国产色纸之分，其质量与表面色纸和中间的刨花板有关，由于在制作过程中需要使用大量的胶粘剂，因此三聚氰胺板的环保系数不高。在国内，三聚氰胺板是制作橱柜、浴室柜、衣帽间、家具的常用材料，由于材质松软，故不宜作为门窗套的底板。

（4）刨花板。刨花板是利用木材或木材加工剩余物作为原料，加工成刨花或碎料，再加入一定的胶粘剂，在一定温度和压力下制作而成的一种人造板材，由于其整体较为松软，握钉力不强，因此是一种低档板材，一般不宜作为家具底衬，也不能用以制作门窗套。

15. 选购板材的四大误区

（1）切边整齐光滑的板材一定不错。这种说法不对，其实越是这样的板材消费者越得小心。切边是机器锯开时产生的，好的板材一般并不需要"再加工"，往往有不少毛茬儿。可是质量有问题的板材因其内部多为空心、黑心，所以加工者会"着意打扮"它，在切边处再贴上一道"好看的"木料，并且打磨光滑齐整，以迷惑消费者，所以一定不能以此为标准来衡量谁好谁坏。

（2）3A 级是最好的。有企业将板材等级标为 1A 级、2A 级、3A 级，但这只是企业行为，国家标准中根本没有"3A 级"，目前市场上已经不允许出现这种标注，所以您在选购时应注意甄别。检测合格的木材会标有"优等品"、"一等品"及"合格品"。

（3）板材越重越好。板材不像实木家具，越重越结实，内行人看板材一看烘干度，二看拼接。干燥度好的板材相对很轻，而且不会出现裂纹，很平整。对于外行的消费者来说，最保险的方法就是到可靠的建材市场，购买一些知名品牌的板材。

（4）实木线条不可以出现色差、节子。由于木材属于天然材料，出现色差是必然的，无论谁都不可能避免这个现象。然而，有的消费者片面强调实木线条的色差问题，甚至把实木线条出现色差作为拒绝支付工程款的手段，其实是没有道理的。

16. 细木工板怎么买

细木工板是木工中使用最多的主材，购买不当直接影响装修中木工活的质量以及后期家中的环境，业主一定要引起注意。

（1）查看生产厂家的商标、生产地址、防伪标志等。

（2）家庭装饰装修只能使用 E1 级的细木工板。E2 级细木工板甲醛含量可能要超过 E1 级细木工板 3 倍多，所以绝对不能用于家庭装饰装修。

（3）产品检测报告中的甲醛释放量每升是否小于等于 1.5 毫克。一般正规厂家生产的都有检测报告，甲醛的检测数值越低越好。

（4）挑选细木工板时，重点看内部木材，不宜过碎，木材之间缝隙在 3 毫米左右的细木工板为宜。许多消费者选择细木工板，一看重量，二看价格。其实重量超出正常的细木工板，表明使用了杂木。杂木拼成的细木工板，根本钉不进钉子，所以无法使用。

（5）细木工板的外观质量。看细木工板表面是否平整，有无翘曲、变形，有无起泡、凹陷；可在现场或施工时将细木工板剖开观察内部的芯条是否均匀整齐，缝隙越小越好。

（6）如果细木工板散发清香的木材气味，说明甲醛释放量较少；如果气味刺鼻，说明甲醛释放量较多，不要购买。

（7）要对不能进行饰面处理的细木工板进行净化和封闭处理，特别是装修的背板、各种柜内板和暖气罩内等。目前专家研究出甲醛封闭剂、甲醛封闭蜡及消除和封闭甲醛的气雾剂，同时使用效果最好。

一般 100 平方米左右的居室使用细木工板不要超过 20 张，使用过多会造成室内环境中甲醛超标。特别是不要在地板下面用细木工板做衬板。

17. 三聚氰胺板怎么买

(1) 三聚氰胺板不是新产品。名称花哨不代表产品新鲜。此种板材早已在国内生产，最初是用来做电脑桌等办公家具，多为单色板，随着家庭中板式家具的流行，它逐渐成为各家具厂首选的制造材料，表面色彩和花纹也更多。目前市场上的板式家具采用进口和国产两种板材。

(2) 三聚氰胺板基材有差别。过于强调饰面，往往忽略了板材内质。而板材的质量直接影响家具的质量，同样是三聚氰胺饰面，却有着不同的基材，消费者在购买时有必要问清家具的内在品质。

目前市场上面向家庭的三聚氰胺板式家具多以中密度板和刨花板为基材，相比之下，中密度板的性能优于后者。中密度板内部结构均匀，结合力大于刨花板，变形小，表面平整度好，握钉力强。因此，用中密度板做基材的三聚氰胺板更坚固耐用，更能发挥板式家具拼装的特点。刨花板的质地相对疏松，握钉力差，较前者造价低。

(3) 三聚氰胺板也存在甲醛释放量的问题。无论何种板材，在制造过程中都必不可少地使用胶，因此成型后的板材会释放游离甲醛，但在一定浓度之下是对人体无害的，消费者在认清了板材品质的同时，最应关注的是家具所使用板材的甲醛释放量。

根据国家标准，每 100 克刨花板的甲醛释放量应小于或等于 30 毫克；E1 级中密度板每 100 克中，甲醛释放量小于或等于 9 毫克；E2 级中密度板中，甲醛释放量在 9 毫克至 40 毫克之间。也就是说，甲醛释放量高于上述标准的板式家具，不宜购买。消费者可以要求商家出具家具基材的检测报告，以鉴别此项指标是否符合要求。

(4) 三聚氰胺板令家具外表坚硬。印有色彩或仿木纹的纸本身是脆弱的，在三聚氰胺板透明树脂中浸泡之后形成的胶膜纸要坚硬许多，这种胶膜纸与基材热压成一体后有着很好的性能，用它打制的家具不必上漆，表面自然形成保护膜，耐磨、耐划痕、耐酸碱、耐烫、耐污染。

18. 饰面板的分类

饰面板分为免漆板和油漆饰面板。

目前，市场上免漆类的门窗套和木门产品有很多，免漆板也就是在 5 毫米密度板上压粘一层很薄的色纸，由于色纸的种类，因此免漆板可以有很多的花色。

油漆饰面板也就是表面贴上一层木皮的三合板，其种类有很多，不同木材不同花色都有。

19. 饰面板要"封油"养护

饰面三合板买回来以后要及时"封油"养护，也就是在板面上涂刷上一层薄薄的清漆。如果板材质量较差或封油较晚，则有可能出现板子开裂的现象，对外观质量造成影响。

20. 其他饰面材料有哪些

除了饰面板外，家庭装修中涉及的饰面材料还有波音软片、防火板、华丽板、木皮等，如图 11-6 所示。随着家装的进一步发展，这些材料将逐渐退出家装历史舞台，这里作一下简短的介绍：

波音软片　　　　　防火板　　　　　木皮

图 11-6　饰面材料

（1）波音软片。波音软片是一种即粘式薄片饰面衬料，类似于不干胶广告纸。它的颜色、花色种类繁多，可用于衣柜柜体内底衬板饰面，也可用于商业展柜的饰面，现在家装中使用逐渐减少。

（2）防火板。防火板是前期商场装修和家用橱柜的主要饰面材料，现在使用量较少了。防火板和波音软片一样，颜色花色繁多，但它比波音软片要厚实，不易划破。

（3）木皮。木皮主要可以分为两种，一种是天然木皮，也就是通过旋切或刨切木材得到的木皮；还有一种称为科技木，它通常是将速生材经漂白染色后，再重新组坯后刨切得到的薄木。

21. 胶合板选购注意事项

（1）看材料。柳桉芯板无论是分量还是硬度韧性上都要高于杨木芯板，用户在购买或验收时要仔细辨认，以免上当。市场上充斥着大量低价位的柳桉芯胶合板，其实是将杨木芯作了表面着色处理。

（2）看做工。胶合板的夹板有正反两面的区别。选购时，胶合板板面要木纹清晰，正面光洁平滑，要平整无滞手感；反面只要不毛糙，最好不要有节点，即使有，也应该很平滑美观，不影响施工。胶合板如有脱胶，既影响施工，也会造成更大的污染，因此挑选时，要看其是否有脱胶、散胶现象，用户可以用手敲击胶合板各部位，如果声音发脆且均匀，则证明质量良好；若声音发闷，参差不齐，则表示夹板已出现散胶现象。

（3）看外观。对每张胶合板都要看清是否有鼓包、裂纹、虫孔、撞伤、污痕、缺损等现象，有的胶合板是将两个不同纹路的单板贴在一起制成的，所以在选择上要注意夹板拼接缝处是否严密，有没有高低不平现象。

22. 装饰面板的选择

（1）看表面有无明显瑕疵。装饰面板表面应光洁、无毛刺和刨切刀痕，无透胶现象和板面污染现象，尽量挑选表面无裂缝、裂纹，无节子、夹皮、树脂囊和树胶道的，整张板自然翘曲度应尽量小，避免由于砂光工艺操作不当，基材透露出来的砂透现象。

（2）人造薄木贴面与自然木质单板贴面的区别。前者的纹理基本为通直纹理，纹理图案有规则；后者为天然木质花纹，纹理图案自然变异性比较大，无规则。

（3）外观检验。装饰板外观应有较好的美感，材质应细致均匀，色泽清晰，木纹美观，配板与拼花的纹理应按一定规律排列，木色相近，拼缝与板边近乎平行。

（4）胶层结构稳定，无开胶现象。应注意表面单板与基材之间，基材内部各层之间不能出现鼓包、分层的现象。

（5）要选择甲醛释放量低的木材。不要选择具有刺激性气味的装饰板。因为气味越大，说明甲醛释放量越高，污染越厉害，危害性越大。

（6）刀撬法检验胶合强度。此法是检验胶合强度最直观的方法。用锋利平口刀片沿胶层撬开，如果胶层破坏，而木材未被破坏，说明胶合强度差。

23. 纤维板选择时注意事项

（1）厚度均匀，板面平整、光滑，没有污渍、水渍、粘迹，四周板面细密、结实、不起毛边。

（2）含水率低，吸湿性小。

（3）可以用手敲击板面，声音清脆悦耳、均匀的纤维板质量较好；声音发闷，则可能发生了散胶问题。

24. 什么是木线条

现场制作的门窗套，还需要安装木线条，木线条的发展经历了一个过程：20 世纪 90 年代刚兴起家装的时候，门套收口采用胶合板对角粘贴的方法，后来发展成为安装木线条，线条宽度从 100 毫米到 80 毫米再到 60 毫米，线条的造型也由凹凸造型发展为平板造型。线条的对角方式从 45 度角对角发展成为直板对接。

如图 11-7 是一些类型的木线条。

图 11-7　木线条

25. 木门的分类

2000 年以前，家庭木门大多由木工在现场制作完成，2000 年以后，随着木门产业的发展，多数家庭开始选择由门厂生产的成品门。根据木门的材料可划分为免漆门、复合门、实木门、实木复合门，其中免漆门和复合门因其价位较低故市场使用量大，实木门和实木复合门价位较高；根据木门的造型可划分为平板门、凹凸门、玻璃门、平板造型门和凹凸造型门。

26. 免漆门有哪些样式

免漆门花色众多，款式繁多，正成为多数家庭安装木门的首选。从造型上看，有平板门、玻璃门，还有造型门等多种样式，如图 11-8 所示。

平板门　　　　平板造型门　　　　玻璃造型门　　　　凹凸门

图 11-8　免漆门的类型

27. 什么是实木复合门

实木复合门的门芯多以松木、杉木或进口填充材料等黏合而成，外贴密度板和实木木皮，经高温热压后制成，并用实木线条封边。一般高级的实木复合门，其门芯多为优质白松，表面则为实木单板。总之，从里到外都要求是木材。从科学的角度分析，称之为"实木复合门"。在欧美国家，80%以上的高档装修中所采用的实木门均采用成品实木复合门，由于白松密度小、重量轻，且较容易控制含水率，因而成品门的重量都较轻，也不易变形、开裂。相比纯实木门昂贵的造价，实木复合门的价格一般 1200 ~ 2300 元一扇。

28. 实木复合门有哪些分类

（1）面材。主要有胡桃木、樱桃木、莎比利、影木、枫木、柚木、黑檀、花梨、紫薇、斑马等 10 余种。

（2）功能。按用途分如户门、卧室门、书房门、厨房门、浴卫门；公寓宾馆的房间门、浴卫门、走廊门、办公商用门等。

（3）开启方式。滑轨门：横向推拉开启，不占用空间，主要用于厨房门、卫生间门、阳台门；合页门：转向开启，主要用于户门、卧室门、办公室门。

（4）表面处理方式。白茬门：没有上油漆，买回去后需找油工手工刷上油漆，由于手刷油漆，降低了门的品质；油漆门：也称成品门，在工厂已喷涂油漆的门，可直接安装。

（5）门口形式。平口门：门的边缘是平的，传统的门全部是平口门，由于锁开启的原因，门与门框之间需有 3 毫米的缝隙；T 形口门：从欧洲引进的新型门，门的边缘是 T 形口，凸出的部分压在门套上，并配有密封胶条，密闭隔音效果好，整体美观。

（6）按门型和工艺分有全玻门、半玻门、板式门、芯板门等。

板式门为密闭型，无透视透光点，多用于户门和卧室门，此门可以雕刻凹线和制作凸线，形体美观大方，整体性好。

芯板门是在门中间装有一块或多块芯板，起凸，立体艺术性较强。

全玻门是以玻璃为主体的门扇，全门只有四个边，其余均采用玻璃，具有光线明亮、透光性好等特点，富有较强的艺术性与欣赏性。

半玻门是以上半截为玻璃，下半截为板式，有适当的透明性。

29. 什么是实木门

实木门是以取材自森林的天然原木做门芯，经过干燥处理，然后经下料、刨光、开榫、打眼、高速铣形等工序加工而成。实木门所选用的多是名贵木材，如樱桃木、胡桃木、柚木等，经加工后的成品门具有不变形、耐腐蚀、无裂纹及隔热保温等特点。同时，实木门因具有良好的吸音性，而有效地起到了隔音的作用。

实木门天然的木纹纹理和色泽，对崇尚回归自然的装修风格的家庭来说，无疑是最佳的选择。实木门自古以来就透着一种温情，不仅外观华丽，雕刻精美，而且款式多样。

实木门的价格也因其木材用料、纹理等不同而有所差异。市场价格从 1500 元到 3000 元不等，其中高档的实木有胡桃木、樱桃木、莎比利、花梨木等，而上等的柚木门一扇售价达 3000 ~ 4000 元。但实木门在脱水处理的环节中现在工艺无法做得很好，相对含水率在 12% 左右，这样成型后的木门容易变形、开裂，使用的时间也会较短。

30. 什么是模压门

模压门因价格较实木门更经济实惠，且安全方便，受到中等收入家庭的青睐。模压门是由两片带造型和仿真木纹的高密度纤维模压门皮板经机械压制而成。由于门板内是空心的，自然隔音效果相对实木门来说要差些，并且不能沾水。

模压门以木贴面并刷"清漆"的木皮板面，保持了木材天然纹理的装饰效果，同时也可进行面板拼花，既美观活泼又经济实用。模压门还具有防潮、膨胀系数小、抗变形等特性，使用一段时间后，不会出现表面龟裂和氧化变色等现象。

相较手工制作的实木门来说，模压门采用的是机械化生产，所以其成本也低。目前，市场上的模压门大多 200 ~ 500 元一扇。模压门有一个问题非常重要，那就是它有害气体的释放可能造成室内污染。

31. 推拉门的结构及型材

推拉门又称滑动门，是现代家庭室内的常用门，主要安装在阳台、厨房、卫生间、隔断等部位，也有的将衣柜由传统的对开门换成推拉门。

推拉门由于其开门的方向是来回推拉，不像木门推开时呈扇形占地空间较大，所以一些空间较局促的地方，安装推拉门即可解决问题。

推拉门按结构分为 3 部分，一部分是滑轨，一部分是门框，最后就是门框中的主板。目前滑轨和门框多采用铝镁合金材质，主板有玻璃和免漆板等。

目前市场上较流行的推拉门型材以铝镁合金材质为主，型材的造型不一，颜色丰富，可以选择与装修主材相配套的颜色、制作与装修完美统一的推拉门。

推拉门型材的宽窄不一，从40毫米到50毫米、60毫米还有80毫米等，可根据推拉门面积大小而定。型材的厚度有0.8毫米、1.0毫米、1.2毫米不等，在选择型材时，一定要注意型材的厚度，以免被蒙蔽。

32. 买成品门好还是现场做门好

成品木门大都采用工业化生产，从品质、油漆效果、环保方面都要高于手工做门。一般来讲，品牌木门厂家都有规模化的生产机械设备，在木材的干燥度、指接、平整度、油漆流水线上都较为成熟。而手工木门大多采用双层18毫米大芯板制作，油漆是现场刷漆，很难达到机械水平。因此，从精致和细部的角度来说，做门不如买门好。从另一角度来说，成品木门免去了家装中手工木作及油漆的工序，让家装更为环保。而且，成品木门服务周期较短，安装速度较快。在快捷和规范服务上，成品木门优于手工门。

然而，成品木门在样式及色彩上也有较呆板之处，如果消费者在装修过程中手工木作较多，那么手工做门则在色彩及款式配套上相对灵活些。另外，如果消费者对木门有特殊要求，且较难从成品木门中选购，还是手工做门较好。

当然，困惑消费者是否选购成品木门，价格是最重要的一点。一般来说，装修中手工做门大多用的是两片18毫米的大芯板，再贴上饰面板，以及门套，加上油漆，价位要在千元左右。而同样材质的全套成品木门（亦称复合门）价位也只要千元出头，如遇上厂家促销，价位并不比手工制作贵。而市场上的模压门及贴板门则更是只有二三百元。因此，从价位上来看，只要消费者认真选购，成品木门并不失为好的选择。

因此，如果装修风格是简洁的，并且希望利索地结束装修，最好买门；如果装修中木工活比较多，在门的款式上要求变化比较大，可以考虑手工做门，但木工活多，也要考虑环保问题。

33. 购买成品门应该注意的几个问题

（1）关于实木门。这种门很传统，推起来有种厚重的感觉，而且天然的纹理让其摆放在家中有实木感和立体感，提升装修档次。目前比较流行的实木门有柚木、红樱桃木、榆木、花梨木等，不同的材质，价格亦不同。据了解，全套实木门含安装一般费用都是在3000元以上。但实木门也有缺点，因其木材本身的特性，实木门存在着变形和开裂的可能，这是目前任何工艺上都无法解决的。

（2）关于模压门。模压门中间采用的是龙骨，由专业的厂家用一种模具压出门形。它的优点是造价便宜，市场售价在200～500元之间。它的缺点是不上档次，不适合有品位的家庭来装修，而且模压门的环保问题消费者在选购时也要多加注意。据业内人士称，模压门在成品木门行业中是处于淘汰型产品，越来越多的消费者不再看好模压门。

（3）关于钢木门。复合门当中的钢木门是今年刚上市的。这种钢木门是采用进口优质复塑钢板压花与木质内筋复合而成，不易变形，还可防虫；价位适中，在500～600元之间。但钢木门怕刮伤，一旦刮伤，补过的漆面看起来就不完整了。

（4）关于贴板门。制作工艺较为简单，成本较低。一般其内部结构是木龙骨，外面直接贴上饰面板，最外边也可以采用实木线条作装饰。这种门表面不易做各种修饰造型，适合做平板门。其缺点是不够环保，且门自身较轻，手感差；价位不高，与模压门相当。

（5）木门的材质陷阱。有部分商家将实木复合门谎称实木门，这样一来售价高了许多，消费者却被蒙在鼓里。还有些不法商家在门上做手脚，将门上装锁孔的位置以及合页的地方用上实木，其余地方都是复合材料，以此来谎称实木门，赚取黑心钱。因此，业主在选购成品木门时，一定要让商家出示木门的芯材截面型材，并在下单时在合同上注明材质，以免将来有纠纷时无凭证。在挑选木门过程中，一定要到一些大的、专业做木门的厂家，尽量少到一些小作坊，否则质量没有保障。

（6）木门的五金陷阱。一般来说，门的价格是指连门带套的价格，但不包含五金件，而模压门的商家往往都号称包含五金件，并不是因为他们大方，而是因为模压门不能现场开槽，必须把五金件事先装好了。卖模压门的商家往往以"包含五金件"作为销售的招牌吸引不知情的业主。另外需要注意的是，很多商家促销活动"包含五金件"时，所使用的合页与门锁质量基本上是最差的，所以业主万万不能贪图便宜。

（7）上门时间。交付购买门的钱款时，商家往往会给出生产出门以及上门安装的时间，业主要反复思量一下是否与自己家里装修时间相吻合。并将商家承诺的时间准确地体现在购买发票和收据上。很多业主由于选择商家的错误，购买的门迟迟不到，而耽误入住。

34. 门锁的类型

每扇门的作用不同，人们对这扇门的锁也就有了不同的要求，所以锁也不再是挂锁和撞锁。

就门锁而言，按用途分，锁可以分为：户门锁（也称防盗锁）、卧室锁、通道锁和浴室锁。从锁的形状分，锁又可分为：球型锁、执手锁、花锁等，如图11-9所示。

球型锁　　　　　执手锁　　　　　花锁

图11-9　锁的类型

普通居民的门锁主要分4种：

第一种为户门锁，是一个家庭的大门，是家里家外的分水岭，它必须有一个特殊的功能，就是保险安全作用，所以户门锁又称为保险锁或防盗锁，在选择时应注意防盗门与户门的间距不能小于80厘米，否则你的防盗门会顶在户门锁上而关不上防盗门。

第二种为通道锁，它只是起着门的拉手和撞珠的作用，这种锁没有保险功能，适用于厨房、过厅、客厅、餐厅及儿童间的门锁。

第三种锁为浴室锁，特点是在里面能锁住，在门外用钥匙才能打开，适用于卫生间或浴室。

第四种锁是卧室锁，在里面锁上保险，外面必须用钥匙开启，适用于卧室及阳台门。

35. 如何选择合格的锁

随着家居装修装饰的细致化和深层次发展，锁的应用也更加具体，如用在推拉门上的移门锁，用在玻璃门上的玻璃锁，儿童房专用的碰碰锁等，但应用范围广的还是执手锁。有一种具防水功能的不锈钢浴室球型锁，是专为卫生间设计的。进入卫生间后，按压室内侧执手保险按钮，门即被锁住。

在你选锁时，要尽量购买品牌知名度高一些的产品，因为这里存在着一个互开率的问题。

互开率指的是锁和钥匙的互开比例，一把钥匙打开的锁越少，说明这把锁的安全可靠性越强。目前世界知名品牌锁的互开率只有几万分之一，国产锁优秀品牌的互开率也在六千分之一左右，而有些不正规的、没有生产实力的锁厂生产的产品互开率却达三十分之一，这样的锁，安全可靠性就太差了。好的品牌产品，虽然价格略高，但锁的质量就有了保证，还是值得的。如果您还是想选择价格低的产品，那么您可以尽量去挑选钥匙牙花数多的锁，因为钥匙的牙花数越多，差异性越大，锁的互开率就越低。

在选择锁时，还要注意锁的材质，因为材质的好坏，直接关系到锁的牢固性。

一把锁拿在手里，你主要看它的锁舌，如果锁舌的长度、宽度、厚度尺寸都较大，就说明这把锁的牢固性不错。还有一个窍门，你可以把商店里出售的同类锁放在手里反复掂一下，越重的说明锁芯使用的材料越厚实，耐磨损、牢固性好；反之，则材料单薄、易撬开、易损坏。

你还要用钥匙反复插拔几次锁孔，感觉一下有没有柔顺的手感，再拧几下开关，看看省劲儿不省劲儿，这些都能帮助检验这把锁的精确度。通过这些程序，你就可以选一把称心如意的好锁回家了。

36. 塑钢窗的种类有哪些

塑钢窗从外形上可分为单玻（单层玻璃）和双玻两种。如果对保温要求不高，选择单玻塑钢窗就可以了；如果对保温要求很高，如把阳台利用起来，要确保阳台内的温度时，选择双玻塑钢窗较为适宜。从开启方式上，塑钢窗可分为推拉式、平开式和揭背式三种。

37. 选购塑钢窗的注意事项

（1）首先要选择型材。考虑到目前大多数房子的窗户面积较大（如封阳台）及高层建筑较多，所以选择型材的壁厚应大于2.5毫米，框内应嵌有专用钢衬，内衬钢板厚度不小于1.2毫米，内腔应为三腔结构，具有封闭的排水腔和隔离腔、增强腔，这样才能保证窗户使用几十年不变形。另外，这样的型材不易变色、不易老化。禁止选用框厚50（含50）毫米以下单腔结构型材的塑钢窗。

（2）重视表面质量。窗表面的塑料型材色泽为青白色或象牙白色，洁净、平整、光滑，大面无划痕、碰伤、焊接口无开焊、断裂，颜色过白或发黄说明其材质内的稳定成分不够，日久易老化变黄。质量好的塑钢窗表面应有保护膜，用户使用前再将保护膜撕掉。

（3）重视玻璃和五金件。玻璃应平整、无水纹，安装牢固；若是双玻夹层，夹层内应没有灰尘和水汽，不要选用非中空玻璃单框双玻门窗。玻璃与塑料型材不能直接接触，应有密封压条贴紧缝隙。五金件应齐全，位置正确，安装牢固，使用灵活，高档门窗的五金件都是金属制造的，其内在强度、外观、使用性能直接影响着门窗的性能。许多中低档塑钢窗选用的是塑料五金件，其质量及寿命都存在着极大的隐患。

（4）一定要检查门窗厂家有无当地建委颁发的生产许可证，千万不要贪图便宜，采用街头作坊生产的塑钢窗，其质量与信誉都是无法保证的。

38. 玻璃的类型有哪些

玻璃在装修中的使用是非常普遍的，从外墙窗户到室内屏风、门扇等都会使用到。玻璃简单分类主要分为平板玻璃和特种玻璃。平板玻璃主要分为 3 种：引上法平板玻璃（分有槽、无槽两种）、平拉法平板玻璃和浮法玻璃。由于厚度均匀、上下表面平整平行，再加上劳动生产率高及利于管理等方面的因素影响，浮法玻璃正成为玻璃制造方式的主流。

39. 平板玻璃按照厚度决定用途

（1）3～4 厘玻璃，毫米在日常生活中也称为厘，我们所说的 3 厘玻璃，就是指厚度 3 毫米的玻璃。这种规格的玻璃主要用于画框表面。

（2）5～6 厘玻璃，主要用于外墙窗户、门扇等小面积透光造型等。

（3）7～9 厘玻璃，主要用于室内屏风等较大面积但又有框架保护的造型之中。

（4）9～10 厘玻璃，可用于室内大面积隔断、栏杆等装修项目。

（5）11～12 厘玻璃，可用于地弹簧玻璃门和一些活动人流较大的隔断之中。

（6）15 厘以上玻璃，一般市面上销售较少，往往需要订货，主要用于较大面积的地弹簧玻璃门外墙整块玻璃墙面。

40. 特种玻璃有哪些类型

特种玻璃主要有：

（1）钢化玻璃。它是普通平板玻璃经过再加工处理而成的一种预应力玻璃。

（2）磨砂玻璃。它也是在普通平板玻璃上面再磨砂加工而成的。一般厚度多在 9 厘以下，以 5～6 厘厚度居多。

（3）喷砂玻璃。性能上基本上与磨砂玻璃相似，不同的是改磨砂为喷砂。

（4）压花玻璃。是采用压延方法制造的一种平板玻璃。其最大的特点是透光不透明，多使用于洗手间等装修区域。

（5）夹层玻璃。夹层玻璃一般由两片普通平板玻璃(也可以是钢化玻璃或其他特殊玻璃)和玻璃之间的有机胶合层构成。当受到破坏时，碎片仍黏附在胶层上，避免了碎片飞溅对人体的伤害。多用于有安全要求的装修项目。

41. 家居装修慎用有色玻璃

一些人在家居装修中将原来的无色透明平板玻璃窗换成蓝色或绿色、茶色等有色玻璃，这种装饰手法不妥。

有色玻璃属于特种玻璃类，也称吸热玻璃，通常能阻挡 50% 左右的阳光辐射。在城市住宅楼群中能起杀菌、消毒、除味作用的阳光被这些有色吸热玻璃挡掉了一半，实在是太可惜了。如果长期生活在蓝灰色、茶色等弱光环境中，室内视线质量必然下降，容易使人身心疲惫，对健康将会产生不良的影响。室内装修宜采用高透光率的普通玻璃，窗外配装开合方便的遮阳设备，室内可装透明或半透明窗帘和不透明窗幔。这样，既能起到挡风、遮雨、隔热、吸声等良好作用，又可充分享受阳光的沐浴。

42. 什么是安全玻璃

所谓安全玻璃，是指符合现行国家标准的钢化玻璃、夹层玻璃及由上述玻璃组合加工而成的其他玻璃制品，如安全中空玻璃等。普通玻璃在受撞击破碎时，整片玻璃裂纹从受击点开始扩展至边缘，形成放射状散片，碎片尖锐，容易伤人。而安全玻璃破碎时，有的全部成为钝角小颗粒，不易伤人；即使碎裂后也会牢固地黏附在透明的黏结材料上，不会飞溅或落下，从而将对人体的伤害减到最小。

43. 必须使用安全玻璃的装修部位

涉及室内装修的有 8 项。其中包括各类天棚（含天窗、采光顶）、吊顶、楼梯、阳台、平台走廊的挡板，以及卫生间的淋浴隔断、浴缸隔断、浴室门等。此外，7 层及 7 层以上建筑物外开窗、面积大于 1.5 平方米的窗玻璃、倾斜屋顶的倾斜窗、用于承受行人行走的地面板、水族箱和易遭受撞击而造成人体伤害的地方都需要使用安全玻璃。在装修时，切勿贪图便宜而选择不合适的玻璃。

44. 如何鉴别真假钢化玻璃

正宗的钢化玻璃仔细看有隐隐约约的花纹，可用指关节敲玻璃，钢化玻璃声音较清脆，普通玻璃的声音较沉闷。

45. 什么是整体厨房

橱柜是现代家庭中必不可少的生活家具，它的发展经历了砖垒结构、细木工板饰防火板制作和整体橱柜、整体厨房四个阶段。目前在全国各大城市都是整体厨房普及的阶段。

整体厨房可以分为三个部分，其一是橱柜，其二是与橱柜配套的厨房家电，其三是与厨房生活相配套的厨具、餐具和生活用品及厨房装饰品。目前各大橱柜厂商所推广的还只是橱柜概念版的整体橱柜，在未来几年，将会产生真正厨房概念版的整体厨房。

46. 橱柜的构成材料有哪些

橱柜本身可以分为柜体、柜门、台面和五金配件。

（1）柜体一般选用的都是以三聚氰胺板为衬板，上柜的隔板有的采用玻璃，下柜衬板也采用三聚氰胺板。

（2）柜门是橱柜中造价较高的部分，柜门的材料一般分为内、外两部分，多数也以三聚氰胺板为基材，但饰面材料或工艺就有很多了，比较常用的有吸塑、烤漆、水晶面板、金属面板，比较低档的橱柜柜门也选用与柜体一致或色彩不同的三聚氰胺板。

（3）台面一般选用人造石，人造石又分为三代，第一代的人造石表面没有光泽，视觉美感较差；第二代人造石又称水晶石，其表面光泽度很高；第三代人造石又称仿玉石，其镜面上光技术好，表面光滑不透气，抗老化能力更高。还有一些台面选用不锈钢产品。

（4）五金配件主要有柜脚、柜体连接件、铰链、拉手、拉篮、上翻支撑等，五金配件的质量差别很大，在橱柜造价上占了近 20% 的比例。

47. 橱柜柜门的选择

柜门目前主要使用实木、防火板、吸塑、烤漆四大系列。

（1）实木型。一般在实木表面做凹凸造型，外喷漆。实木整体橱柜的价格较昂贵，风格多为古典型。

（2）防火板型。基材为刨花板或密度板，表面饰以防火板。防火板经济实用，目前用得最多，是整体橱柜的主流用材。

（3）吸塑型。基材为密度板，表面经真空吸塑而成或采用一次无缝 PVC 模压成型工艺，防水防潮性能较好，表面易清洁，不耐高温腐蚀。

（4）烤漆型。基材为密度板，表面经高温烤制而成。烤漆工艺做出的橱柜表面光滑，色泽丰富，但工艺水平要求高，否则容易变色，使用时也要精心呵护，怕磕碰和划痕。

48. 适合做橱柜台面的材料

适合做橱柜台面的材料有防火板、人造石、天然大理石、花岗岩、不锈钢等。其中以人造石台面的性能价格比最好。

（1）人造石台面。分进口及国产两种。它的主要特点就是绚丽多彩，表面无毛细孔，具有极强的耐污、耐酸、耐腐蚀、耐磨损、易清洁等特点。兼具有天然大理石的优雅和花岗岩的坚硬，木材般的细腻和温暖感，陶瓷般的光泽，极具可塑性。接缝紧密，甚至无缝，线条浑圆流畅，可以做出任何造型。

（2）防火板台面。基材为密度板，饰面为防火板。厚度一般为 4 毫米。色彩鲜艳多样，具有防火、防潮、耐油污、耐酸碱、耐高温、易清理等特点。内部材质的好坏影响着防火板台面的使用寿命。

（3）不锈钢台面。坚固耐用，也较易清理。它一般是在密度防火板表面再加一层薄不锈钢板。但不锈钢台面的单一色泽令人感觉不可亲、不温暖，缺乏家庭的温馨感，目前在强调个性和主张回归自然的家具流行风格下，不再受人青睐。

（4）天然大理石。具有天然的纹路，比较美观，但天然大理石有空隙，易存油垢；脆性大，不能制作超过 1 米的台面；而且用天然大理石制作的台面会有接缝，这些接缝也容易藏污纳垢，造成不卫生的情况。

（5）花岗岩。石材较短，一般在 2.5 米左右，做台面需要透明玻璃胶拼接；花岗岩石材边角处没有人造石材易处理加工，花岗岩和天然大理石价格不如人造石材高。

49. 买整体橱柜还是"打"橱柜

对于大多数消费者来说，买一套整体橱柜还是自己做橱柜，变成厨房装修中一件纠结的事情。

(1) 价格因素。作出选择最直接的因素就是价格因素。毋庸置疑，让木工做橱柜，买相应配件，肯定要比整体橱柜的价格要低很多。目前整体橱柜大致分为三个档次：1500 元 / 米、2000 ~ 3000 元 / 米、3000 以上 / 米，一整套橱柜下来，价格往往要上万，而自己做的橱柜价格要便宜一半以上。

(2) 功能因素。整体橱柜的整体功能性要好于自己做的橱柜。一个整体厨房包括橱柜、排油烟机、燃气灶、清洗池等大件，也包括一些悬挂件、小角柜等小件，并将冰箱、烤箱、微波炉、洗碗机等多种电器安排在适当位置上。而自己做的橱柜，只是满足了橱柜的基本功能，在细节方面处于劣势。

(3) 材料因素。如果自己做橱柜能够买到与整体橱柜相同的材料，比如优质防火板、品牌五金件，那么制作出来的橱柜与整体橱柜不相伯仲。而且很多情况下，如果业主想选择一些更好的环保材料制作橱柜，则是整体橱柜不能比的。

(4) 服务因素。自制橱柜一般得不到有效的质量保障，"木工"的承诺没有责任效力和法律效力，你很难与之讲得清楚。使用两个月后，遇到你所忽略的隐藏的质量问题，常常会因为无处投诉、无人维修而后悔不及。

50. 整体橱柜何时定

虽然橱柜安装一般都在装修过程的最后进行，但一般国内厂家从设计到安装要 15 ~ 30 天，国外进口的橱柜要更长时间。如果订购晚了，会遇到橱柜来了而装修工人已经撤离的不利情况。

51. 购买整体橱柜看什么

(1) 一看五金件。橱柜基本的五金配件是铰链和抽屉（滑轨）。橱柜五金件的质量直接关系到橱柜的使用寿命和价格。较好的橱柜一般都使用进口的铰链和抽屉（滑轨）。另外，衡量一套橱柜性价比的一个重要条件就是抽屉（滑轨），一般来讲有木帮抽屉和金属帮抽屉。随着需要层次的提高，金属帮抽屉逐步成为市场的主流，木帮抽屉多为矮格位橱柜使用。

(2) 二看材质。材料是影响橱柜质量的主要因素，不同材料最终造成的质量结果不同，价格也不一样。橱柜用材主要是刨花板、密度板。进口刨花板各方面的性能是非常优异的，但使用这种材料的橱柜价格都比较高。国产刨花板都是使用进口设计制造，贴面也是进口的，其承重性好、不易变形，同时环保达到 E1 级标准。

(3) 三看做工。外观上要查看柜门、柜体的封边条等是否整齐、平顺。使用机器封边的橱柜，外观很平整、手感顺滑。这样的产品长期使用不会开胶、起泡及变形。是否能使用 32 毫米工艺进行设计和生产也是衡量橱柜质量的重要条件。使用 32 毫米工艺进行设计和生产，不但能提高生产效率，还可以提高、保证产品质量。32 毫米最明显的标志就是侧板上的两排系统孔，通过系统可以精确安装的五金件等。但有的厂家的产品也有系统孔，但并没有完全应用或不会应用。在选购时可以注意一下这个问题。

(4) 四看服务。对任何一件产品来讲，售后服务都很重要。

52.购买整体橱柜如何选五金件

五金件必须能够适应厨房的环境潮湿、油烟多等特点，它的好坏对于橱柜的正常使用及寿命也是至关重要的。

（1）最要经受考验的就是铰链，它不但要将柜体和门板精确地衔接起来，还要独自承受门板的重量，并且必须保持门排列的一致性不变，否则一段时间之后，就可能前仰后合，溜肩掉角。

（2）整个抽屉在设计中，最重要的配件是滑轨，可以用手试拉一下，看它的复原感觉如何，高档的滑轨应该是越放沉的东西，复原的感觉越好，绝不会有拉不动的感觉。由于厨房的特殊环境，低质量的滑轨即使短期内感觉良好，时间稍长就会发现推拉困难的现象。

（3）拉篮能提供较大的储物空间，而且可以用隔篮合理地切分空间，使各种物品和用具各得其所。根据不同的用途，拉篮可分为炉台拉篮、三面拉篮、抽屉拉篮、超窄拉篮、高深拉篮、转角拉篮等。

53. 整体橱柜的消费陷阱

消费者面对不同品牌的整体橱柜总是挑花了眼，对橱柜行业的信息也不甚清楚，这其中有很多的误区。

（1）标准化陷阱。行业标准化在欧洲一些发达国家的整体橱柜厂商中早已实行，不但有利于行业的规范及发展，也方便消费者选购。可目前国内的厂家中，一些小厂家、二流厂家没有统一的标准行业规范，并且给消费者带来一系列的问题。据了解，80%的消费者会在橱柜安装完一年后对橱柜进行调整，如增加一些电器及厨房配件或增加厨房的存储空间。如果原来的橱柜不符合标准化的生产，改造时就需要对整套橱柜进行调整。这样的改造，费时又费力，使消费者左右为难。

（2）报价方式陷阱。目前市场上的整体橱柜有两种报价方式，一种是按柜体，一种是按延米，有专业人士表示，延米只是个约算价，不适合每一户都会有所区别的橱柜的计价。延米是延长米的简称，1延米一般包括700厘米高的吊柜和850厘米高的地柜各1米。而疑问就此出现，1延米的橱柜变化应该是很多的，可以是抽屉，多个小的橱柜，或者是没有柜门的用于内嵌洗碗机等的柜体，或者是用于安装各种异形拉篮的柜子等，而按延米报的价格就显得太笼统了。消费者会发现，报价和实际结算价有很大出入。另外，一些厂家未给顾客指出，哪些部位包含在延米售价的范围，哪些需要单算价钱。一来二去，商家把样品往简单里做，往表面漂亮上做，添一些部件就加钱，而消费者干吃亏。

（3）材料陷阱。厨房家具由于其特殊的环境而导致一些材料不适合用于厨房。在欧洲较成熟的材料以吸塑、耐火板、烤漆、实木为主，特别是吸塑更是占到了70%～80%的市场。而一些在国内橱柜常用的塑料及树脂材料因为由于高温老化变形，很少用在欧洲厨房当中。另外，由于目前国家对厨房家具没有相关的行业标准，以假乱真、以次充好的现象也十分常见。如以三聚氰胺板冒充防火板，以喷漆冒充烤漆；样品与交货不一样。另外，即使是同等材质也会由于产地不同而在质量方面存在巨大差异。像吸塑膜、防火板等材质欧美产品与无品牌的产品存在本质区别。

（4）宣传陷阱。一些厂家通过炒作具有一定的知名度，并且在店面装修、样品设计方面表现得很现代。导购小姐形象很好也很专业，可这些表面看起来很好的厂家有很多生产并不是很专业，这一点从一些边角和细节部分就能看出来。从材料上一些厂家多选择市场上没有的材料，标以某某国进口，价格也自然水涨船高了。

（5）服务陷阱。作为大件耐用品的橱柜属于一次性投入，国外对橱柜的使用寿命一般在20年左右，由于使用频率高，加上厨房中水、电、气比较复杂，条件也十分恶劣，所以设计、安装、售后的服务质量十分重要。而国内一些厂家的售后服务远不像销售时那样积极主动。

54.橱柜认识中的几个误区

（1）防火板不防火。任何材料都不存在真正意义上的防火，正确的叫法应该是"耐火板"。据了解，任何物质只要表面附着三聚氰胺，都会具备一定的耐火性能。耐火板应该有耐明火的时间要求，耐明火烧烤一段时间，然后才会发生化学反应即被炭化。而所谓"防火板"的耐明火时间可达35～40秒，在这个范围内，明火烧烤只能产生可以擦掉的黑色油烟，没有化学反应。当然耐火板的耐火时间越长越好。

（2）防潮不防水。防潮作用是在板材基材中掺入防潮剂产生的。防潮剂是无色的，厂家为了使之与普通板材相区别，在板材中加入绿色或者红色的颜料作为识别标志。而防潮剂对于板材本身的防水性能并没有任何影响。实践证明，有防潮剂的板和没有防潮剂的板浸泡在水中，膨胀率是相同的。所谓防潮只是对空气中的潮气有作用。

（3）甲醛标准有差异。我国发布的关于人造板甲醛的规定是干板小于等于9毫克/100克，即100克干板中最多允许9毫克游离甲醛，表面看较严格，但同时国家还有另一个标准，人造板经表面处理后，允许甲醛含量是30毫克，这一标准对小型生产企业的保护性很强。因此，在选购橱柜时，甲醛的释放量是一个绝不可忽视的指标。

55.吊橱、壁橱门变形原因和解决方法

有的吊橱、壁橱门在使用了一段时间后就会弯曲变形，甚至无法开关。为什么会出现这种情况呢？这归结起来离不开一个"水"字。

（1）木材含水率太低或太高。含水率太低，吸潮后会发涨变形；含水率太高，干燥后会收缩变形。

（2）门扇正面刷了油漆，内侧未刷，未刷一面木质材料因单面吸潮、干燥蒸发，使门窗弯曲变形。再加上一般吊橱、壁橱门窗比较薄，越薄就越经不起外界环境的影响，容易变形。

（3）由于木材本身的材质因素，木门随着含水率和温度的变化而变形。

针对以上情况，在吊橱、壁柜制作过程中应加强这几个方面的控制。

在木材的含水率方面，一般在南方空气湿度比较高的地区应控制在15%左右，在北方和比较干燥的地区应控制在12%左右，一般不应低于8%，以免吸潮后影响开关。

刷油漆的目的是为了保护木材免受外界环境对其的侵蚀。因此吊柜、壁柜门的内外侧乃至门的上下帽顶面都要油漆，如贴塑面的话则也应全贴。

另外，门扇的厚度不宜小于20毫米。制作门扇的材料宜采用细木工板、多夹层板，如

用木板时，应避免使用易变形的木材（如水曲柳）和部位（如圆木的边缘部位）。

56. 家装五金件的分类有哪些

五金是现代家装的重要材料，五金分为连接性五金、功能性五金、装饰性五金。连接性五金主要用于板材或物体之间的连接，如铁钉、螺纹铁钉、自攻钉、气枪钉、码钉、折页、铰链、连接件等；功能性五金指带有一定功能作用的五金，如门锁、滑轨、滑道、滑轮、拉手、法兰等；装饰性五金是指带有一定装饰效果的五金件，如玻璃扣等。

57. 钉的分类和作用

木工装修中需要用到各种钉类，它们的作用各不相同，业主虽然不直接参与装修，但是仍然需要大致了解它们的用途，如图 11-10 所示。

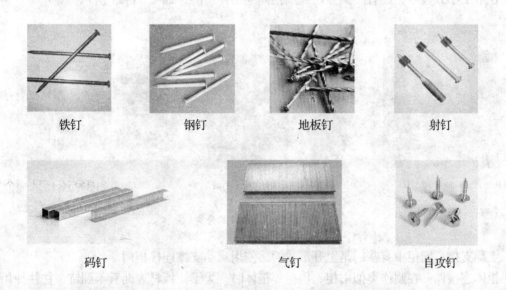

图 11-10 各类装修用钉

铁钉、钢钉：铁钉用于连接木料，钢钉可以钉入墙面中。
地板钉：将实木地板固定到龙骨上，因其带有螺纹，不易松动。
射钉：配合射钉枪使用，用于墙面板材固定。
码钉、气钉：分别配合码钉枪和气钉枪使用，用于临时连接木料。
自攻钉：用途广泛，起固定作用。

58. 合页的分类

合页也是家装木作中使用广泛的一种五金，无论是门、柜体、橱柜等都需要，合页可以分为如图 11-11 所示的几类。

门合页

折叠门合页

柜门铰链

图 11-11　各类合页

59.连接件的分类和作用

在木工小五金中，还有一类专门起到柜体连接作用的，如图 11-12 所示。

上翻支撑

柜体连接件

柜脚

图 11-12　连接件的分类

上翻支撑：橱柜中有些门是上开形式的，使用启动支撑连接柜门。

柜体连接件：在制作类似书柜、衣柜等柜体时，为了让板材表面看不到钉，往往使用这种柜体连接件对板材之间进行固定。

柜脚：放置于橱柜和其他不落地柜体的下方，用于承担一部分柜体重量。

60.如何选购五金件

（1）合页、导轨、铰链等合页类五金件。主要品种分房门合页、抽屉导轨、柜门铰链三种。房门合页材料为全铜和不锈钢两种。单片合页面积标准为 10 厘米×3 厘米和 10 厘米×4 厘米，中轴直径在 1.1 厘米至 1.3 厘米之间，合页壁厚为 2.5 毫米至 3 毫米，选合页时为了开启轻松无噪声，应选合页中轴内含滚珠轴承的为佳。抽屉导轨分为二节轨、三节轨两种，选择时外表油漆和电镀的光亮度，承重轮的间隙和强性决定了抽屉开合的灵活和噪声，应挑选耐磨及转动均匀的承重轮。

柜门铰链分为脱卸式和非脱卸式两种，又以柜门关上后遮盖位置分为大弯、中弯、直弯三种，一般以中弯为主。挑选铰链除了目测、手感铰链表面平整顺滑外，还应注意铰链弹簧的复位性能要好，可将铰链打开 95 度，用手将铰链两边用力按压，观察支撑弹簧片不变形、不折断，十分坚固的为质量合格的产品。

（2）拉手、执手、锁具。拉手的材料有锌合金、铜、铝、不锈钢、塑胶、原木、陶瓷等。经过电镀和静电喷漆的拉手，具有耐磨和防腐蚀作用，选择时除了与居室装饰风格相吻合外，还应能承受较大的拉力，一般把手应能承受 6 公斤以上的拉力。

（3）挂件、拉篮、置物架。不锈钢挂件、拉篮主要分布在厨房和卫生间。厨房中应用较广的有不锈钢拉篮、多层置物架、调味架等。此类拉篮，框架采用钢丝或铁丝经焊接后电镀而成。

61. 装修中各类胶的分类和使用

装修施工中，在木制造型基层和木制面层的加工工程中，根据国家颁发的质量标准和工艺要求，一般常用下列胶粘剂，如图 11-13 所示。

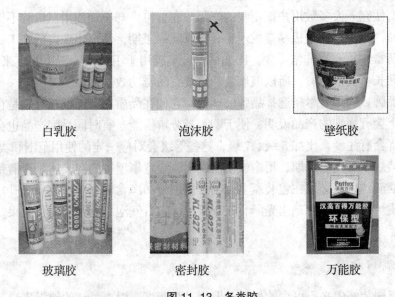

白乳胶　　　　　　　泡沫胶　　　　　　　壁纸胶

玻璃胶　　　　　　　密封胶　　　　　　　万能胶

图 11-13　各类胶

（1）白乳胶。主要适用于木龙骨基架、木制基层以及成品木制面层板的黏结，也适用于墙面壁纸、墙面底腻的粘贴和增加胶性强度。主要成分有聚醋乙烯。凝固时间较长，一般操作后 12 小时凝固。黏结强度适中，基本不膨胀和收缩，黏结寿命较长，黏结后有弹性；溶解于水；阻燃。

（2）壁纸胶。专用于墙体粘贴壁纸、壁布等。壁纸胶凝固较快，操作后 4 小时凝固；黏结强度适中；寿命一般 5~6 年；收缩较小；有较长纤维；阻燃；溶于水。

（3）玻璃胶。适用于装饰工程中造型玻璃的黏结、固定，也具备一定的密封作用。凝固较慢，操作后 6~8 小时凝固；黏结强度高、寿命长；膨胀较大，有极高弹性；阻燃；凝固后防水。

（4）防水密封胶。适用于门窗、阳台窗的防水密封。防水，凝固较慢，操作后 6~8 小时凝固；黏结强度高，寿命长；有膨胀，较有弹性；阻燃。

62. 玻璃胶有哪几种类型

很多人是在不了解产品知识的情况下购买了玻璃胶，在使用的过程中发现了许多问题。家装中一般使用玻璃胶的地方有：木线背面垭口处、洁具、座便器、卫生间里的化妆镜、洗手池和墙面的缝隙处等，这些地方都要用到不同性能的玻璃胶。家装常用的玻璃胶按性能分为两类：中性玻璃胶和酸性玻璃胶。中性玻璃胶黏结力比较弱，一般用在卫生间镜子背面这些不需要很强黏结力的地方。中性玻璃胶在家中使用比较多，主要因为它不会腐蚀物体，而酸性玻璃胶一般用在木线背面的垭口处，黏结力很强。

63. 怎么购买玻璃胶

玻璃胶在建筑装饰材料中是一种很不起眼的辅助材料，但在建筑施工和室内装修中却起着重要的作用，不能忽视它的质量和性能。

(1) 不能贪便宜。大多数用户把便宜的产品放在首位，却不知使用低价胶不仅影响工程质量、使用寿命，更重要的是极易造成返工，不仅耽误工期，甚至出现责任施工。

(2) 注意防霉。这一点非常重要，比如很多玻璃胶用于卫生间，卫生间本来就很潮湿，容易发霉，时间长了会很难看，所以玻璃胶一定要有防霉功效。

(3) 认清品牌。购买时尽量选择品牌玻璃胶，它们在品质上有保证，特别是在这些品牌玻璃胶的包装上会有详细的产品说明，便于购买者分辨性能。有时同品牌产品也会分系列和等级，说明上都会有注释，比如 5 级、7 级，这些等级会对应一定的使用范围和类别。

(4) 看包装。一看出厂日期、用途、使用说明、注意事项等内容表述是否清楚完整；二看净含量是否准确，厂家必须在包装瓶上标明规格型号和净含量（单位克或毫升）。

(5) 验胶质。一闻气味、二比光泽、三查颗粒、四看气泡、五检验固化效果、六试拉力和黏度。

64. 踢脚线的分类

踢脚线是家居装修中必不可少的材料，但相对花费高、引人关注的地板来说，它只是个不起眼的"小不点"，容易被人们所忽视。其实，踢脚线就像一个人穿的"鞋和袜"一样，如果鞋、袜没有搭配好，再漂亮的时装也不免逊色。

市场上常见的制作踢脚线的材料有：原木质材料、中密度纤维板、高密度纤维板和新材料 PVC 高分子发泡材料。尽管每一种材料都各有特点，但是对于消费者来说最重要的考虑因素依然是质量和价格。而各项质量指标中，尤以环保指标最要紧。PVC 高分子发泡材料是后起之秀，因为它的配方中不含铅，也不会散发氨、游离甲醛等对人身体有害的气体，做到了无毒无害无放射性。此外，PVC 踢脚线安装后不需油漆装饰，虽然原木踢脚线对人体也无害，但油漆却造成了污染。

一些瓷砖厂家为配合地面砖的需要，推出了瓷砖踢脚线，可以更好地与瓷砖进行搭配，且不怕水、火，易擦洗。

省钱又省心——
家居**装修**最关心的
500个问题

第**12**章
木工施工之工程篇

1. 木工施工的流程

木工在家装中的基本施工流程可以参照如图 12-1 进行。

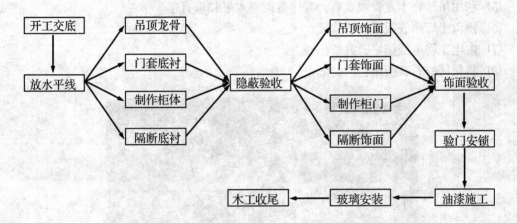

图 12-1　木工施工的基本流程

2. 吊顶的主要形式有哪些

吊顶一般有平板吊顶、异型吊顶、局部吊顶、格栅式吊顶、藻井式吊顶等五大类型。

（1）平板吊顶一般是以铝扣板、PVC 板、石膏板、矿棉吸声板、玻璃纤维板、玻璃等为材料，照明灯位于顶部平面之内或吸于吊顶上，一般安排在卫生间、厨房、阳台和玄关等部位。

（2）异型吊顶是局部吊顶的一种，主要适用于卧室、书房等，在楼层比较低的房间、客厅也可以采用异型吊顶。方法是用平顶吊顶的形式，把顶部的管线遮挡在吊顶内，顶面可嵌入筒灯或内藏日光灯，使装修后的顶面形成两个层次，不会产生压抑感。

（3）局部吊顶是为了避免居室的顶部有水、暖、气管道，而且房间的高度又不允许进行全部吊顶的情况下采用的一种吊顶方式，这种方式的最好模式是，这些水、电、气管道靠近边墙附近，装修出来的效果与异型吊顶相似。

（4）格栅式吊顶的制作方法是用木材做成框架，镶嵌上透光或磨砂玻璃，光源在玻璃上面。这也是平板吊顶的一种，但是造型要比平板吊顶生动和活泼，装饰的效果比较好。一般适用于居室的餐厅、门厅的装饰。它的优点是光线比较柔和、轻松和自然。

（5）藻井式吊顶的前提是，房间必须有一定的高度（高于 2.85 米），且面积较大。它的式样是在房间的四周进行局部吊顶，可设计成一层或两层，装修后的效果有增加空间高度的感觉，还可以改变室内的灯光照明效果。

3. 木龙骨吊顶的工艺流程

家装中常用木龙骨吊顶，一般工艺是这样，如图 12-2 所示。

（1）阅读图纸，充分理解图纸造型。

（2）将木方刨平，刷上防火涂料。

（3）在墙面上弹出吊顶水平线，并根据需要，在顶上先固定几根纵向龙骨。

（4）制作龙骨框架，可在地面上先钉好，异型顶应用细木工板做出模型。

（5）利用吊杆将木龙骨固定好，并注意调整水平和垂直度。

（6）预留出灯座底板或灯槽位置。

（7）由电工将电线接好，并留出线头。

（8）将裁切的石膏板用自攻钉固定。

图 12-2　木龙骨吊顶

4. 铝扣板吊顶的工艺流程

如果在家装中使用铝扣板作为饰面吊顶，大致工艺流程如下，如图 12-3 所示。

（1）根据顶棚的管道，确定吊顶高度，并按此高度弹水平线。

（2）打眼将铝扣板边角条沿水平线上沿固定好，拐角处需要将边角条按 45 度对角。

（3）确定主龙骨位置，在顶棚上打眼，安装吊筋。

（4）利用吊筋将主龙骨固定好。

（5）将铝扣板依次扣上主龙骨（条状铝扣板需裁切成合适的长度）。

（6）将铝扣板调平。

图 12-3　铝扣板吊顶的施工

5. 吊顶安装须知

（1）木质吊顶要刷防火涂料。吊顶内的装饰木质材料应满涂两遍防火涂料，不可漏刷，以避免因电气管线接触不良或漏电产生的电火花引燃木质材料而引发火灾。而且直接接触墙面或卫生间吊顶的龙骨还要涂刷防腐剂。

（2）暗架吊顶要设检修孔。一旦吊顶内管线设备发生故障，就无法检查确定是什么部位、什么原因，更无法修复。因此，对敷设管线的吊平顶以设置检修孔为好。检修孔的设置部位可选择在比较隐蔽的易检查的位置。可对检修孔进行艺术处理，例如与某一个灯具或装饰物相结合设置。

（3）厨卫吊顶宜采用金属、塑料等材质。易吸潮的饰面板或涂料会出现变形和脱皮，因此要选用不吸潮的材料，一般宜采用金属或 PVC 塑料扣板，如用其他材料吊顶应采取防潮措施，如刷油漆等。镂空的吊顶打料不能用在厨房，因为难以清洁。卫生间因遮盖管线，吊顶以后往往较矮，如用平板材料，洗澡时水蒸气无处流通会凝结成水珠滴在身上，感觉不太舒适，所以适合选用镂空的吊顶材料。

（4）在预制楼板上吊平顶应注意的问题。在预制楼板上吊平顶安装吊杆时，吊杆很难安装，如果打在预制多孔板的孔中，吊杆就无法固定，即使暂时能固定，但仅靠 10 毫米左右厚的细石混凝土很难承受住平顶的重量，易塌平顶；如果打在预制多孔板的筋上，这部位是设置预应力钢丝的位置，钻孔时易将预应力钢丝钻断，破坏楼板的受力，使楼板断裂塌落，造成更大的危险，因此在预制板上是不应钻孔的。

当必须在预制多孔板上吊平顶时，吊杆应安装在两块预制板之间的缝中，因此施工时，应先找出预制板缝的位置，再确定吊杆的排列位置，在需安装吊杆的板缝部位钻孔埋入膨胀螺栓，通过连接件将吊杆用螺帽固定在膨胀螺栓上，不得将吊杆与膨胀螺栓直接焊接，以免两种不同钢材焊接受拉后脱焊或断裂造成平顶塌落。

6. 吊顶如何施工更安全

（1）吊顶工程所用材料的品种、规格、颜色以及基层构造，吊杆、龙骨的材质、规格、安全间距、连接方式应按设计要求，并符合现行标准。

（2）吊顶龙骨不得扭曲、变形，吊顶位置正确，吊杆顺直，龙骨安装牢固可靠，四周平顺，且水平偏差不得超过3毫米。

（3）预埋金属件、金属吊杆、龙骨应进行表面防腐处理；木吊杆、木龙骨应无树皮及虫眼，并按规定进行防火和防腐处理。

（4）轻型灯具可吊在主龙骨上，重量大于3公斤的灯具或吊扇不得借用吊顶龙骨，应另设吊钩与结构连接。

（5）吊杆、龙骨的连接必须牢固，无变形松动；吊顶罩面板与龙骨应连接紧密，表面应平整，不得有污染、折裂、缺棱、掉角、锤伤、钉眼等缺陷，接缝应均匀一致，压条顺直、无翘曲，罩面板与墙面、窗帘盒、灯具等交接处应严密。

（6）板的长边应沿纵向铺设，粘贴的罩面板不得有脱层；搁置的罩面板不得有漏、透、翘现象，用镀锌螺丝固定在龙骨上，钉头应涂防锈漆，钉眼处用石膏腻子抹平。

（7）安装罩面板前应完成吊顶内的管道、线路、设备的调试和验收。

7. 莫把吊顶变"掉顶"

吊顶的塌落造成人员伤亡的事故时有所闻，主要是由于不正确的施工方法造成的，为了您的安全，一定要引起高度的重视。引起吊顶塌落的主要原因可归纳为：

（1）"朝天钉"。吊杆与楼板固定的方法有多种，其中用木榫打入楼板（混凝土楼板），用铁钉或螺丝朝天钉入（持入）木榫；有的用气钉朝天固定木质材料，以此固定吊杆；或者用射钉朝天打入混凝土楼板，以此固定吊杆的上吊点；或者用朝天钉的铁钉固定主次龙骨或木吊杆。这都属"朝天钉"的范畴。

（2）"撑平顶"。平顶不用吊杆吊，而是将吊平顶的龙骨直接用针固定在四周墙上或梁的侧面，以此固定吊平顶。

（3）吊杆超荷载。吊平顶的吊杆稀少或太细，平顶重量超过吊杆所能承受的力。

（4）木吊杆劈裂或气钉太短、太少。

以上四种情况，往往会造成平顶塌落事故。当必须采用朝天方式连接固定时，应采用膨胀螺栓或专用胀管。连接主次龙骨应用螺丝连接，平顶龙骨应用吊杆连接，上人平顶应用f6～f10的钢筋，木吊杆可用50毫米×50毫米或40毫米×40毫米的；不上人平顶可用镀锌钢丝做吊杆，吊杆间距一般为900～1200毫米，主龙骨间距不宜大于1200毫米。当在龙骨上固定灯具时需另行加强。

8. 吊顶一定要使用安全玻璃

用色彩丰富的彩绘玻璃、磨砂玻璃等做平顶兼灯箱，很有特色，所以在家居装饰中出现得越来越多。这样的平顶装饰效果很好，但是如用料不妥，容易发生安全事故。因为一般居住房屋的空间都不是很高，吊平顶后，垂直空间就更小了，在居住使用中，南面会碰到玻璃，稍不注意撞击力大一点，玻璃容易碎裂脱落发生伤人事故。为了使用安全，在平顶和其他易被撞击的部位应使用安全玻璃。目前，我国规定钢化玻璃和夹胶玻璃为安全玻璃。

9. 门窗套制作的工艺流程

（1）木工师傅用冲击电锤打立板和实木线条固定眼，将木楔在太阳底下晾晒一天，作防腐处理后钉进已打好的眼内，做套时木板靠墙面刷桐油一遍作防潮处理。

（2）将优质细木工板靠墙面刷桐油后钉到墙上，用水平尺和线砣将其调到横平竖直、四正，板内填补尽可能严实，需装门的一边必须使用两张细木工板站边，达到足以承受门叶的重量和合叶的握钉力，门挡用九厘板做成暗侧口，实木小线条封头。

（3）门套线条用九厘板衬底，侧面用实木小线条封实，实木门套线条和其他实木线条应提前 4~5 天购买，不要开捆放在工地晾干，与周围空气融合，钉门窗套线条要人为地预留 1 毫米以上的收缩余地，切不可即时收口。通常夏天收缩 3 天以上，冬天收缩 6 天以上再收口。

（4）厨房、卫生间门套线条要与地面预留 1 厘米间距，以免地面扯水。

（5）窗户台严禁用木制作，建议采用天然石材、人造石、瓷砖、马赛克等装饰。

（6）窗套木制作要在天然石材或人造石装上以后再制作，以达到严丝合缝。

（7）需要做混油的木制品要在实木线条与接触处开"V"槽处理。

10. 门页制作的工艺流程

（1）平板工艺房门制作。用两张优质细木工板制作成实心门，将木工板分别开板半深度宽 3 毫米、间距 12 厘米的对应槽，用木工胶水将两张开好对应槽的木工板叠压在一起，两面上饰面板，放在平整的地面上 500 斤以上重量压制 10 天以上，压制过程中正反面翻动 3~4 次，10 天后将门坯用实木线条收边。实木线条收边后切不可即时收口。通常夏天收缩 3 天以上，冬天收缩 6 天以上再收口。

（2）凹凸工艺房门制作。中间用一张优质细木工板开对应槽，两边 9~12 厘板夹制，两边上饰面板，放在平整的地面上 500 斤以上重量压制 10 天以上，压制过程中正反面翻动 3~4 次，10 天后将门坯用实木线条收边（干缩工艺同上）。

（3）衣柜门制作工艺。中间用 12~15 厘板，15 厘须开对应槽，两边上饰面板，凡达到 140 厘米以上长度的柜门须在门内两边各放不锈钢条一根，放在平整的地面上 500 斤以上重量压制 10 天以上，压制过程中正反面翻动 3~4 次，10 天后将门坯用实木线条收边（干缩工艺同上）。柜门宽度最好不要超过 45 厘米。

（4）推拉门制作工艺。做工与其他门页大致相同，轨道要隐藏在门套内，玻璃两边要用定做的实木小线条夹住，地面定位器要牢固，位置要合理。

11. 木作的基本工艺规范

（1）首先熟悉图纸、理解设计意图，对施工班组进行技术交底，在明确设计意图的基础上，按图纸对现场的实际尺寸进行实测，根据设计及规范的要求，对木作细节制定操作步骤。如遇尺寸与图纸出入较大，及时向设计师及监理提交书面通知。

（2）木工制品必须严格按图样标明之尺寸制作，必须使用经过烘干或自然干燥的优质材料，禁止使用虫蛀、松散、爆裂或有腐蚀的木材。

（3）所有木制作品，使用前必须选料保证木材夹板纹路颜色一致，必须保证接合和安装在任何部位和任何地方不会损害其强度和装饰品之外观，不会引起相邻材料和结构的破坏。

（4）所有木制品表面应刨光、割角准确平齐，接头及对缝应严密整齐，安装、粘贴要牢固，线条棱角要清晰分明。

（5）所有木作必须严格按照设计要求，涂刷防火涂料和做好防腐处理。

（6）在木板表面粘贴饰面木皮时，首先要保证木皮颜色一致、无节。在施工中，确保木皮粘贴牢固、纹路连贯，颜色与木方一致，不得用破损严重的木皮施工。

12. 无门衣柜的制作流程

（1）木工板框架，背板九厘板，如使用波音软片先将背板波音软片贴上后再钉上，立板和横板贴波音软片时要人为向外口面卷边 3～4 毫米，然后用实木小线条收口压住，避免边口起翘。做工时要防止推拉门挡住内部抽屉无法打开。衣柜内饰可采用波音软片、混水油漆、饰面板等。

（2）抽屉的尺寸要严格按照移门的尺寸而定，抽屉上口及屉头板要用实木小线条收口（干缩工艺同上）。

（3）立板之间间距不可超过 1 米，如超过 1 米就要加立板，以免时间长打兜。

13. 制作橱柜的尺寸要求

操作台高度一般为 80～90 厘米，宽度一般在 50～60 厘米。

吊柜和操作台之间的距离一般为 55～70 厘米，从操作台到吊柜的底部，应该确保这一距离。这样，在方便烹饪的同时，还可以在吊柜里放一些小型家用电器。

抽油烟机与灶台的距离一般为 60～80 厘米。

吊柜的高度一般距地面 145～155 厘米，这个高度可以不用踮起脚尖就能打开吊柜的门。

14. 墙裙的施工流程

墙裙属于上个世纪的装修方式，现在已经逐渐被简约现代的装修风格所代替，但是在一些欧式装修中仍然有采用。木墙裙是用木龙骨、胶合板、装饰线条构造的护墙设施，在家庭装修中多用于客厅、卧室的墙体装修，一般高度为 900 毫米，面板材料胶合板可充分利用。

木墙裙有腰带式和无腰带式两种，当墙裙无腰带时，应设计拼缝的处理方法，一般有平缝、八字缝、线条压缝三种形式，家庭装修中一般采用线条压缝形式。

木墙裙施工应在基层表面坚强、平整、干燥的条件下施工。在安装木墙裙之前，应按设计图样及尺寸在墙上弹出水平标高线和板面分板线。在墙面标高控制线下侧 10 毫米处打孔，在分档线上打孔，打入经过防腐处理的木模，然后对墙面进行防潮、阻燃处理。钉木龙骨时，按横龙骨间距 400 毫米、竖龙骨间距 600 毫米，将龙骨用圆钉固定在墙内木模上，距地面 5 毫米处应在竖龙骨底部钉垫木，垫木宽度与龙骨一致，厚度 3 毫米，横龙骨上打通气孔，每档至少一个。

安装护墙板前应先按尺寸下料，长度下料尺寸为 800 毫米，将木龙骨外面刷胶，将墙板固定在木龙骨上，并用射钉加固。墙板接缝处必须在竖龙骨上，并用压条压缝。在木墙裙底部安装踢脚板，将踢脚板固定在垫木及墙板上，踢脚板高度 150 毫米，冒头用木线条固定在护墙板上。

木墙裙安装后，应立即进行饰面处理，涂刷清油一遍，以防止其他工种污染板面。

15. 规避日后木材变形和开裂

当居室中温度和湿度变化较大时，有些木制品就会出现开裂，问题大都出在木制品的含水率上。防止木材变形，保持含水率稳定很重要，可考虑以下几种方法：

(1) 多使用人造板材。与实木材料相比，各种人造板材的纹理性能要稳定得多。由于实木材料都有纹理，所以在温度、湿度变化较大的时候，必然会出现开裂、翘曲和变形的现象。而人造板材的制作方法是将木材分解成木片或木浆，再重新制作成板材。因此打破了木材原有的物理结构，所以在温度和湿度变化较大的时候，人造板的变形要比实木小得多。

(2) 进料要选好天气。如雨天确需进板材，应用薄膜覆盖，防止板材被淋湿。材料进工地之后，不要存放在厨卫、阳台等比较潮湿的地方。

(3) 涂刷"罩面漆"。所有木制品在安装后，要马上涂刷一遍油漆。这层被称为"罩面漆"的油漆，不仅可以保护木制品，而且还能起到隔绝水分、保持木材正常含水率的作用。

(4) 胶粘剂中不能掺水。目前在家庭装修中，一般都是用白乳胶做木制品接缝的胶粘剂。有些工人为了偷工减料，在白乳胶中兑水，这样做不仅降低了胶粘剂的强度，而且木制品吸收了水分后，很容易出现质量问题。

(5) 所有木材要放置几天。用户在把装修用的木材买回家后，最好在装修现场放置几天再使用。这样做的目的，是让木材的含水率接近屋内的水平。

16. 木制品制作莫忘防虫

凡在用到木材的地方，都要留心防虫。首先施工中用到的木龙骨必须要削掉树皮，因为木龙骨是实木，怕树皮上的寄生虫日后不断繁衍；削掉树皮以后，还要涂上防虫剂。木制踢脚线、木制墙裙要涂上防虫剂，再刷油漆。另外，施工中不要使用容易生虫的木材。

17. 木工施工的验收标准

(1) 缝隙。木封口线、角线、腰线饰面板碰口缝不超过 0.2 毫米，线与线夹口角缝不超出 0.3 毫米，饰面板与板碰口不超过 0.2 毫米，推拉门整面误差不超出 0.3 毫米。

(2) 结构。检查构造是否直平。无论水平方向还是垂直方向，正确的木工做法都应是直平的。

(3) 转角。看看转角是否准确。正常的转角都是 90 度的，特殊设计因素除外。

(4) 拼花。察看拼花是否严密、准确。正确的木质拼花，要做到相互间无缝隙或者保持统一的间隔距离。

(5) 造型。检查弧度与圆度是否顺畅、圆滑。除了单个外，多个同样造型的还要确保造型的一致。应保证木工项目表面的平整，没有起鼓或破缺。对称性木工项目应做到对称。

(6) 柜门。试试柜体柜门开关是否正常。柜门开启时，应操作轻便，没有异声。

（7）钉眼。吊顶结构所用的钉子，都需要在钉眼上涂上防锈漆。

18. 如何进行吊顶的验收

（1）基本规范。饰面的材质、品种、规格及吊顶造型的基层构造、固定方法，必须符合设计要求和国家现行有关标准规定。木质龙骨、胶合板必须按有关规定进行防火阻燃处理。饰面与龙骨连接必须紧密、牢固。设备口、灯具位置的设置必须按板块分格对称，布局合理；开口边缘整齐，护口严密不露缝。排列横竖顺直、整齐、美观。

（2）饰面的表面质量。

合格：表面平整、起拱正确，颜色一致，洁净、无污染，无返锈、麻点、锤印，无外露钉帽。

优良：自攻螺丝排列均匀，无外露钉帽、无开裂。

（3）饰面的接缝、压条质量应符合以下规定。

合格：接缝位于龙骨上宽窄均匀，压条顺直，无翘曲，光滑，通顺，接缝严密，无透漏。阴阳角收边方正。

优良：宽窄一致，无翘曲，光滑，通顺，平直，接缝严密，无透漏，阴阳角收边方正。

（4）有造型要求的应符合以下规定。

合格：造型尺寸及位置正确，收口严密平整。

优良：曲线流畅，美观。

19. 如何进行花饰的验收

花饰工程完工并干燥后方可验收。验收花饰工程应检查花饰的品种、规模、图案是否符合设计要求，花饰应安装牢固，其质量要求及允许偏差应符合规定：条形花饰的水平和垂直允许偏差，每米不得大于 5 毫米，全长不得大于 3 毫米；单独花饰位置的允许偏差不得大于 10 毫米；花饰表面应光洁，图案清晰，接缝严密不得有裂缝、翘曲、缺棱掉角等缺陷；裱花表面应光洁，图案清晰，无裂缝。

20. 如何进行板面层的验收

材料、色调、铺贴应符合要求：表面平整、无皱纹并不得翘边和鼓泡；色泽一致，接缝严，四边顺直，脱胶处不得大于 20 厘米，其相隔间距不得小于 500 毫米；与管道接合处严密、牢固、平整；踢脚板与塑料连接紧密，踢脚板上沿平直，全长高差不大于正负 3 毫米，与墙面紧贴，无缝隙。

21. 如何进行墙裙的验收

木墙裙的构造符合设计要求，预埋件经过防腐处理，使用木料含水率木龙骨小于 12%、胶合板小于 10%，面板用材树种统一，纹理相近，收口角线及踢脚板与墙裙用料树种一致。目测墙裙面板无死节、髓心、腐斑，花纹、色泽一致，外形尺寸正确，分格规矩，手检查漆膜光亮、平滑，无透地、落刷、流坠等质量缺陷。用尺测量墙裙上口、腰带及踢脚板，平直度误差小于 2 毫米，出墙厚度误差小于 1 毫米，分格误差小于 1 毫米。

省钱又省心——
家居**装修**最关心的
500个问题

第**13**章
油工篇

1. 油工墙面施工使用的材料分类

油工进行墙面施工时，使用的材料主要包括基层材料和饰面材料两大类，如图 13-1 所示。

```
          油工墙面施工材料
          ┌──────┴──────┐
       基层材料          饰面材料
    ┌───┬───┬───┬───┐  ┌───┬───┬───┐
   界面  石膏  大白  纤维  乳胶  壁纸  壁布
   剂    粉    粉    素    漆
```

图 13-1　油工墙面施工材料分类

2. 墙面基层材料的分类

墙面基层材料有界面剂、纤维素、大白粉、石膏粉等，如图 13-2 所示。

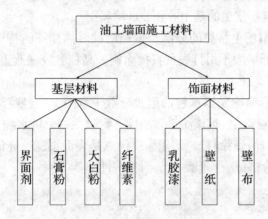

界面剂　　　　　　　　纤维素

大白粉　　　　　　　　石膏粉

图 13-2　墙面基层材料

（1）界面剂。一种水基界面剂，它以水为溶剂（作为载体），将天然动物胶及几种助剂经过一定的工艺，制成水溶液。

家庭装修中，常见墙面大白干裂脱落现象，因此，在铲除原墙面大白粉后，整体涂以界面剂，能很好地防止大白粉干裂、空鼓、脱落等问题。

(2) 纤维素。家装墙面施工中，在大白粉（腻子粉）中加一定量的纤维素，能使大白粉更具柔性，增加了大白粉与墙壁面的附着力，使大白粉的黏力增加。

(3) 大白粉。又称滑石粉、腻子粉，是家庭装修中对墙面找平的常用材料，一般在大白粉中加入纤维素、白乳胶和水，揉成稠状，用以披墙壁面、屋顶，为防止其开裂、脱落，可于底层涂上一层界面剂。

(4) 石膏粉。嵌缝石膏主要用于吊顶石膏板之间的嵌缝、水泥墙面的找平等。

3. 家庭装修常用的几类涂料

家庭装修常用的涂料主要有以下几类：

(1) 低档水溶性涂料。常见的是 106 和 803 涂料。

(2) 乳胶漆。目前市场上常见的分高、低档两种。高档漆的特点是有丝光，看着似绸缎，一般要涂刷两遍。低档漆不用打底可直接涂刷。高档乳胶漆遮盖力强，色泽柔和持久，易施工可清洗。

(3) 多彩喷涂。多彩喷涂是以水包油形式分散于水中，一经喷涂可以形成多种颜色花纹，花纹典雅大方，有立体感。且该涂料耐油性、耐碱性好，可水洗。

(4) 膏状内墙涂料（仿瓷涂料）。仿瓷涂料优点是表面细腻，光洁如瓷，且不脱粉、无毒、无味、透气性好、价格低廉。但耐温、耐擦洗性差。

4. 乳胶漆的分类

(1) 溶剂型内墙乳胶漆。以高分子合成树脂为主要成膜物质，必须使用有机溶剂为稀释剂，该涂料用一定的颜料、填料及助剂经混合研磨而成，是一种挥发性涂料，价格比水溶性内墙乳胶漆和水溶性涂料要高。

(2) 通用型乳胶漆。通用型乳胶漆代表一大类通用型乳胶漆，适合不同消费层次要求，是目前占市场份额最大的一种产品。最普通的为无光乳胶漆，效果白而没有光泽，刷上确保墙体干净、整洁，具备一定的耐刷洗性，具有良好的遮盖力。

(3) 抗污乳胶漆。抗污乳胶漆是具有一定抗污功能的乳胶漆，对一些水溶性污渍，例如水性笔、手印、铅笔等都能轻易擦掉，一些油渍也能蘸上清洁剂擦掉，但对一些化学性物质如化学墨汁等，就不会擦到恢复原状，只是耐污性好些，具有一定的抗污作用，不是绝对的抗污。

(4) 抗菌乳胶漆。抗菌乳胶漆除具有涂层细腻丰满、耐水、耐霉、耐候性外，还有抗菌功能，它的出现推动了建筑涂料的发展。

(5) 叔碳漆。叔碳漆的基料是基于叔碳酸乙烯酯的共聚物。叔碳漆具有出色的漆膜性能，同时具有优异的耐受性能、装饰性能、施工性能、环保健康性能，不含甲醛，VOC 极低。

5. 常见的油漆分类

目前建材市场上油漆的销售已有千余种，但常用的有清油、混油、厚漆、调和漆和清漆等。

(1) 清油。又名熟油、调漆油，是家庭装修中对门窗、护墙裙、暖气罩、配套家具等进行装饰的基本漆类之一。

(2) 厚漆。又称铅油，广泛用于面层的打底，也可单独作为面层涂饰。适用于要求不高的建筑物及木质打底漆，水管接头的填充材料。

(3) 调和漆。适用于室内外金属、木材、墙体表面。

(4) 清漆。俗称凡立水，是一种不含颜料的透明涂料，主要适用于木器、家具等。易受潮、热影响的物件不宜使用。

(5) 磁漆。是以清漆为基料，加入颜料研磨制成的，涂层干燥后呈磁光色彩，适合于金属窗纱网格等。

(6) 防锈漆。有锌黄、铁红环氧脂底漆，漆膜坚韧耐久，附着力好，若与乙烯磷化底漆配合使用，可提高耐热性，抗盐雾性，适用于沿海地区及温热带的金属材料打底。

(7) 聚酯漆。它是用聚酯树脂为主要成膜物制成的一种厚质漆。聚酯漆的漆膜丰满，层厚面硬。聚酯漆同样有清漆品种，叫聚酯清漆。

(8) 聚氨酯漆。聚氨酯漆即聚氨基甲酸漆。它漆膜强韧，光泽丰满，附着力强，耐水、耐磨、耐腐蚀，被广泛用于高级木器家具，也可用于金属表面。

6. 怎么购买油漆

油漆外观并无明显差异，在没有专业设备的情况下不好选择，下面就介绍以下几种最简易的选择方法：

(1) 包装。将油漆桶提起来，晃一晃，如果有稀里哗啦的声音，说明包装严重不足，缺斤少两，黏度过低，正规大厂真材实料，晃一晃几乎听不到声音。

(2) 耗用量。向商家咨询油漆的涂刷遍数和涂刷面积，计算用量和每平方米材料成本，不被每组（桶）单价所欺骗。油漆由固体成分（成膜物）和挥发物组成，固体成分含量高的达到 70% ~ 80%，低的不到 10% ~ 20%，单价低廉的往往耗量特别大，细算下来更贵更浪费，而且质量效果差。

(3) 专业性。质量好的产品往往专业性更强，根据板材的纹理、色泽、结构或使用对象有不同的设计和严格的工艺要求，并提供技术指导和售后服务，正规厂家都提供色彩丰富的样板色卡。

7. 木门油漆学问多

油漆的种类大致分为酚醛漆、醇酸漆、聚氨酯漆、硝基漆、聚酯漆及 PU 漆。其中酚醛漆和醇酸漆由于漆膜质感及附着力差，基本在装修中被淘汰，大量使用的是硝基漆、聚酯漆及高档家具上使用的 PU 漆。所以，油漆成本也是木门成本上最大的部分之一。

硝基漆由于施工比较简单、适合手工操作，被大多数手工装饰木作使用，但其漆膜薄，手感不好，效果不理想。聚酯漆相对来讲漆膜厚重，但其稀释剂在挥发时含有氢气，而且漆膜硬度稍弱。最理想的是 PU 漆，PU 漆不但有聚酯漆的漆膜厚重、附着力强、透明层次好等优点，同时它的密封性好也在木作防潮方面有着非常重要的作用，PU 漆的硬度、耐久性、耐黄变性及环保性也是其他油漆无法比拟的。

由于成本（硝基漆 8 ~ 15 元 / 公斤，聚酯漆 18 ~ 28 元 / 公斤，PU 漆 43 ~ 65 元 / 公斤）、

加工手段及设备的问题，目前市场上90%的套装木门使用聚酯漆，只有少数品牌厂家采用PU漆。一般来说，聚酯漆和PU漆都要经过找色，三底两面等六道工序，有些品牌增加固化和施蜡工艺。

油漆直接影响着质感、手感、防潮、环保、耐久、耐黄变等问题。消费者在木门油漆的选择上，千万不要因为贪图便宜，而影响木门的使用质量和效果。

8. 提防涂料购买中的"绿色陷阱"

(1) 混淆概念。几乎所有的涂料企业都说自己生产的是绿色产品，他们的依据就是国家标准。但事实并非如此，国家标准只是室内装饰装修材料进入市场的"准入标准"，是最基本的质量要求，达不到这个标准就没有进入市场的资格，而非绿色环保产品的要求。达到国标的产品中只有10%～30%有可能获得环保标志，即达到"绿色"。消费者在购买绿色家装建材时只需认清中国环保标志的"十环"图标，这也是鉴别"绿色产品"真伪的最简便有效的方法。

(2) 以假乱真。一些协会和检测机构为了率先占领环境检测市场，利用消费者对于"国家标准"与"绿色标准"两者的模糊理解，颁发各种所谓的"绿色产品推荐证书"，致使市场上出现了大量的"伪绿色"产品。"绿色产品"在被社会广泛认可的同时，也失去其科学、严谨的内涵。然而事实上，这些行业协会、机构根本没有向国家认证监督管理委员会提出过申请和批准认证资格，就擅自颁发"绿色"证书，这些做法本身就属于违法行为，当然其颁发的证书也就不具备法律效力。

(3) 误导消费者。如有的商家用喝涂料证明产品"无害"，这其实是不科学的，因为涂料的有害物质是在气体挥发后通过呼吸道进入血液的，而进入消化道则难以显现危害；还有些商家将涂料涂于鱼缸内壁，用金鱼的游动证明产品无害、"绿色"，这也是不科学的。因为涂料中的有机物不溶于水，对水中金鱼根本不会存在影响。

9. 如何购买乳胶漆

劣质乳胶漆不仅影响施工质量，而且其中所含的不合格化学原料还会危害人体健康，所以应尽量到专卖店或特约经销商店去购买。下面介绍几种检验方法。

(1) 首先看水质溶液。涂料在储存一段时间后，会出现分层现象。涂料颗粒下沉，在上层1/4以上形成一层水质溶液，在选择时我们可以看到这层液呈无色或微黄色，较清晰干净，无漂浮物或很少，这说明涂料质量很好。若胶水溶液呈混浊状，呈现出内部漂浮物数量很多，甚至布满溶液表面，说明涂料质量不佳或储存保质期已过，不宜使用。

(2) 看涂料颗粒细度。我们可用一杯清水来检验，取少量涂料放入水中，轻轻搅动后，若杯中水仍清澈见底，涂料颗粒在清水中相对独立，没有黏合现象，且颗粒大小较均匀，说明涂料质量很好。如果一经搅动，杯中水立即变混浊，且颗粒大小分化，说明涂料质量不过关，不用为佳。

(3) 用小棍搅起一点乳胶漆，能挂丝长而不断均匀下坠的为好。

(4) 用手指蘸一点乳液捻一捻，无沙粒之毛糙感，用水冲洗时应有滑腻感，正品乳胶漆应该手感光滑、细腻。

（5）闻一闻有无强烈刺激味。刺激味强烈的乳胶漆，其毒性可能比较大，真正的环保涂料应该是水性的，无毒无味；此外，最好不要购买添加了香精的涂料，因为添加剂本身也是一种化工产品，很难保证环保。

（6）将涂料涂刷于水泥地板上，等涂层干后，用湿布擦拭，正品的颜色光亮如新，而次品由于黏结和耐水性差，轻轻一抹，就会褪色。

（7）要注意涂料的生产日期和保质期。过期的涂料绝不可购买，否则后患无穷。

（8）对于进口涂料，最好选择有中文标志及说明的产品。

10. 如何计算乳胶漆的用量

按照标准施工程序的要求，底漆的厚度为 30 微米，5 升底漆的施工面积一般在 65～70 平方米；面漆的推荐厚度为 60～70 微米，5 升面漆的施工面积一般在 30～35 平方米。底漆用量＝施工面积（平方米数）/70，面漆用量＝施工面积（平方米数）/35，计算所得的数值就是需要的乳胶漆的升数。

11. 如何防止涂料变色

涂料的变色主要指清漆的变色。清漆原本是透明无色或极浅淡的黄色，变色后便成了棕黄或黑色。色漆也有变色的现象，主要表现为色彩浅的色漆颜色变深。

产生涂料变色的原因可能有如下几种：

（1）清漆中酯类溶剂遇水后与铁容器反应变黑。

（2）松节油在铁桶中很容易生成红棕色素。

（3）金银粉与清漆易发生酸蚀作用，使涂料颜色变绿、变暗、失去光泽。

（4）贮存期过长，沉淀变色。

防治的办法是：

（1）对最易发生变色的乳胶清漆，用非金属容器盛装。

（2）使用清漆前再加入金粉、银粉，不要过早加入清漆中存放。

（3）对沉淀变色的涂料，如不是质量问题，在进行充分搅拌后还可以使用。

12. 油工辅料都有哪些

油工在施工中需要使用到一些辅助建材，包括刷子、腻子、砂纸等，如图 13-3 所示。

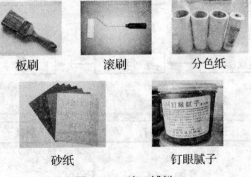

板刷　　　　滚刷　　　　分色纸

砂纸　　　　钉眼腻子

图 13-3　油工辅料

其中，砂纸用于木器和墙面的打磨；分色纸又称为美纹纸，用于在墙面刷乳胶漆时，对踢脚线以及木器进行遮盖。

13. 干粉腻子与普通腻子的区别

干粉腻子是普通腻子的一种最佳替代产品，其关键原料为进口材料，干粉腻子和普通腻子有着明显的优劣差异。

干粉腻子与普通腻子的区别体现在如下几个方面：

（1）干粉腻子附着力强，黏结强度高，有一定的韧性，透气性好，受潮后不会出现粉化现象，具有较强的耐水性；普通腻子附着力差，黏结强度低，没有韧性，遇潮气后很快会出现粉化现象。

（2）干粉腻子在长时间内不会出现开裂、起皮、脱落等现象；普通腻子在短时间内会出现开裂、起皮、脱落等现象。

（3）干粉腻子墙面手感细腻，观感柔和，质感好；普通腻子表面不够细腻，质感差。

（4）干粉腻子墙面污染后可以直接擦洗，再次粉刷墙面时，无须铲除墙面；普通腻子再次粉刷墙面时，需要铲除原有腻子，费力且污染环境。

（5）干粉腻子使用的均为环保型材料，不含苯、二甲苯、甲醛等有毒物质；普通腻子使用的材料一般含有毒物质。

14. 油工施工的流程如何

油工施工的基本流程图如图 13-4 所示。

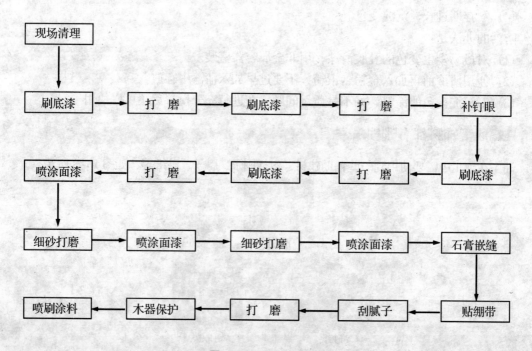

图 13-4　油工施工流程

15. 涂料工程有哪些规定

涂料工程一般有以下几条规定：

(1) 涂料的品种和质量应符合设计要求和现行国家标准的规定。

(2) 涂料工程的基体或基层应干燥。

(3) 涂料施工后，应防止水淋、尘土沾污和热空气侵袭。

(4) 厨房、卫生间涂料工程，应使用具有耐水性能的腻子。

(5) 应严格控制涂料的工作黏度或稠度，施涂时不流坠，不显刷纹。施涂过程中不得任意稀释。

(6) 双组分或多组分涂料，应按规定的配比，根据使用情况分批混合，应充分搅拌并在规定的时间内用完。

(7) 每次施涂涂料必须在前一遍涂料干燥后方能进行，施涂应均匀，不得漏涂。

(8) 水性和乳液涂料施涂时的环境温度，应按规定控制。

(9) 采用机械喷涂时，应将不喷涂的部位遮盖，以防止沾污。

(10) 施涂工具使用完毕后，应及时清洗或浸泡在相应的溶剂中。

16. 墙面乳胶漆的工艺规范

(1) 基层处理。先将墙面的洞口坑凹部位进行修补，待干燥后清扫墙面。满刮腻子，将抹灰面气孔、麻点等填刮平整、光滑，第一遍腻子干燥打磨后，第二遍腻子沿垂直于第一遍刮腻子方向满刮第二遍，待其干燥后打磨，最后将缺陷部分修补平整。

(2) 在刮腻子表面涂刷设计师指定底漆两遍，要做到涂刷均匀，不得漏刷。

(3) 在刷过底漆的墙面用辊筒均匀适量地把面漆滚涂在墙面上。在滚涂时先将面漆大致涂在板面上，然后按开辊筒在墙面上，上下左右平稳来回滚动，使面漆均匀展开，最后用辊筒按一定方向满滚一遍。在阴角上下口及细部，用排笔及毛刷找齐。先在板面涂刷两遍面漆，待交工前再涂刷第三遍面漆。

(4) 在刷面漆时要控制好面漆的浓度，防止产生流坠、刷纹。在刷面漆过程中控制好时机，避免潮湿天气施工，防止产生面漆无光泽。底漆干燥后再施工面漆，防止产生渗色、咬底、泛白、起泡等。

17. 刷乳胶漆应注意的几个问题

以乳胶漆为墙面装饰材料的用户，常常会遇到乳胶漆起皮、剥落、开裂、变色、色泽不均等现象。

造成这些现象的原因是：墙面基层疏松，有浮尘、油污等不洁物，使涂膜与基层黏附不好；涂刷后遇雨，在漆膜没有成膜前水渗进基层，墙身出现空气负压而起鼓；基层找平时所用腻子黏结强度低，腻子层未干燥即施涂涂料，基材过于光滑，造成涂膜附着力不好。

解决上述问题的办法是：施工温度应尽量在10℃以上（最低不低于5℃）；基层应处理好，将疏松层铲掉，将浮尘、油污清理干净；选择黏结强度好的腻子，但不能过厚，腻子必须完全干燥后才能施涂涂料；过于光滑的基材，必须经过降低光滑度的处理后方能施工；

为使基层吸收涂料均匀，应涂刷封固底漆，底漆干透后方可施涂面层；脚手架遮挡的部位在重新涂饰时，且尽量使用同一批涂料；对于结构的裂缝，应先补平，腻子干燥后若发现还有干裂，建议用单面胶布黏贴后再补腻子。

18.乳胶漆涂刷问题及解决方法

（1）粉化。在涂漆后不久即出现掉粉，这是由于涂料树脂的耐候性差，墙体表面未加处理，涂刷时温度低，成膜不好，或涂刷时掺水太多引起的。

处理方法：将粉化物清理干净后用底漆打底，随后涂两层耐候性较好的乳胶漆。

（2）变色及褪色。底材湿度过高，水溶性盐结晶在墙的表面（风化）造成变色及褪色；底材中含有碱性，侵害了抗碱性弱的颜料或树脂，引起变色及褪色；恶劣气候的影响，油漆选材不当，这是另一种导致变色及褪色的原因。

处理方法：将出现问题的表面擦或铲去。让水泥完全风干，然后再加涂一层封墙底漆。这样就可避免或减少变色及褪色。

（3）起皮及剥落。此现象发生于混凝土、金属及木材表面。墙内的潮气使漆膜脱离表面，造成起皮。事前准备差，未处理掉藻类、油污、松动的灰泥和原有的起皮漆膜等物质，导致漆膜附着不紧密而引起起皮及剥落；不正确的涂刷方法或劣质底漆会引起起皮。

处理方法：检查潮湿是从水泥中蒸发出来的，还是墙体上的渗漏，如是墙体上的渗漏，必须请有关部门帮助解决。也可将脱落的漆膜及松动物质剥除，修复污漏，等墙体干燥后才能重涂。重涂时可用封墙底漆打底。在有毛病的表面补上耐久性强的腻子，最后用面漆涂刷。

（4）藻类及霉菌。藻类在日晒雨淋中生长，因此建筑物需要有良好的排水系统和防雨设施。粗糙的水泥表面易于滞留水分而促使藻类及霉菌生长，因此室外要用耐候性和防藻性好的油漆。

处理方法：用高压水冲洗受感染的区域，并辅以人工刮除；用防霉溶液处理表面，终止生物在混凝土上生长；然后涂上抗霉性能高的抗藻涂料，最后可用外墙面漆涂刷。

下表中列出一些常见乳胶漆问题及解决方案，业主可以根据现象来选择解决方法。

病态现象	可能原因	处理方法
有刷痕	黏度太大	加入少许水兑稀
流挂或有裂纹	兑水太多，涂刷太厚	加入漆重新调黏度，刷薄些
丰满度差	兑水太多，涂刷太薄	多遍涂刷
湿漆膜有气泡	涂刷不当	尽快重新刷
干漆膜有坑陷或失光	漆未干时遇水	打磨后再涂一遍
喷涂时漆膜有泡	喷枪有水或漆未调匀	把水喷净，漆调匀
漆膜有油点	混入可溶剂或其他油性物质	打磨后重新刷
附着力差	未打磨好底材	先上腻子再涂
漆膜不平整，发脆	施工温度太低	打磨后，待温度适宜再涂
漆面发白	刮腻子太厚，并未打磨好	打磨好，重新涂刷

19. 下雨天不要刷漆

对于木制品，无论是刷清漆或刷磁漆，都切记不要在下雨天刷。因为木制品表面在雨天时会凝聚一层水汽，这时如果刷漆，水汽便会包裹在漆膜里，使木制品表面混浊不清。

如果一定要赶工期的话，可以在漆中加入一定量的化白粉。化白粉可以吸收空气中的潮气，并加快干燥速度，但也会给工程质量带来一定的负面影响。所以一般情况下，哪怕让施工队先干点别的活或暂时停工两天，也尽可能不要在雨天做油漆活。

20. 让屋里的颜色好看又科学

过去居家装修，大多数业主都将家里全刷成白色，"刷大白"、"大白工"等名词就是这么来的，随着各种不同装修风格的展现，现在的人们已经越来越接受其他的颜色了。

(1) 客厅浅玫瑰红或浅紫红色调，再加上少许土耳其蓝的点缀是最"快乐"的客厅颜色，会让人进入客厅就感到温和舒服。

(2) 卧室浅绿色或浅桃红色会使人产生春天的温暖感觉，适用于较寒冷的环境。浅蓝色则令人联想到海洋，使人镇静，身心舒畅。

(3) 书房或电视室棕色、金色、绛紫色或天然木本色，都会给人温和舒服的感觉，加上少许绿色点缀，会觉得更放松的。虽然居室颜色对人的情绪影响也是相对的，具体运用中还应结合家庭成员、个人习惯而不必强求一律。

(4) 鲜艳的黄、红、蓝及绿色都是快乐的厨房颜色，而厨房的颜色越多，家庭主妇便会觉得时间越容易打发。乳白色的厨房看上去清洁卫生，但是别让带绿色的黄色出现。

(5) 卫生间浅粉红色或近似肉色令你放松，觉得愉快。但应注意不要选择绿色，以避免从墙上反射的光线会使人照镜子时觉得自己面如菜色而心情不愉快。

21. 什么是清水漆和混水漆

清油涂料是家庭装修中对门窗、护墙裙、暖气罩、配套家具等进行修饰的基本方法之一。清油涂刷能够在改变木材颜色的基础上，保持木材原有的花纹，装饰风格自然、淳朴、典雅，虽然工期较长，但应用却十分普遍。

混油涂刷木器表面是家庭装修中常使用的饰面装饰手段之一。混油是指用调和漆、磁漆等油漆涂料，对木器表面进行涂刷装饰，使木器表面失去原有的木色及木纹花纹，特别适于树种较差、材料饰面有缺陷但不影响使用的情况下选用，可以达到较完美的装饰效果。在现代风格的装修中，由于混油可以改变木材的本色，色彩更为丰富，又可节省材料费用，因此受到越来越多人的偏爱。

22. 涂刷清水漆的工艺规范

(1) 将工地卫生打扫干净，撤去除油漆外所有的工具和材料（板凳、梯子除外），油漆必须在乳胶漆之前完成。

(2) 门锁、铰链等小五金要保护起来，有需要跳色的地方要用分色纸隔开。

(3) 补钉眼用油腻子（不可用透明腻子），特别粗糙的饰面板（黑胡桃、柚木、橡木等）

要满刮腻子一遍，干燥后磨 280 号水砂纸一遍。

(4) 上底漆两遍，干燥后磨 400 号水砂纸一遍。

(5) 再上底漆两遍，干燥后带水磨 600 号水砂纸一遍。

(6) 再上面漆一遍，干燥后带水磨 1000 号水砂纸一遍。

(7) 再上面漆一遍，干燥后带水磨 1200 号水砂纸一遍。

(8) 再上面漆一遍，干燥后用细棉纱抛光一遍，严禁打蜡。

(9) 以上做工须将门窗关闭严实，随时清扫地面。油漆工作需要干净的环境，否则很难做好。

23. 涂刷混水漆的工艺规范

(1) 将工地卫生打扫干净，撤去除油漆外所有的工具和材料（板凳、梯子除外），油漆必须在乳胶漆之前完成。

(2) 门锁、铰链等小五金要保护起来，有需要跳色的地方要用分色纸隔开。

(3) 实木线条收边的木制品，做木工时要将线条与面板之间开 "V" 槽，油漆工要将 "V" 槽用原子灰或自调油灰补平，这样就不会出现开裂和明显的线条痕迹，木制品看上去像一个整的。

(4) 用原子灰或自调油灰刮腻子 2～3 遍找平，建议不要使用胶腻子，胶腻子脱壳的可能性很大。

(5) 上底漆两遍，干燥后磨 400 号水砂纸一遍。

(6) 再上底漆两遍，干燥后带水磨 600 号水砂纸一遍。

(7) 再上面漆一遍，干燥后带水磨 1000 号水砂纸一遍。

(8) 再上面漆一遍，干燥后带水磨 1200 号水砂纸一遍。

(9) 再上面漆一遍，干燥后用细棉纱抛光一遍，严禁打蜡。

(10) 以上做工须将门窗关闭严实，随时清扫地面。油漆工作需要干净的环境，否则很难做好。

24. 防火防锈涂料工艺不能省略

你家的木工活上都刷防火涂料了吗？所有的钉子眼上都刷防锈涂料了吗？如果没有的话，那肯定是工人偷工减料了。

(1) 防火。给木龙骨刷防火涂料能起到阻燃以及发生火灾能起到延缓火势的作用。因此，千万不能省略这道工序，吊顶如果用木条就必须刷防火涂料，铝扣板吊顶没有此工序。

(2) 防腐。门套背板应涂防腐涂料（特别是厨卫），厨卫吊顶用木料必须刷防火防腐涂料。

(3) 防锈。家里的木工用到钉子的地方，在钉眼上都应该刷防锈涂料，以保证质量。

一个两居室的房子，整体的防火涂料、防腐涂料、防锈涂料的成本加起来，不会超过 200 元，但是施工队往往为了省事，忽略了这三个步骤，但是水火无情，不能省的地方一定要按照安全原则来施工。

25. 腻子层的重要性及施工要领

现今工程上使用的大都是 107 胶 + 滑石粉 + 纤维素衍生物化学糨糊，拌成胶水腻子，涂抹墙壁，普遍存在墙面起皮、变色、龟裂、受潮雨淋后脱落现象，这成了影响工程质量的通病。造成墙面涂料整片掉下，特别是外墙工程更为重要。要使涂料达到应有的涂装效果，这就需要有 100% 的耐水内、外墙专用腻子粉。腻子粉的技术性能指标要求：标准状态黏结强度 > 0.7MPa，浸水 48 小时后的黏结强度一定要比标准状态的黏结强度大出几倍以上，方能保证外墙恶劣气候的要求，才能保证经得起日晒雨淋、紫外线的照射，经久不衰，真正起到建筑美容的作用。

26. 墙壁裂纹原因及解决方法

墙壁出现裂纹（缝）是一个非常正常的现象，这种现象的出现一般有几种原因：

（1）墙体属于室内保温，保温板之间的接缝会产生板缝裂纹。

用油灰刀把裂纹切开，尽量深一些，填入石膏，注意一定要填实、填均匀。然后用绷带、豆包布或白的的确良把出现裂纹的地方贴上，干燥后再刮腻子或作其他工艺的处理。如果裂纹比较严重，也可以用牛皮纸或报纸补缝，效果可能更好一些。

（2）在墙壁处开槽敷设电视电缆，线槽补灰以后出现的收缩裂纹。

这种现象出现的原因是水泥砂浆的干燥速度、收缩率与腻子粉不同，在墙体表面的腻子已经干透以后，里面的水泥砂浆还没有干透，因此出现裂纹。所以补线槽用石膏粉的效果更好一些。

（3）抹灰刮腻子不均匀出现的应力裂纹。

如果墙面腻子一次刮得太厚，或者整个墙面的厚度过于悬殊，也会出现裂纹，严重的还会脱落。如果可能应该多刮几遍，每遍薄一些，间隔时间也应该长一些。但要注意腻子刮的遍数多了，也容易脱落。

第14章
石材、地板和壁纸

1. 家庭装修可以使用的石材有哪些

建筑装修、装饰用的饰面石材主要有大理石和花岗岩。大理石主要用于室内，花岗岩主要用于室外，均为高级饰面材料。用大理石和花岗岩作室内外饰面装饰效果好、耐久，但造价高，因而多用于公共建筑和装饰等级要求高的工程中。但近年来，随着生活水平的提高，人们对自身的生活环境的美学观念也在不断更新，大理石和花岗岩也越来越多地出现在家居装饰装修中。

2. 大理石与花岗岩有什么区别

由于花岗岩与大理石相比质地更坚硬且耐酸，因而在家居装饰装修中更适用于室外阳台、庭院、客餐厅的地面及窗台。而大理石则可用于吧台、料理台、餐柜的台面。

（1）花岗岩石材。花岗石材是没有彩色条纹的，多数只有彩色斑点，还有的是纯色。其中矿物颗粒越细越好，说明结构紧密结实。

（2）大理石石材。大理石石材矿物成分简单，易加工，多数质地细腻，镜面效果较好。其缺点是质地较花岗岩软，被硬重物体撞击时易受损伤，浅色石材易被污染。铺地大理石尽量选单色，选择台面时有条纹的饰布效果较好。其他挑选方法可参考花岗岩的挑选方法。

3. 天然石材中的放射性危害

天然石材中的放射性危害主要有两个方面，即体内辐射与体外辐射。体内辐射主要来自于放射性辐射在空气中的衰变而形成的一种放射性物质氡及其子体。氡是自然界唯一的天然放射性气体，氡在作用于人体的同时会很快衰变成人体能吸收的核素，进入人的呼吸系统造成辐射损伤，诱发肺癌。

4. 如何避免装修中石材的放射性危害

（1）在确定装修方案时，要合理选用石材，最好不要在居室内大面积使用一种建筑材料。

（2）在到石材市场选购石材时，要向经销商索要产品放射性合格证，根据石材的放射等级进行选择。

（3）正常情况下石材的放射性可从颜色来看，其放射性从高到低依次为红色、绿色、肉红色、灰白色、白色和黑色。再比如，花岗岩的放射性一般都高于大理石。

（4）大理石花纹美观，但是质地比较软，一般用作各种台面，用作地面材料的大多是花岗岩，比较耐磨，但要注意放射性。

（5）当然，最科学有效的方法是请专家用先进仪器进行石材的放射性检测。

5. 石材铺设的几点注意事项

(1) 不同形状、不同颜色的板材在铺设中会造成视觉上的错觉，设计师们不仅要能避免因这种错觉带来的负面效果，更重要的是要会利用这种错觉，注意多种颜色与多种形状之间的搭配，注意采光的程度与方式，注意与周围环境的协调，来达到最佳的、令人意想不到的组合效果。

(2) 所采用的规格与地面的面积要协调。板材的规格直接影响到地面的面积效果。很小规格的板材给人的印象是看到的面积大于实际面积，相反，大规格的板材则显得地面比实际面积要小。

(3) 采用不同的石材铺地，其摩擦系数要一致，不同摩擦系数的板材会因接触随承受力的不同而导致潜在的缺陷。

6. 大理石如何施工和验收

大理石饰面板的质量要求光洁度高，石质细密，色泽美观，棱角整齐，表面不得有隐伤、风化、腐蚀等缺陷。

(1) 施工工艺。铺设大理石饰面板时，应彻底清除基层灰渣和杂物，用水冲洗干净、晒干。结合层必须采用干硬砂浆，砂浆应拌匀、拌熟，切忌用稀砂浆。铺砂浆润湿基层，水泥素浆刷匀后，随即铺结合层砂浆，结合层砂浆应拍实揉平。面板铺贴前，板块应浸湿、晒干，试铺后再正式铺镶。定位后，将板块均匀轻击压实，严禁撒干水泥面铺贴。

(2) 验收。应着重注意大理石饰面铺贴是否平整牢固，接缝平直，无歪斜、无污迹和浆痕，表面洁净，颜色协调。此外，还应注意板块有无空鼓，接缝有无高低偏差。

7. 实木地板的特点和规格

实木地板是木材经烘干，加工后形成的地面装饰材料。它具有花纹自然，脚感舒适，使用安全的特点，是卧室、客厅、书房等地面装修的理想材料。实木的装饰风格返璞归真，质感自然，在森林覆盖率下降，大力提倡环保的今天，实木地板更显珍贵。

实木地板厚度一般 18 毫米，常见规格有 90 毫米×900 毫米、125 毫米×900 毫米，在铺装上有直接铺贴和龙骨铺贴两种，直接铺贴要求实木地板在制作上将榫口设计为虎口榫，这样安装后才不易松动。

选实木地板就是追求其真实、自然的感觉，不能过于注重漆膜硬度。实木地板与强化木地板不同，实木地板可以多次修复刷漆。实木地板虽然环保，但易变形和被虫蛀，需经常打理。漆膜硬度可以这样检测：用一支削好的平头 H 铅笔，笔杆与地板表面成 45 度夹角，在地板表面上连划几道，没有痕迹的是合格品。

8. 实木地板的优缺点

木质地板优点：
(1) 天然木种，可以很好地体现一个人的生活品位。
(2) 可以通过油漆等方式弥补一些瑕疵。

（3）比较好的舒适感，调温功能较强。

缺点：

（1）清洁方面主要取决于地板的油漆好坏，比较害怕硬物及重物的拖拉，以及尖锐物体的竖向落体。

（2）受天气及湿度影响较大，不论是在铺设时还是在铺设完毕。

（3）铺设比较繁琐，大约有 6～8 道工序。

9. 强化复合地板的特点和规格

（1）结构。强化复合地板通常为四层结构，随着科技进步，也出现了超过四层的强化木地板。强化木地板的一般结构为：第一层，耐磨层（三氧化二铝）；第二层，装饰层（木纹装饰纸经浸胶后的装饰层）；第三层，基材层（中／高密度纤维板）；第四层，防潮平衡层。

（2）规格。强化木地板的规格主要是通过改变单板、宽度和厚度来实现的。强化木地板的长度范围通常为 1200～1820 毫米，而宽度为 182～225 毫米，厚度为 6～12 毫米。按一块地板宽度方向有几块地板图案就称为几拼板，可以分为单拼板、双拼板和三拼板。通常房间比较小的，宜采用双拼或三拼板，而房间比较大的则多选用单拼板。

（3）特性。耐磨性、耐冲击、绿色健康、耐灼烧、耐油污、易安装、保养简单。

10. 强化复合地板的分类

目前市场上强化木地板产品的表面性状，从生产工艺上可分为沟槽面、皮纹面、水晶面、浮雕面等。

（1）沟槽面。木纹效果真实，装饰性好，沟槽呈线形分布，防滑性能好，用普通刷子清洁即可，面受力、耐磨性能好。

（2）皮纹面。木纹效果较好，光泽度较好，装饰效果较好，针状坑点呈网状分布，防滑性能较好。表面呈针状坑、点大小不一，污垢藏于坑点中，不易清洁，点受力、耐磨性能相对较差。

（3）水晶面。木纹效果较好，光泽度很好，装饰效果好。缺乏凹凸面，防滑性能差，不藏污垢。易清洁，面受力、耐磨性能好。

（4）浮雕面。木纹效果更真实自然，装饰性很好，浮雕呈线形分布，凹凸明显，防滑性能最好。浮雕呈线形分布，凹槽较深，不易清洁，线受力、耐磨性能较差。

11. 实木复合地板的特点和规格

实木多层地板采用多层实木薄片，经纵横交错的组合方式，采用胶粘剂，经热压成板材后再加工而成的地板，该产品的内应力得到了一定限度的平衡，解决了单层实木地板容易受潮变形、干缩开裂的问题。特别在北方地区，更适合于地热地板。

目前三种地板（强化、实木、实木复合）中，实木复合地板价位普遍高于强化木地板及部分实木地板。实木复合地板按照结构分为三层实木复合和多层实木复合。

实木多层地板厚度一般为 0.3～2 毫米，其中三层实木最高可达 4 毫米。地热的地板主要可以考虑以下几个地板结构：表板厚度最好采用 0.6 毫米或整体地板厚度在 9～15 毫米，因为木材越薄其内应力越小，表板和基板之间的应力越均衡；此外，纵横交错的结构也能够保证地板结构的稳定。

12. 复合地板的优缺点

复合地板有如下优点：

（1）铺设方便，易于打理。铺设时间80平方米大约6小时。

（2）比较经济实惠，总体造价较低，并且烟蒂、硬物不会损伤地板，不会因为受潮而发生变形。

（3）从耐用的角度上来说，大约可维持8年左右。

复合地板有如下缺点：

（1）受原房体限制较多，如房体地坪高差在2厘米左右，就易产生高低不平现象。

（2）整体舒适感较差，普遍感觉地板比较硬，对于整个房体的调温功能较差。

（3）无法很理性地区别出该种地板的价格比，因为他们所测量出的数据均为理想状态下的数据，一般在打了八折后才可相信。

13. 竹木地板的特点和规格

竹木地板分多层胶合竹地板和单层侧拼竹地板。竹地板外观自然清新，纹理细腻流畅，防潮、防湿、防蚀，韧性强、有弹性、表面坚硬。

竹木复合地板是竹材与木材复合再生产物。它的面板和底板采用竹材，芯层多为杉木、樟木等木材。竹木复合地板具有竹地板的优点。此地板稳定性佳，结实耐用，脚感好，冬暖夏凉。

竹地板的常用规格有900毫米×90毫米×18毫米、1820毫米×90毫米×15毫米等多种，在铺贴方法上，和实木地板相似。

14. 竹木地板的优缺点

与金刚板、实木地板的区别可从价格、使用稳定性、舒适性和环保等方面进行比较。

（1）价格。竹地板介于实木地板和金刚板之间，和甘巴豆等材种的实木板相当。

（2）稳定性。竹木地板收缩和膨胀要比实木地板小。但在实际的耐用性上竹木地板缺点也很明显，一是受日晒和潮湿的影响容易出现分层现象，而在南方地区，竹地板容易长蠹虫，影响了地板的使用寿命。

（3）舒适性。竹木地板和实木地板要明显优于金刚板，可以说是冬暖夏凉。

（4）环保。竹木地板和金刚板一样在加工中使用了大量的黏合剂，多少含有对人体有害的气体，尤其对儿童的危害较大，而实木地板就没有这方面的问题。

15. 地板购买的要诀

地板大致可分为实木地板、实木复合地板、强化地板、竹木地板等。一般情况下，木材质量好，油漆质量好，加工质量好，纹理清晰，手感圆滑的地板就是好地板。在选购地板的时候要记住一句口诀："一摸二闻三掂量。"其中的秘诀就是选地板先要摸一摸地板的油漆是否饱满，有没有漏点；然后看看地板表面是否平整；接着闻闻地板有没有异味，如果味道刺鼻一定就是不合格地板；最后掂量掂量地板的重量，多拿几块地板拼在一起看看彼此之间的缝隙是否均匀。

16. 实木地板精心选

目前市场上销售的实木地板主要有柚木、柞木、水曲柳、桦木及中高档进口木材等。实木地板一般有两种型号。一种是长条型木地板，长度一般在 45 ~ 90 厘米之间，厚度在 1.6 厘米以上，宽度在 6 厘米以上。它不是直接与地面黏合的，下面一定要打龙骨或大芯板作表层。另一种是短小超薄型。它是直接与地面黏合的，它的质量要求主要是干燥程度高，含水率低。

楼层的地面可以采用水曲柳、柞木、柚木、杉木、白桦等地板。材质的花纹要美观，无疤结、质硬的，无严重色差，如柚木、柞木、水曲柳等。

17. 地板的配料和辅料不可忽视

现在购买强化地板，地板商免费送货安装，地板胶也都是随地板赠送的。鉴于环保、防潮的优质地板胶价格昂贵，很多小作坊式的商家往往选用便宜的普通胶，甚至是价格更加低廉的劣质胶，这类不环保的胶水无法保证其品质，却能在商家"品牌专用"和"全包价"的幌子下顺理成章地进入消费者家庭，从而带来家庭环保隐患。

作为强化木地板的主要配料，踢脚线也是暗藏的环保"杀手"。因为大多数木制踢脚线在生产过程中同样选用甲醛系胶粘剂进行胶合、贴面或上漆，而且，踢脚线的表面无法做到像地板表面一样致密，基材中的游离甲醛很容易肆无忌惮地释放出来。

18. 地热采暖应选用什么地板

一般的地板都不能用作地热采暖。因为在高温烘烤的情况下会加快地板水分的流失，从而导致地板开裂变形。地热采暖最好采用厚度较薄的实木复合地板或强化复合地板。地热地板除了在满足常规质量指标的同时，还要满足以下四大要求：

(1) 导热散热性要好——宜薄不宜厚。板厚一般不超过 8 毫米，最厚也不能超过 10 毫米。

(2) 尺寸稳定性要好——宜小不宜大。

(3) 防潮耐热性要好。集成复合型地板要用黏合剂，黏合剂需符合环保、胶合强度高、耐高温高湿老化这三大指标。

(4) 耐磨性要持久。由于地热地板宜薄不宜厚，所以主要表层的油漆耐磨耗值也要比一般指标高。

19. 注意整个地板的安装系统

地板安装后整体的美观舒适并不单单靠产品本身，还要依赖它是否有一整套完善的系统。一套完善的地板系统，会把安装过程中所有可能遇到的问题都考虑进去。比如：踢脚线的处理，两个房屋间地板的衔接，对家中管线的安排，在楼梯上安装木地板、高低的找齐等。如果配件齐全的话，那么，不用担心一些细枝末节的问题会影响到整体的美观，因为生产商已经作了全面的考虑。在这个系统中，还会有一些配件是为了增加地板的舒适性，比如衬垫，这对于比较薄的复合地板来说，非常重要。

20. 实木地板铺装规范

（1）检测一下地面是否潮湿，如潮湿应待含水量达到要求时再铺。

（2）用水平线规定龙骨厚度，按照地板长度测算出固定地龙骨的位置及间距，并用墨斗线弹出固定地龙骨位置的直线；冲击电钻打出固定的龙骨和踢脚线的钉眼，钉眼间距最好 30 厘米；用成品木楔或自制木楔，最好能将木楔上一遍防腐油（放在太阳或日光灯下将水分晒干），然后钉到钻眼内钉紧。

（3）将龙骨用 2 寸以上松花钉固定牢实，钉头进入龙骨内 1 ~ 2 毫米，带线将龙骨找（刨）平并清扫干净；用墨斗线弹出以龙骨中心线和墙为准的地板铺装直线；预铺地板一遍将色差调至最理想的状态，请业主认可，建议将色差较大的地板放在床和柜下面。

（4）防虫剂均匀地撒在地上，防潮膜以地木龙骨的反方向横铺在地龙骨上，接头要交叉 10 厘米。

（5）为避免将已铺过的地板搞错，建议将地板拿起时在每一块地板的反面标注上字号，然后沿标注号来铺装地板。

（6）地板铺装时要将接头放在地龙骨的中间，不可偏离太多，地板要先钻眼后用 1.5 寸松花钉固定在龙骨上，每块板与板之间要加包装带（约 0.2 毫米）的膨胀缝，靠墙边要预留 0.5 厘米以上的膨胀缝，板缝之间切不可上胶水。

21. 实木地板的错误铺设方法

业主应避免以下的错误铺设方法：

（1）地面未平整。地面不平会使部分地板和龙骨悬空，踩踏时就会发出响声。

（2）龙骨未防潮。未经干燥的木龙骨含水率通常在 25% 左右，而合格的木地板含水率一般在 12%，湿度差过大会使木地板快速吸潮，造成地板起拱、漆面爆裂。

（3）过松或过紧。随着环境温湿度的变化，木地板会膨胀或收缩。因此，在铺设地板时，应根据使用场所的环境温湿度高低来合理安排木地板的拼装松紧度。如果过松，地板收缩就会出现较大的缝隙，过紧，地板膨胀时就会起拱。

（4）用铁钉固定。施工中用打木楔加铁钉的固定方式，会造成因木楔与铁钉接触面过小而使握钉力不足，极易造成木龙骨松动，踩踏地板时就会出现响声。

22. 铺装地板注意连接

地板块之间的衔接方式最起码决定了两个大问题，一是铺装的速度，二是板块间的紧密程度。如果你注意一下来自欧洲的地板，就会发现他们很注意地板间的接口，生产线上下来的地板块，不用担心会有对不上口的问题。而且，安装十分简便，通常是对准榫口，一插一按，即告完成。

快速并不意味着粗糙。这种接口的形式很多，各个厂家间都有一套已经完整成熟的标准。在连接的紧密性得到保证之后，还解决了另外一个问题，那就是不用胶水黏结。这对于我们的健康十分地重要，因为在很多情况下，板材之中不含或极少含有对人有害的成分，而由黏结剂散发出的有害物质，例如甲醛等，却依然会侵害我们的健康。

23. 下雨天勿铺木地板

无论是铺实木地板还是复合地板，都尽量不要在下雨天进行铺装。因为雨天地面会受潮，特别是一楼，还会出现返潮现象。此时水分蒸发慢，胶干得也慢，如果在这种情况下施工，将来很容易出现变形或空鼓现象。不过，在空气湿度不是很大的阴天里，还是可以铺装木地板的，但注意要铺装得紧凑些，不然天一晴，水分被蒸发干后，会导致木地板收缩，造成地板间缝隙过大。

24. 地热家庭铺地板的注意事项

（1）要使用地热地板专用胶。

（2）不能打龙骨，因为打龙骨后，会留下空隙，空气的导热系数低，传热效能不好；而且在热采暖地板上打孔，极有可能会破坏采暖管。

（3）为防止木地板升温过快发生开裂扭曲，在第一次升温或长久未开启使用时应缓慢升温，在升温过程中，以每小时升温 1℃ 左右最为适宜。

（4）要使用地热专用纸地垫，不能使用普通泡沫地垫，它导热慢，易产生有害气体，危害健康。

25. 先铺地板后铺壁纸的重要性

壁纸施工在铺地板后有几个优点：

（1）铺地板时打龙骨、锯木头等不会把壁纸弄脏。

（2）壁纸最后施工也免除搬运笨重物件时被撞坏。

（3）当地板、踢脚线装好后，有可能墙与踢脚线平直度不够或有缝隙，后铺壁纸有掩盖缝隙的效果。

综合以上特点，所以建议客户壁纸施工放在装修的最后一道工序。

26. 壁纸有哪些优缺点

（1）装饰效果好。壁纸色彩丰富，图案多样化，选择余地大，可以通过印花、压花、发泡等工艺制成仿锦缎、木材、石材、花草和织物等具有凹凸质感的图案，富有良好的质感和立体效果。

（2）吸声、隔热，无毒、无污染。壁纸具有一定的吸声、隔热、防霉、防菌功能和较好的抗老化、防虫蛀功能。

（3）使用维护方便。基层材料为水泥、木材、粉墙时都可使用，易与室内装饰的色彩、风格保持和谐，壁纸的表面为压花塑料，耐擦洗性能好，可直接用清水清洁擦洗。

壁纸的缺点是：很容易被刮坏；一旦沾上油污也不便清洁；一般的壁纸对墙面及室内的湿度要求较高，如果湿度过大，很容易受潮开裂。

27. 消费者对壁纸存在的认识误区

（1）认为壁纸有毒，对人体有害。这是个错误的宣传导向。从壁纸生产技术、工艺和使用上来讲，PVC 树脂不含铅和苯等有害成分，与其他化工建材相比，可以说壁纸是没有毒性的；从应用角度讲，发达国家使用壁纸的量和面，远远超过我们国家。

（2）认为壁纸使用时间短。壁纸的最大特点就是可以随时更新，经常不断改变居住空间的气氛，常有新鲜感。如果每年能更换一次花不多的钱和时间改变一下居室气氛，无疑是一种很好的精神调节和享受。

（3）认为贴壁纸容易脱落。容易脱落不是壁纸本身的问题，而是粘贴工艺和胶水的质量问题。使用壁纸不但没有害处，而且有四大好处：一是更新容易；二是粘贴简便；三是选择性强；四是造价便宜。

28. 壁纸的分类

塑料壁纸是目前生产最多，销售得最快的一种壁纸。所用塑料绝大部分为聚氯乙烯，简称 PVC 塑料壁纸。塑料壁纸通常分为普通壁纸、发泡壁纸等，每一类又分若干品种，每一品种再分为各式各样的花色。普通壁纸用 80 克每平方米的纸作基材，涂塑 100 克每平方米左右的 PVC 糊状树脂。发泡壁纸用 100 克每平方米的纸作基材，涂塑 300～400 克每平方米掺有发泡剂的 PVC 糊状树脂，印花后再发泡而成。这类壁纸比普通壁纸显得厚实、松软。其中高发泡壁纸表面呈富有弹性的凹凸状；低发泡壁纸是在发泡平面印有花纹图案，形如浮雕、木纹、瓷砖。塑料壁纸花色品种多，适用面广，价格低，透气性好，接缝不易开裂，且表层有一层蜡面，脏了可以用湿布擦洗，因此销售状况较好。

29. 挑选壁纸时要注意几点

一般的壁纸长 10 米，宽 0.52 米，面积约为 5.2 平方米。具体在选购过程中，要注意以下几点：

（1）看一看壁纸的表面是否存在色差、褶皱和气泡，壁纸的图案是否清晰，色彩是否均匀。消费者应选择光洁度较好的壁纸。

（2）可以用手摸一摸壁纸，纸的薄厚是否一致，手感较好、凸凹感强的产品，应该成为首先考虑的对象。还可以裁一块壁纸小样，用湿布擦拭纸面，看看是否有脱色的现象。

（3）选购壁纸时，要看清所购壁纸的编号与批号是否一致，因为有的壁纸尽管是同一编号，但由于生产日期不同，颜色上便可能发生细微差异，常常在购买时难于察觉，直到贴上墙才发现。

（4）闻一闻应无刺鼻气味，同时还要检查涂胶的环保性能。

30. 根据居家状态买壁纸

多数家庭的居住面积并不宽敞，所以根据人们希望环境舒适一些的心理，最好不要选纹理、图案过于醒目的壁纸，图案的尺度也要适当，如果图形花样过大就会在视觉上造成"近逼"感。从色彩上说，朝北背阳房间不宜用偏蓝、紫等冷色，而应用偏黄、红或棕色的暖色壁纸，以免冬季色彩感觉过于偏冷。而朝阳的房间，可选用偏冷的灰色调壁纸，但不宜用天蓝、湖蓝这类冬天看着不舒服的颜色。

起居室宜选用清新淡雅颜色的壁纸；餐厅应采用橙黄色的壁纸；卧室则可以依据个人喜好，随意发挥：红色调壁纸可以创造兴奋的气氛，而蓝、青等冷色调壁纸有利于放松精神，黄色调壁纸是营造温馨浪漫的最佳选择。

31. 巧用壁纸改善空间视觉感

（1）竖条纹状图案增加居室高度。由于长条状的花纹设计有将视线向上引导的效果，因此会对房间的高度产生错觉，非常适合用在较矮的房间。如果你的房间原本就显得高挑，那么选择宽度较大的长条图案会很不错，因为它可以将视线向左右延伸。

（2）大花朵图案降低居室拘束感。在壁纸展示厅中，鲜艳炫目的图案与花朵最抢眼，有些花朵图案逼真、色彩浓烈，远观真有呼之欲出的感觉。据介绍，这种壁纸可以降低房间的拘束感，适合格局较为平淡无奇的房间。

（3）细小规律的图案增添居室秩序感。有规律的小图案壁纸可以为居室提供一个既不夸张又不会太平淡的背景，你喜爱的家具会在这个背景前充分显露其特色。如果你还是第一次挑选壁纸，选择这种壁纸最为安全。

32. 什么是液体壁纸

"液体壁纸"也称壁纸漆，是集壁纸和乳胶漆特点于一身的环保水性涂料，采用丙烯酸乳液、钛白粉、颜料及其他助剂制成。优点是：

（1）色彩丰富。可根据装修者的意愿创造不同的视觉效果。

（2）装饰效果强。是绿色环保涂料，因为施工时无须使用 107 胶、聚乙烯醇等，所以不含铅、汞等重金属以及醛类物质，从而做到无毒、无污染。

（3）抗污性很强，因为是水性涂料，同时具有良好的防潮、抗菌性能，不易生虫，不易老化。

缺点是：

（1）施工比较麻烦。它的施工时间也比普通乳胶漆长得多，大概有七八道工序。

（2）价格较高。80～220 元／平方米，适宜涂刷小面积的电视背景墙、客厅沙发后墙等。

（3）修复性较差，如果有划痕或碰伤，修补较麻烦。

33. 什么是壁布

壁布实际上是壁纸的另一种形式，一样有着变幻多彩的图案、瑰丽无比的色泽，但在质感上则比壁纸更胜一筹。由于壁布表层材料的基材多为天然物质，无论是提花壁布、纱线壁布，还是无纺布壁布、浮雕壁布，经过特殊处理的表面，其质地都较柔软舒适，而且纹理更加自然，色彩也更显柔和，极具艺术效果，给人一种温馨的感觉。壁布不仅有着与壁纸一样的环保特性，而且更新也很简便，并具有更强的吸音、隔音性能，还可防火、防霉、防蛀，也非常耐擦洗。壁布本身的柔韧性、无毒、无味等特点，使其既适合铺装在人多热闹的客厅或餐厅，也更适合铺装在儿童房或老人的居室里。

34. 壁布的分类

壁布按材料的层次构成可分为单层和复合两种。

（1）单层壁布即由一层材料编织而成，或丝绸，或化纤，或纯棉，或布革，其中一种锦缎壁布最为绚丽多彩，由于其缎面上的花纹是在三种以上颜色的缎纹底上编织而成，因而更显古典雅致。

（2）复合型壁布就是由两层以上的材料复合编织而成，分为表面材料和背衬材料，背衬材料又主要有发泡和低发泡两种。除此之外，还有防潮性能良好、花样繁多的玻璃纤维壁布。

35. 壁布的搭配

亚麻壁布、丝质壁布、大花壁布、条纹壁布、羽毛花纹的壁布，不同质地、花纹、颜色相互组合成的花样百出的壁布装饰在不同的房间，与不同的家具相互搭配，就会给人带来不同的感受。壁布易施工、易更换的特性，让您可以随心所欲地为房间的墙面更换新衣，既可选择一种样式的壁布铺装以体现统一的装饰风格，也可以根据不同房间功能的特点选择款式各异的壁布，以体现各自的缤纷绚烂。

36. 壁纸粘贴的工艺流程

（1）为了防止壁纸受潮脱落，在批过腻子的表面须刷一遍防潮底油，防潮底油采用酚醛清漆与汽油（松节油）按1:3的比例配制。底油要涂刷均匀，不得漏刷。

（2）待底油干燥后根据画好的粘贴图，在壁面弹出水平、垂直线，以保证壁纸粘贴后，横平竖直，图案端正。根据弹出墨线裁剪壁纸，两端各留出30~50毫米的裁剪量。

（3）先在壁面刷一遍胶粘剂，要薄而均匀，不得漏刷。阴角处应增加1~2遍胶粘剂。裁剪好的壁纸在使用前，先将壁纸背面用湿布擦拭一下，待表面稍干后，再在壁纸背面均匀刷一遍胶粘剂。

（4）粘贴壁纸时，首先按照所弹墨线定位，确保壁纸垂直，后对花纹拼缝，再用刮板用力抹压平整。

（5）粘贴过程中，壁纸一般采用拼缝粘贴法。拼缝时先对图案后拼缝。图案上下吻合后，再用刮板斜向刮胶，将拼缝处擀密实，并将多余胶粘剂用湿毛巾擦干净。用钢尺压在拼缝处，将壁纸刀从上而下沿钢尺将重叠壁纸切开，余纸清除后将壁纸沿刀口拼缝粘牢。

（6）在阴阳角处不可拼缝应搭接。在阳角贴壁纸先贴转角壁纸，壁纸要绕过阳角不小于20毫米，再贴非转角壁纸。阴角搭接面应根据阴角垂直度而定，一般搭接2~3厘米，并要保证垂直无毛边。

（7）粘贴前应尽可能将壁面物件卸下。在粘贴过程中，将卸下孔洞位标记出来。不易卸下物件，小心切割出"十"口，然后用手按出物件轮廓，并将多余壁纸割除、贴牢。

（8）发现空鼓部位可用壁纸刀切开，补涂胶粘剂重新压实贴牢。小气泡可用注射器放气，然后注入胶液。多余的胶液用湿毛巾擦干净。

（9）基层腻子要平整，避免产生壁纸表面不平整。基层要处理干净，避免产生翘边。壁纸施工前要对色，保证颜色一致。

37. 壁纸产生气泡的原因

主要原因是胶液涂刷不均匀，裱糊时未能擀出气泡所致。施工中为防止有漏刷胶液的部位，可在刷胶后用刮板刮一遍，以保证刷胶均匀。裱贴后，用刮板由里向外刮抹，将气泡和多余胶液擀出。如在使用中发生气泡，可用小刀割开壁纸，放出空气后，再涂刷胶液刮平，也可用注射器抽出空气，注入胶液后压平。

38. 铺装壁纸前的壁面施工规范

粘贴壁纸前，基层处理质量根据中华人民共和国国家标准《建筑装饰装修工程质量验收规范》（GB50210—2001）规定应达到下列要求：

（1）新建筑物的混凝土或抹灰基层墙面在刮腻子前应涂刷抗碱封闭底漆。

（2）旧墙面在裱糊前应清除疏松的旧装修层，并涂刷界面剂。

（3）混凝土或抹灰基层含水率不得大于 18%；木材基层的含水率不得大于 12%。

（4）基层腻子应平整、坚固、牢固，无粉化、起皮和裂缝，腻子的黏结强度应符合《建筑室内用腻子》（JG/T3049）N 型的规定。

（5）基层表面平整度、立面垂直度及阴阳角方正应达到《建筑装饰装修工程质量验收规范》（GB50210—2001）第 4.2.11 条高级抹灰的要求。

（6）基层表面颜色应一致。

（7）裱糊前应用封闭漆涂层刷基层。

（8）别忘了考虑裱糊用胶的环保问题。

39. 壁纸不要贴满屋

壁纸虽然可以起到美化环境的作用，但是在室内装饰中，尽量不要贴一整屋。

首先，壁纸都是带有花饰和纹路的，贴满屋长期容易造成视觉疲劳；其次，壁纸本身及胶粘剂会释放挥发性有机化合物。所以，不妨只用来装饰电视墙、主题墙等视觉点。

省钱又省心——
家居**装修**最关心的
500个问题

第**15**章
家具与家电的购买

1.灯具的分类

灯具的种类繁多、形式多样。按结构特性分吊灯、吸顶灯、壁灯、落地灯、射灯、台灯、筒灯、沐浴灯(浴霸)等。

(1) 吊灯。吊灯适合于客厅。用于居室的分单头吊灯和多头吊灯两种，前者多用于卧室、餐厅，后者宜装在客厅里。吊灯的安装高度，其最低点应离地面不小于2.2米。

(2) 吸顶灯。吸顶灯适合于客厅、卧室、厨房、卫生间等处照明。吸顶灯可直接装在天花板上，安装简易，款式简单大方，赋予空间清朗明快的感觉。

(3) 壁灯。壁灯适合于卧室、卫生间照明。壁灯的安装高度，其灯泡应离地面不小于1.8米。

(4) 落地灯。落地灯常用作局部照明，不讲全面性，而强调移动的便利，对于角落气氛的营造十分实用。落地灯的灯罩下边应离地面1.8米以上。

(5) 射灯。射灯可安置在吊顶四周或家具上部，也可置于墙内、墙裙或踢脚线里。射灯光线柔和，雍容华贵，既可对整体照明起主导作用，又可局部采光，烘托气氛。

(6) 筒灯。筒灯一般装设在卧室、客厅、卫生间的周边天棚上。这种嵌装于天花板内部的隐置性灯具，所有光线都向下投射，属于直接配光。

2.不同功能的居室中灯光及灯具的合理选配

(1) 客厅。如果客厅较大(超过20平方米)，而且层高3米以上，宜选择大一些的多头吊灯。高度较低、面积较小的客厅，应该选择吸顶灯，因为光源距地面2.3米左右，照明效果最好。如果房间只有2.5米高左右，灯具本身的高度就应该在20厘米左右，厚度小的吸顶灯可以达到良好的整体照明效果。

(2) 卧室。卧室是主人休息的私人空间，应选择眩光少的深罩型、半透明型灯具，在入口和床旁共设三个开关。除了选择主灯外，还应有台灯、地灯、壁灯等，以起到局部照明和装饰美化小环境的作用。

(3) 书房。书房中除了布置台灯外还要设置一般照明，减少室内亮度对比，避免疲劳。书房照明主要满足阅读、写作之用，要考虑灯光的功能性，款式简单大方即可，光线要柔和明亮，避免眩光，使人舒适地学习和工作。

(4) 厨房。厨房中的灯具必须有足够的亮度，以满足烹饪者随心所欲地操作时的需要。厨房除需安装有散射光的防油烟吸顶灯外，还应按照灶台的布置，根据实际需要安装壁灯或照顾工作台面的灯具。

(5) 餐厅。餐厅的局部照明要采用悬挂灯具，以方便用餐。同时还要设置一般照明，使整个房间有一定程度的明亮度。柔和的黄色光，可以使餐桌上的菜肴看起来更美味，增添家庭团聚的气氛和情调。

（6）卫生间。由于室内的湿度较大，灯具应选用防潮型的，以塑料或玻璃材质为佳，灯罩也宜选用密封式，优先考虑一触即亮的光源。可以防水吸顶灯为主灯，射灯为辅灯，也可直接使用多个射灯从不同角度照射，给浴室带来丰富的层次感。

3. 灯具布置的基本原则

（1）简约原则。灯饰在房间中应起到画龙点睛的作用。过于复杂的造型、过于繁杂的花色，均不适宜设计简洁的房间。

（2）方便原则。选择灯具时，一定要考虑更换灯泡方便。

（3）节能原则。节能灯泡节电，照明度又好，也不会散发过多热量，适用于多头灯具。

（4）安全原则。一定要选择正规厂家的灯具。正规产品都标有总负荷，根据总负荷，可以确定使用多少瓦数的灯泡，尤其对于多头吊灯最为重要。

（6）功能原则。客厅应该选用明亮、富丽的灯具；卧室应选用使人躺在床上不觉刺眼的灯具；儿童房应选用色彩艳丽、款式富于变化的灯具；卫生间应选用式样简洁的防水灯具；厨房应选用便于擦拭、清洁的灯具；某些需要特殊表现的地方也可选择射灯。

（7）协调原则。灯饰与房间的整体风格要协调，而同一房间的多种灯具，应保持色彩协调或款式协调。

4. 光源最好选择节能灯

以三口之家四处照明，日平均照明 5 个小时，电费 0.5 元计，若采用 60W 白炽灯，年电费是：$[(60 \times 4)/1000] \times (5 \times 360) \times 0.5 = 216$ 元，而采用同等照明效果的 11 瓦节能灯时，年电费却是：$[(11 \times 4)/1000] \times (5 \times 360) \times 0.5 = 39.6$ 元。一年能省 170 元左右。

采用电子镇流器的节能灯相对于普通日光灯（它采用电磁式镇流器）可节 40% 的电能。以市场上常见的 11W 节能灯和 60W 白炽灯作比较，前者的光通量约 600Lm，光效为 55Lm/W，后者的光通量是 630Lm，光效为 11Lm/W，由光通量看，两者亮度相当，但光效上相差 5 倍，前者的节能效果不言而喻。

5. 节能灯选购的一般常识

（1）认证标记。安全认证为"CQC"标记，有该标记的产品说明该产品是经中国质量认证中心认可，符合中国质量认证中心规定的安全要求。

（2）包装。国家强制要求节能灯产品，在外包装上标出以下内容：来源标志、额定电压和电压范围、额定功率、额定频率。

（3）型号。如某节能灯产品标明型号为：YPZ230/9-3U RR D 6500K，其中 YPZ 代表普通照明用自镇流荧光灯（节能灯），230/9 表示额定电压 230V、额定功率 9W，3U 表示灯的结构（由 3 个 U 形灯管组成），RR 表示灯的发光颜色，D 表示电子式自镇流，6500K 表示相关色温或用中文表示成日光色。一般节能灯产品标注前三项的较多。

功率：照明效果相同的情况下，节能灯的功率为白炽灯的六分之一。因此，如果想获得与 60W 白炽灯相同的照明效果，选择 10W 的节能灯即可。

（4）外观。一看灯头、灯管是否松动，灯管荧光粉涂层是否均匀无漏涂、掉粉，荧光粉体应当晶莹洁白，不能有发黄或发灰的现象；二看通电点亮灯管，灯管发光是否正常均匀，灯管应无明显黑斑，发光体无闪烁。

（5）互换性。互换性是产品的灯头与灯座是否能良好配合的指标。互换性不好会造成灯安装和拆卸时的困难，使灯不能可靠地固定在灯座中，产生安全隐患。

6. 水晶灯购买的几点注意事项

在挑选水晶灯时必须注意以下三点：

（1）留心品牌标志。不同品牌的水晶灯，其质量及价格会相差很大。有的著名品牌为保证其品质，以防鱼目混珠，会在每一个水晶饰面上刻有品牌标志，只要您在购买时仔细辨认清楚便可。

（2）垂饰规格有讲究。水晶灯之所以能绽放出耀眼夺目的光芒，显现出华丽尊贵的气质，无不倚仗一身通体晶莹的串串垂饰，如若层层叠叠的垂饰大小体形不一，那势必影响水晶灯整体美感的展现。

（3）清脆度、透明度不含糊。现在，市面上的水晶灯一般都以千元起价。其中水晶的产地和纯度是造成价差的主要因素，水晶实际上也是玻璃的一种，是一种提纯品，按其含铅量的高低而价格有所不同。

7. 家具的分类

家具是家庭室内生活的主要元素。家装要与家具有机结合起来，形成统一协调的风格。

家具按照材料来划分，有板式家具、实木贴皮家具、纯实木家具、竹家具、藤家具、钢结构家具和布艺家具。板式家具一般采用三聚氰胺板、中密度板作为家具板材，价格上相对较便宜，风格趋向现代，色彩、款式较为多样。

实木贴皮家具是利用水曲柳、松木或其他木材，外表饰以其他贵重木皮而制作的。纯实木家具因其大量使用木材，故而售价很高。

竹、藤等材料一般只能用于制作桌、椅（躺椅）等家具，鲜有用于制作柜类家具。

8. 家具购买和使用的五大误区

购买和使用家具时，要谨防五大误区：

误区一：颜色越艳越好。鲜艳的颜色往往是通过贴膜、喷漆等方式实现的，重金属含量相对较高，对儿童可能造成伤害。

误区二：搬进家具就入住。家具搬进家里后，不要着急入住，开窗通风差不多一个月以后再考虑住人。如果一个月后还有较大的刺激性气味，最好是进行室内空气检测，看看家具是否对室内环境造成了污染。

误区三：配置整套拼装家具。拼装类家具大多以人造板为材质，甲醛释放量很高，如果儿童房的拼装家具板材是人造板的，最好不要选用。

误区四：表面装饰力求豪华。家具表面装饰面通常以油漆为主，水性油漆因为价格较高，所以普通家具很少使用，普通家具属于溶剂型木器涂料，是苯和 TVOC 污染的重要来源，而且释放周期相对水性油漆较长，气味也较大。

误区五：每个房间摆满家具。如果成套的家具摆进居室里，就可能产生"叠加"效应，使得整个居室里刺激性气味浓烈，造成环境污染。

9. 实木家具及材料分类

实木家具的优点是体现自然的纹理、多变的形态（如曲面、雕花），由于用胶较少，因此环保性能比板式家具高。不过实木家具也有很明显的缺点：在制作家具承重部分时，如果做成薄板，如侧板、框架，比较容易变形；还有，木材的稳定性取决于含水率的变化，实木家具会受周围环境影响而改变出厂时的含水率，含水率的改变会导致变形、开裂。

（1）楠木。是一种高档木材，其色浅橙黄略灰，纹理淡雅文静，质地温润柔和，无收缩性，遇雨有阵阵幽香。南方诸省均产，唯四川产为最好。

（2）枫木。重量适中，结构细，加工容易，切削面光滑，涂饰、胶合性较好，干燥时有翘曲现象。

（3）樟木。重量适中，结构细，有香气，干燥时不易变形，加工、涂饰、胶合性较好。

（4）柳木。材质适中，结构略粗，加工容易，胶接与涂饰性能良好。干燥时稍有开裂和翘曲。以柳木制作的胶合板称为菲律宾板。

（5）紫檀（红木）。材质坚硬，纹理自然，结构粗，耐久性强，有光泽，切削面光滑。

（6）红松。材质轻软，强度适中，干燥性好，耐水、耐腐，加工、涂饰、着色、胶结性好。

（7）白松。材质轻软，富有弹性，结构细致均匀，干燥性好，耐水、耐腐，加工、涂饰、着色、胶结性好。白松比红松强度高。

（8）椴木。材质略轻软，结构略细，有丝绢光泽，不易开裂，加工、涂饰、着色、胶结性好。不耐腐，干燥时稍有翘曲。

10. 明清家具的特点和用材

明代家具的造型、装饰、工艺、材料等，都已达到了尽善尽美的境地，具有典雅、简洁的时代特色，后世誉之为"明式家具"。清式家具以设计巧妙、装饰华丽、做工精细、富于变化为特点。

明清家具所用木材多产自热带，质地坚硬，色泽、纹理优美，可分为硬木和非硬木两类。紫檀木、花梨木、鸡翅木、铁力木、红木、乌木等属硬木，楠木、榉木、樟木、黄杨木等为非硬木。明清家具常用金属饰件，如柜、箱、橱、椅及屏风等家具尤为多见，名目繁多，如合页、面页、吊牌、包角、锁插等，造型各异。饰件上采用錾花、鎏金、锤合等技法，制作出各种花纹，灿烂华美。

11. 红木家具的特征和用材

根据国家标准，"红木"的范围确定为 5 属 8 类。5 属是以树木学的属来命名的，即紫檀属、黄檀属、崖豆属及铁力木属。8 类则是以木材的商品名来命名的，即紫檀木类、花梨木类、香枝木类、黑酸枝类、红酸枝类、乌木类、条纹乌木类和鸡翅木类。

（1）紫檀木。是红木中的极品。其木质坚硬，色泽紫黑、凝重，手感沉重，年轮呈纹丝状，纹理纤细，有不规则蟹爪纹。紫檀木又分老紫檀木和新紫檀木。老紫檀木呈紫黑色，浸水不掉色，新紫檀木呈现褐红色、暗红色或深紫色，浸水会掉色。

（2）酸枝木。俗称老红木。木质坚硬沉重，经久耐用，能沉于水中，结构细密呈柠檬红色、深紫红色、紫黑色条纹，加工时散发出一种酸味的辛香，故称为酸枝木。

（3）乌木。颜色乌黑发亮，结构细密凝重，有油脂感。乌木多见制作筷子、墨盒之类小件，少见制作家具。

（4）花梨木。又称香红木，与酸枝木构成相近，其木质坚硬，色呈赤红或红紫，纹理呈雨线状，色泽柔和，重量较轻，能浮于水中，形似木筋。目前市场上的红木家具以花梨木居多。

（5）鸡翅木。木质坚硬，颜色分为黑、白、紫三种颜色，形似鸡翅羽毛状，色彩艳丽明快。但因含有细微砂砾等杂质，故难以加工，宜做装饰边角材料。市场上很难见到成套的鸡翅木家具。

12. 如何辨别实木家具的真假

实木一般有两个标志：木纹和疤结。一个柜门，正面看是一种花纹，那么拉开柜门后，相应着这个花纹变化的位置，在柜门的背面看相应的花纹，如果对应得很好则是纯实木柜门。另外，看疤结也是鉴定纯木的好方法：有疤痕的正面所在位置，在另一面也应有疤结。实木是什么树种制成的，这直接影响价格和质量。在北方，普通实木家具通常采用榉木、白橡木、水曲柳、榆木、楸木、橡胶木、柞木，而名贵的红木家具主要采用花梨木、鸡翅木、紫檀木。

买实木家具，最容易踏入用软木冒充硬木，或者用低档硬木冒充高档硬木的两大陷阱，所以要货比三家，太便宜的绝对有诈。即使是实木家具，也存在优劣问题。观察木质优劣，要打开家具柜门、抽屉，观察木质是否干燥、洁白，质地是否紧密、细腻。

13. 板式家具的特点

板式家具主要有板木结合家具和纯板式家具，板木结合家具是指主要支撑框架用的实木木材，其余大部分是用木质合成材料制作的家具产品。

纯板式家具指用胶合板、密度板和刨花板材料制成的家具。大多数消费者总认为板式家具不如实木家具正统和高档，但实际上从使用角度和外观效果来看，两者并没有太大的区别。

首先，板式家具韧性好，在制造过程中尺寸稳定性好，易于铺设，甚至弯曲成各种造型，层面外观完美大方；其次，原材料在成型制作过程中普遍采用了先进的设备和加工工艺，家具产品质量更趋稳定，并从结构上改善了实木板材易裂易折的弱点，制成的家具耐划痕性能、耐灼烧性能、耐污染性能都很好；第三，只要不长期浸水受潮，木质合成板一般不会翘曲变形，与有些中低档实木家具因材质不好或含水率高而慢慢发生糟朽变形相比，有其更优越的地方。

14. 板式家具购买的窍门

(1) 板式家具的材质看其是原木板的，还是高中密度板、刨花板的，其中以原木板最好。鉴别材质最好的方法是认真观察合页槽和打眼处，从裸露的内部构造处，就可以看出用了何种板材。

(2) 辨别板式家具用的是纸贴面还是木贴面，这是比较难的，也是比较重要的。纸贴面比木贴面的家具要便宜许多，最简便的方法是观察花纹，木贴面有自然的疤结、色差及纹路变化；纸贴面的花纹则比较死板。

(3) 无论是贴木单板、PVC还是油漆纸，都要注意皮子是否贴得平整，有无鼓包、起泡及拼缝不严等现象。检查时要冲着光看，不冲光则看不出来。

(4) 板式家具的封边非常重要。要注意封边材料的优劣，有没有不平整、翘起现象。如果封边不平，说明内材较湿，封边容易开裂。特别要注意，它是不是六面都封边。

(5) 要看家具结构的牢固性。一是家具的门缝、抽屉缝的间隙，如果缝隙大，说明做工粗糙，时间长了还会变形；二是单包箱还是双包箱，通常，除了外面一层板之外，家具里面还应贴一层面板，这叫双包箱，双包箱的家具既美观又结实。

(6) 油漆的好坏也很重要。颜料是否有条痕？角位的颜料是否涂得过厚？有裂痕或气泡吗？这些都是要仔细查看的。还得问厂家营业员，家具上过几道漆，当然是上的次数越多越好。

(7) 五金配件的使用，可随意拆装组合是板式家具最大的优点。板式家具均用金属、塑料件作为紧固连接件，所以连接件的质量好坏和整个家具的质量息息相关。

15. 实木家具和板式家具的区别有哪些

(1) 材料。实木家具是指纯实木家具，即所有材料都是未经再次加工的天然材料，不使用任何人造板制成的家具。板式家具是指用刨花板和中密度板进行表面贴面或喷各种颜色的油漆制成的家具。目前最常见的板式家具以木纹仿真贴面为主，效果非常逼真，光洁。

(2) 风格。实木家具（纯实木家具）的款式古朴自然，原材料相对更环保，满足了人们回归自然的心理，但是很少受年轻人的喜爱。实木家具最主要的缺点就是易变形，保养起来较困难。相对来说，板式家具不易变形、开裂，更好保养。因为人造板材基本上都是采用木材的边角余料制成的，所以，环保指标合格的板式家具无形中保护了有限的自然资源。

(3) 制作方法。实木家具和板式家具也是有区别的，实木家具通常采用胶粘剂，成品一般不能拆卸，搬家时就很不方便。而板式家具通常采用各种金属五金件，安装和拆卸都非常方便，加工精度高的板式家具可以多次拆卸安装。

16. 如何购买衣柜

(1) 选材是否环保。它关系到您和家人的健康，所以柜体板要有国家权威的检测报告，符合国家强制性标准（GB18584—2001标准），甲醛释放量≤1.5mg/L，含水率在5%~11%之间。

(2) 板材是否结实。它决定柜体的使用寿命，其厚度标准应该是18毫米，密度标准为0.6~0.9克/立方厘米，坚固耐用，使用寿命要达到15年以上，当然如果想加厚也可以，但价位肯定相应就高。

(3) 工艺是否精细。最重要的是：①看板子的封边。机器封边一般均匀一致，看不到黑线和锯齿印，而手工封边会有一些毛糙，会刮伤衣物，尤其是贵重丝织品。②看背板是否开槽安装，保证稳定性。

(4) 看柜子的价格是否透明。首先要问清厂家的计算方法，其次要问清价格所包含的项目，比如是否含有抽屉和层板、五金配件的价格（通常展开面积算法均不含抽屉、层板、五金配件的价格）。

(5) 产品是否由正规的品牌厂家生产，有无环保认证、健康认证。最好选择有防伪标志、承诺多年保修和终身维护的品牌产品。

(6) 配件也很关键，查看所有配件（如连接件、螺丝）是否与整体衣柜的品牌一致，正规产品的各部件一般都有品牌的字母标志。

17. 购买浴室柜的几点经验

(1) 面材。浴室柜的面材可分为天然石材、人造石材、防火板、烤漆、玻璃、金属和实木等。目前，市场上浴室柜所选用的主流基材是防水中纤板，这是将经过挑选的木材原料粉碎成粉末状后，经特殊工艺加工而成的一种"刚性"板材。

(2) 干湿分离。木质浴室柜对卫浴间内的环境有相对苛刻的要求，即干湿分离。拥有干湿分离的卫浴间，能够保持各个区域的干爽，就可以从容选择各种风格和材质的浴室柜了。而对于较小的卫浴间实现干湿分离的最佳方法就是安装淋浴门或独立淋浴房。

(3) 方便性。设计师可以根据使用者的功能要求和审美需求来放置不同形式的浴室柜，各种洗浴用品、清洁用品以及衣物等分门别类地放置。

(4) 要了解所有金属件是否是经过防潮处理的不锈钢或浴柜专用的铝制品，这样抗湿性能才会有保障。

(5) 在挑选浴柜款式时，要保障进出水管的检修和阀门的开启，不要给以后的维护和检修留下麻烦。

18. 沙发是怎么分类的

沙发因面料不同，一般可分为皮沙发和布面料沙发。按照款式不同，又可分为美式沙发、日式沙发、中式沙发、欧式沙发等几种。

(1) 中式沙发。材质以硬木为主，重视木材的自然纹理和色泽，造型优美、坚固牢实，富有浓厚的中国气派。目前流行的中式沙发一般都依据我国明清家具的传统款式和结构。

(2) 日式沙发。强调自然、朴素。日式沙发最大的特点是体量小，造型简练，适合崇尚自然、简洁的居家风格。小巧而严谨的日式沙发，也经常被选择在一些办公场所内使用。

(3) 美式沙发。美式沙发主要特点是体量大、功能性强、气派非凡，让人坐在其中如同陷入温柔怀抱一样。

(4) 欧式沙发。欧式沙发分古典和现代两种，欧式古典沙发气质典雅，曲线优美，花边装饰繁杂、华丽；而欧式现代沙发线条简洁，色彩雅致，同样讲究工艺，适合各种风格的现代家居生活。

19. 皮质沙发的分类和鉴别

皮质沙发要鉴别皮质是否为真皮。真皮面有较清晰的毛孔、花纹，手感滑爽、柔软、富有弹性，但现在的仿真技术很高，几乎达到以假乱真的地步，许多皮革表面的人造毛孔也很清晰，但人造的皮革毛孔一般来说较均匀，而真皮的毛孔大小分布不均，这可作为一个判别的主要依据。另外，一定要注意该沙发说明书上的承诺。

目前市场上的沙发有真皮和全皮之分，真皮指的是沙发的受力面即与人体接触的部分为皮质，包括坐垫、靠背和扶手等，而不与人直接接触的部分如沙发的背面等不采用皮质。全皮沙发指的是沙发的所有表面均采用皮质。两者用料面积不同，价格自然不同，消费者在购买时要注意区别。

20. 布艺沙发的特点

布艺沙发要分清面料种类（提花或印花）、产地（进口或国产）、性能（是否褪色、缩水、起颗粒）和环保要求。在辨别面料种类时可用手触摸，提花的面料有凸凹感，立体感强，价格略高，而印花则较为平整，价格稍低，是否环保达标则可以向商家索取相关权威证明。

从面料上来说，丝质、绸缎面料的沙发高雅、华贵，给人以富丽堂皇的感觉；粗麻、灯心绒制作的沙发沉实、厚重，吹来的是自然、朴实的风。从花型上看，条格图案的布料看起来整齐、清爽，用它来制作沙发，在设计简洁、明快的居室中十分适宜；几何及抽象图案的沙发给人一种现代、前卫的感觉，适于现代派家庭；大花图案的沙发跳跃、鲜明，可以为沉闷、古板的家庭带来生机和活力；单色面料非常盛行，大块的单一颜色给人平静、清新的居室气氛。

21. 如何购买适合家庭的沙发

（1）风格。如果是现代风格的装修，可以选择造型简洁的欧式现代沙发；如果是中式装修风格，可以搭配木质扶手和靠背的日式或中式沙发；如果是传统欧式装修风格，那么可以配以美式、欧式传统沙发等。

（2）尺寸。确定风格以后，应该注意沙发的尺寸，以及确定选几件沙发，它们是否符合你家里客厅的大小。

（3）质量。确定购买形式、数量以后，就要开始考察沙发的质量，比如沙发的框架应为榫眼结构，不要用钉子连接；结构要牢固；沙发坐过以后，应立刻恢复原貌，一般情况下，人体坐下后沙发坐垫以凹陷 8 厘米左右为好；靠背向后倾斜度应在 92 ~ 98 度之间。

（4）搭配。确定了主要沙发以后，你还要考虑沙发与其他家具的搭配，例如确定三人用布艺沙发 + 一个方形脚踏之后，可以搭配一把或两把木质椅子，当然椅子可以有许多的选择，可以是木质带扶手的椅子，也可以是造型现代感极强的金属质感的休闲椅。

22. 如何选择安全的儿童床

确保床是稳固的，没有倒塌的危险。孩子们总是喜欢在床上跳上跳下，为此，父母应该定期检查床的接合处是否牢固，特别是有金属外框的床，螺丝钉很容易松脱。

为孩子选择的床应该比较低，离地近。矮床方便孩子上下，而且万一某一天不小心从床上滚落，也不会受到严重伤害。假如你的孩子活泼好动，尤其喜欢在床上做运动，还可以在床边和床脚放一个柔软的垫子，当然这只是预防措施，更重要的是告诉他们不要跌落。有的父母更愿意把床垫直接放在地板上，这样似乎更安全。

最好选择方便安装护栏的床，需要的时候为孩子安装一个防护拦，在旁边遮挡一下。为孩子选择的床最好是那种设计简单的，床周没有凸出或凹陷的部位。

23. 床垫的分类有哪些

随着物质文明和技术工艺的不断进步，现代人使用的床垫种类逐渐趋向多元化，主要有：弹簧床垫、棕榈床垫、乳胶床垫、水床垫、气床垫、磁床垫等，在这些床垫中，弹簧床垫占较大的比重。

（1）棕榈床垫。由棕榈纤维编制而成，一般质地较硬，或硬中稍带软。该床垫价格相对较低。使用时有天然棕榈气味，耐用程度差，易塌陷变形，承托性能差，保养不好易虫蛀或发霉等。

（2）现代棕床垫。由山棕或椰棕添加现代胶粘剂制成。具有环保的特点。

（3）弹簧床垫。属现代常用的、性能较优的床垫，其垫芯由弹簧组成。该垫有弹性好、承托性较佳、透气性较强、耐用等优点。

24. 床垫买软的好还是硬的好

软床垫会降低脊骨承托，硬床垫的舒适度又不够，所以过硬过软的床垫对健康睡眠都不利。床垫的软硬度直接影响睡眠的质量，与偏硬的木板床垫和偏软的海绵床相比，软硬适中的弹簧床垫更有利于获得良好的睡眠。

25. 样品家具更环保

首先，由于样品家具在空气中置放时间较长，有的已经放了半年甚至一年之久，其中的甲醛、苯等有害物质释放比较彻底，加上家具城中的通风系统比家里要好，也利于有害物质释放。其次，购买样品就像购买现房一样，看得见，摸得着，可直接从外观、气味判断家具的质量。第三，家具样品多使用真材实料，能做到表里如一。尤其是实木家具，其隔板、衬板、背板都会使用木材，而不是人造板。最后，有些厂家会对家具样品进行除醛处理，但如果定做的话，由于成本较高，厂家通常不会对家具进行污染治理。

26. 常用家具的设计尺寸

（1）桌椅类的高度。桌类高度尺寸标准为 70~76 厘米，椅凳类家具的座面高度为 40~44 厘米，桌椅高度差应控制在 28~32 厘米范围内。写字桌台面下的空间高应不小于 58 厘米，空间宽度应不小于 52 厘米。

（2）沙发的尺寸。单人沙发座前宽不应小于 48 厘米，座面的深度应在 48~60 厘米范围内，座面的高度应在 36~42 厘米范围内。

（3）挂衣柜类的高度。挂衣杆上沿至柜顶板的距离为 4～6 厘米，大了浪费空间，小了则放不进挂衣架。挂衣杆下沿至柜底板的距离，挂长大衣应不小于 1.35 米。衣柜的深度主要考虑人的肩宽因素，一般为 60 厘米，不应小于 50 厘米，否则就只能斜挂才能关上柜门。

（4）书柜类标准。隔板的层间高度不应小于 22 厘米。小于这个尺寸就放不进 32 开本的普通书籍。隔板层间高一般应选择 30～35 厘米。

27. 座便器的分类和优缺点

按照冲水的方式，大体上分为以下几类：

（1）直冲式节水马桶。冲净效果好，噪声大。

（2）虹吸式马桶。静音无异味。

（3）虹吸喷射式马桶。增设喷射附道，增大水流冲力，加快排污速度，有轻度噪声。

（4）虹吸旋涡式马桶。冲水过程既迅速又彻底，而且气味小、噪声低。

28. 购买座便器的几点注意事项

（1）节水性能。名牌座便器一般提供节水设计，冲水分 3 升用水量和 6 升用水量两个挡位。如果计算一下一年节约的水费，其实马桶本身并不算贵。

（2）噪声。夜深人静的时候，如果不想你家座便器冲水噪声大，闹得地动山摇，惊扰四邻，还是考虑买静音产品。

（3）储水量。应该选择储水量适中的马桶，储水量过高会溅屁股，储水量过低容易跑味儿。

（4）釉面。质量好的马桶其釉面应该光洁顺滑无起泡，色泽饱和。在检验外表面釉面之后，还应该去摸一下马桶的下水道，如果粗糙的话，以后容易造成遗挂。

29. 清楚座便器的排水方式和坑距

（1）排水方式。排水孔在地面，是下排水；排水孔在后侧墙上，是后排水。

（2）坑距。下排水方式的坑距，是指地面下水孔中心点距已装修墙面的距离，常见的有 30 厘米、40 厘米等几种。后排水方式，要量其地距，指排水孔中心点到做完地面的距离。在测量时一定要力求准确，要求与测量误差不能超过 1 厘米，否则无法正常安装。

30. 浴缸的分类有哪些

市面上的浴缸，从材质上分为亚克力浴缸、钢板浴缸、铸铁浴缸和其他材质的浴缸。

（1）亚克力浴缸。其优点在于容易成型，保温性能好，光泽度佳，重量轻，易安装，色彩变化丰富，不会生锈，不会被侵蚀，厚度一般在 3～10 毫米。

（2）钢板浴缸。制作方法是一定厚度的钢板成型后，再在表面镀搪瓷。它坚硬而持久，因其表面为搪瓷，所以具有不易挂脏、好清洁、不易褪色、光泽持久等特点。制作浴缸的钢通常有 1.5～3 毫米厚，一般来说是越厚越坚固。

（3）铸铁浴缸。与钢板浴缸制作方法相似，只是所用基础材料都是铸铁，也是一种传统浴缸。最突出的优点就是坚固耐用。它表面的搪瓷普遍比玻璃钢浴缸上的要薄，清洁这种浴缸时不能使用含有研磨成分的清洁剂。另外，铸铁浴缸的缺点是会迅速变冷。

此外，还有人造石浴缸、天然石浴缸等，它们在市面上均采用的不多。

31. 选择浴缸的技巧

（1）光泽度。通过看表面光泽了解材质的优劣，适合于任何一种材质的浴缸。

（2）表面光滑度。适用于钢板和铸铁浴缸，因为这两种浴缸都需镀搪瓷，镀的工艺不好会出现细微的波纹。

（3）坚固度。浴缸的坚固度关系到材质的质量和厚度，目测是看不出来的，需要亲自试一试，有重力的情况下，比如站进去，看是否有下沉的感觉。

（4）声音。购买高档浴缸，最好能在购买时"试水"，听听声音。如果按摩浴缸的电机噪声过大，享受不成，反而成了负担。

（5）售后。除了看产品质量、品牌、性价比外，售后服务也是大家应该考虑的一个重要因素，比如是否提供上门测量、安装服务等。

32. 亚克力浴缸的优缺点

亚克力浴缸的正式名称是玻璃纤维增强塑料浴缸(亚克力是英语 ACRYLIC 的谐音)。其表层材料是甲基丙甲酯，反面覆上玻璃纤维，涂上专用树脂增强。整个浴缸应色泽均匀，表面光滑，无分层、气泡等。表层厚度一般在 3 毫米以上，且和玻璃纤维结合牢固，无剥离。

亚克力浴缸传热慢，因此保温性好，接触体表无"冰冷"感觉。与铸铁或钢板浴缸相比，更有一种"温暖、柔软"感，不会碰痛躯体。由于亚克力的再加工性能较好，所以制造豪华的按摩浴缸非它莫属。

33. 按摩浴缸的分类

如果预算宽松，并注重健康舒适，不妨考虑一下按摩浴缸。按摩浴缸能够按摩肌肉、舒缓疼痛及活络关节，使您能充分享受到洗浴的乐趣。

按摩浴缸通常分为 3 种：（1）旋涡式，令浸浴的水转动；（2）气泡式，把空气泵入水中；（3）结合式，结合以上两种特色。但是值得注意的是，按摩浴缸功能较多，所以必须选择符合安全标准的型号，在安装方面应请专业人士来进行操作。

34. 如何购买淋浴房

（1）三无产品拒之门外。不能贪图价格便宜，一定要购买标有详细生产厂名、厂址和商品合格证的产品。

（2）辨别材质。淋浴房的主材为钢化玻璃，钢化玻璃的品质差异较大，弧形的浴房一律使用 6 毫米的钢化玻璃，直面的以 8 毫米和 10 毫米的居多。浴房的骨架采用铝合金制作，表面作喷塑处理，不腐、不锈。主骨架铝合金厚度最好在 1.1 毫米以上，门不易变形。同时注意检查滚珠轴承是否灵活，门的开启是否方便轻巧，框架组合是否用的是不锈钢螺丝。

（3）按门开关的方式，浴房分为滑轨式和合页式。早期的浴房都是滑轨式，滑轨本身有使用寿命较短、推拉时噪声较大等缺点，因此现在高档次的浴房已普遍升级到合页式。合页式浴房玻璃门的重量完全由合页来承载，由于玻璃门很重，对合页的质量要求非常高，要求具有耐腐蚀、抗疲劳、承重力强等特点。

（4）别忽略密封条的作用。浴房的主要作用是淋浴时挡住飞溅的水花，因此选择时要注意看所选购的产品是否在玻璃与玻璃、玻璃与墙面的连接处有密封条。

（5）底盘的选择。分带缸高盆和低盆两种。带缸式可坐人，适合有老人或小孩的家庭。还可一缸多用，洗衣、盛水等，不足之处是搞卫生麻烦。相比之下，低盆简洁，价格也比高盆低。低盆质地分为玻璃纤维、亚克力、金刚石三种，金刚石牢度最好，污垢清洗方便。

35. 如何购买卫生间的配件

装修卫生间时，有特色的卫浴配件常常使浴室增色。如今的卫浴配件大多为七件套，即镜子、牙刷杯、肥皂台、毛巾杆、浴巾架、卷筒纸架、衣钩等。在选购卫浴配件时应掌握四大要素。

（1）配套。要与自己配置的卫浴三件套（浴缸、马桶、台盆）的立体格调相配套，也要与水龙头的造型及其表面镀层处理相吻合。卫浴配件用品的框架表面镀层，如今除少数采用镀塑外，大多采用抛光铜处理，更多的是采用镀铬处理。

（2）材质。卫浴配件用品既有铜质的镀塑产品，也有铜质的抛光铜产品，更多的是镀铬产品，其中以钛合金产品最为高档，再依次为铜铬产品、不锈钢镀铬产品、铝合金镀铬产品、铁质镀铬产品。

（3）镀层。在镀铬产品中，普通产品镀层为 20 微米厚，时间长了，里面的材质易受空气氧化，而做工讲究的铜质镀铬镀层为 28 微米厚，其结构紧密，镀层均匀，使用效果好。

（4）实用。进口产品多为钛合金或铜质镀铬，精致耐看，但价格较贵。如今一些合资品牌或国产品牌的铜镀铬价格相对实惠，而不锈钢镀铬产品价格更低。

36. 如何购买水龙头

（1）首先看材质。水龙头以铜制的为上品，铜有杀菌、消毒作用，一般进口产品和国内知名品牌都是采用铜质的，好的水龙头应该是整体浇铸的，它的自重较沉，有凝重感，敲打起来声音沉闷。如果声音清脆，则是采用不锈钢材料制成的，质量要差一个档次。

（2）看表面的光洁度。优质水龙头加工精细，表面光洁度好，可接近镜面的效果且不失真，水龙头经磨抛成型后，表面镀镍和铬处理（俗称"克罗米"）。

（3）转手柄。轻轻转动手柄，看看是否轻便灵活。无阻塞滞重感，不打滑的水龙头比较好。有些很便宜的产品，采用质次的阀芯，技术系数达不到标准，而它们的价格要相差 3 ~ 4 倍，所以在选购时不要把价格定为唯一的标准。

（4）识别产品标记。一般正规商品均有生产厂家的品牌标志，以便识别和防止假冒。而一些非正规产品或质次的产品却往往仅粘贴一些纸质的标签，甚至无任何标记，选购时一定要注意认准。

37. 注意水龙头的"心脏"

水龙头的心脏部分是它的阀芯，它决定了水龙头的质量。因此，挑选好的水龙头首先要了解水龙头的阀芯。目前，市场上水龙头的内置阀芯大多数采用不锈钢球阀和陶瓷阀。

不锈钢球阀是有较高科技含量的一种水龙头阀芯，特别适合水质不良的地区，因为它不受水里杂质的影响，不会因此而缩短使用寿命，一般为高档产品所选用。

陶瓷阀芯的优点是价格低，对水质污染较小，但陶瓷质地较脆，容易破裂。选用时应注意陶瓷芯片国家要求用"九五"陶瓷，即含三氧化二铝达 95% 以上的产品，达不到这个标准的硬度不够。

38. 浴霸对健康的危害

（1）红外线损害眼睛和皮肤。红外线是一种热辐射，对人体可造成高温伤害。较强的红外线可造成皮肤伤害，其情况与烫伤相似。最初是灼痛，然后造成烧伤。

（2）强光容易灼伤眼睛。经常长时间使用浴霸，会出现头晕目眩、失眠、注意力不集中、食欲下降等症状，这是因为过于耀眼的灯光干扰了人体大脑的中枢神经功能。

（3）浴霸不防水。虽然浴霸的防水灯泡具有防水性能，但是灯具和排风扇、照明灯等非 IP33 的防水结构灯，但机体中的金属配件不防水，也就是机体中的金属仍然是导电的，如果用水泼的话，会引发电源短路等危险。

（4）浴霸不舒适。浴霸的上暖下凉加热方式也不符合人体感受脚暖头凉的舒适要求，极易使老人和儿童及身体虚弱者引发呼吸道感染。

（5）市场混乱。一只浴霸灯泡 15～20 元，风扇 25～30 元，面板材料费 10 元，再加上工人工资大概造价不到 150 元，市场比较乱，处于一种基本无序的状态。

39. 如何购买优质安全的浴霸

由于浴霸经常在潮湿的环境下工作，在购买时马虎不得，否则会危及消费者的人身安全，因此，提醒消费者在选购浴霸时，应注意以下几点：

（1）选择安全高质量取暖灯的浴霸。选购时一定要注意其取暖灯是否有足够的安全性，要严格防水、防爆；灯头应采用双螺纹以杜绝脱落现象。

（2）选择智能型全自动负离子器浴霸。集取暖、照明、换气、吹风、导风和净化空气为一体的浴霸，采用内置电过热保护器，当温度升到一定时，便可自动关机。

（3）选择装饰性突出的浴霸。浴霸装在浴室顶部，不占用使用空间。

（4）根据使用面积和高低选择功率。一般以浴室在 2.6 米的高度来选择，两个灯泡的浴霸适合于 4 平方米左右的浴室；四个灯泡的浴霸适合于 6～8 平方米的浴室。

（5）使用材料和外观工艺检查上。选购浴霸，还应该注意检查外形工艺水平，要求不锈钢、烤漆件、塑料件、玻璃罩、电镀件镀层等，表面均匀光亮，无脱落，无凹痕或严重划伤、挤压痕迹，外观漂亮。

（6）选 3C 认证专业厂名牌产品。一些技术、资金雄厚的专业大工厂，开发出的电器名牌产品，一般工艺都比较精良、性能稳定和安全可靠。

40. 浴霸使用中的注意事项

（1）浴霸电源配线系统要规范。浴霸的功率最高可达 1100W 以上，因此，安装浴霸的电源配线必须是防水线，最好是不低于 1 毫米的多丝铜芯电线，所有电源配线都要走塑料暗管镶在墙内，绝不许有明线设置。浴霸电源控制开关必须是带防水 10A 以上容量的合格产品，特别是老房子浴室安装浴霸更要注意规范。

(2) 浴霸应装在浴室的中心部。很多家庭将其安装在浴缸或淋浴位置上方，这样表面看起来冬天升温很快但却有安全隐患。因为红外线辐射灯升温快，离得太近容易灼伤人体。正确的方法应该将浴霸安装在浴室顶部的中心位置，或略靠近浴缸的位置。

(3) 浴霸工作时会引发电源短路等危险，禁止用水喷淋。

(4) 忌频繁开关和周围有振动。平时使用不可频繁开关浴霸，浴霸运行中切忌周围有较大的振动，否则会影响取暖泡的使用寿命。

(5) 取暖灯和浴霸不能同时使用。

41. 空调机购买的几个常识性问题

(1) 字母代表的意义。KF：分体壁挂单冷式空调；KFR：分体壁挂冷暖式空调；KFRD：分体壁挂电辅助加热冷暖式空调；KC：窗式空调；LW：落地式空调（柜机）。例如：KFR-25GW 表示该款空调为分体壁挂冷暖式空调，它的额定制冷制热量为 2500W。

(2) 按面积选功率。根据"制冷量 = 房间面积 ×（90W ~ 100W）"来计算，多大房间需要安装多少匹的空调基本能掌握，不仅要结合房间的面积大小（比如房间在 16 平方米以下就配 1P 挂机，16 ~ 20 平方米选 1.5P 挂机，21 ~ 37 平方米购 2P 柜机），还要考虑到房间的朝向和空气流通状况。

(3) 按时间选能效。如果您每年使用空调时间长达 11 ~ 12 个月，那么买一级能效空调最省钱；每年使用 8 ~ 10 个月，买二级能效空调最省钱；每年使用 3 ~ 7 个月，则买三级能效空调最省钱；使用时间低于 2 个月，则买四、五级空调比较省钱。

42. 空调位置怎么放

在选择室内机安装位置时，要考虑到以下几个主要方面：

(1) 选择坚固、不易受到振动、足以承受机组重量的地方。

(2) 选择排水容易、可进行室外机管路连接的地方。

(3) 选择不靠近热源、蒸汽源，不会对机组的进出风产生障碍的地方。

(4) 选择可将冷风或热风送至室内各个角落的地方。

(5) 应选择靠近空调器电源插座的地方，且机器附近留出足够的空间。

(6) 应选择室内机下方无电视机、电脑等贵重物品的地方。

(7) 在卧室内安装，不宜让出风直吹向床。

43. 空调安装时的注意事项

(1) 防止雨水从穿墙孔向室内倒灌。在空调安装过程中，必须打一个室内稍高一些的穿墙孔。安装完成后，穿墙孔的空隙必须用油灰堵好。

(2) 防止室内漏水。要保证空调制冷时产生的冷凝水能够排到室外，安装时可以在空调器的接水盘中倒入一点水，检查一下是否能排到室外。

（3）防止室外漏水。空调在冬季制热时，会因化霜而有水滴出。所以安装空调时要特别注意让安装人员安装室外机出水口和出水管。

（4）留意室外机位。空调室外机不可随处安装，其位置的选择应有利于今后的维修与保养。

（5）使用空调专用线路，按电气安全性能要求，空调器必须有接地装置。假如连接线中无接地线，那么应有另外的接地装置。接地线严禁与燃气管连接，可以把建筑物内的钢筋作为接地极。除此之外，电路还应该配对应值的保险丝。

44. 冰箱应该放在什么位置

冰箱放在什么位置比较合适，一直是很多家庭在装修时较为困惑的问题。一般来说，应根据家庭各空间的大小来确定位置，最好是放在厨房里，与洗菜盆、炉具开成一个"三角工作区"，这样取物、洗菜都比较方便。不过冰箱不能离水槽太近，以免水溅到冰箱，同时，也应考虑冰箱与厨房门的位置，不能太靠近门。

45. 选择什么样的洗衣机适合家庭

如果毛料、丝绸衣物较多，建议选购滚筒式洗衣机；如以洗涤棉布衣服为主，则建议选择波轮式洗衣机。选择洗衣机时应注意，家庭的用电容量是否够大，洗衣机供水管和排水管是否预留好了。如果家中有热水水源，则不必选用带电加热功能的洗衣机。

在挑选洗衣机时，还要了解洗衣机的噪声和无故障运行时间。一般来说，噪声越低、无故障运行时间越长，洗衣机的质量就越好。因此，消费者应让销售人员提供洗衣机的噪声值和无故障运行时间，以此来判别洗衣机质量的好坏。

46. 热水器的分类和各自优缺点

生活热水已成为家庭必不可少的一部分，目前采热水方式有四种，即太阳能、燃气、电加热、电即热。

其中太阳能热水器是最环保、最节能的方式，但缺点是冬季供热水不足，热量不够。

燃气热水器的优点是即烧即热，但存在一些不安全因素。

电热水器也有一些缺点，即多人使用时需要等待，其加热过程很慢，要 2～4 个小时。

即热式电热水器，加热快，可满足随时洗浴需要，但往往在使用时，因功率过大，影响家庭其他电器使用。

47. 炉具和热水器购买要对号入座

不同地区的管道，燃气成分和供气压力都有差别，因此大家购买安装的炉具、热水器必须按气源、供气方式对号入座。同时是液化石油气，瓶装供气、城市管道供气对炉具、热水器也有不同的要求。

炉具、热水器不对号入座，虽然常常也能使用，但燃烧效果差，产生的废气量大大增加，这就意味着一氧化碳的释放量也大大增加，这一切从表面难以察觉，因此发生中毒的机会也明显加大。

48. 直排式燃气热水器不能用

由于设计上存在缺陷，直排式燃气热水器极易造成人身伤亡事故，被国家明令淘汰，但目前仍有一部分老式房屋在使用。建议大家一定要尽快换用强排式燃气热水器或强制平衡式燃气热水器，千万不要拿自己的生命当儿戏。

49. 挑选散热器有诀窍

首先，建议业主最好在一些大型家装商场购买，毕竟大型家装商场服务完善，质量有保证。

其次，选购散热器材质最为关键。新型暖气分钢质、铝质和铜质几大类。从散热效果来说，铜、铝最好，其次是钢质。但从耐用性来说，铜最好，钢质怕氧化腐蚀，铝质怕碱性水腐蚀，但现在一般钢质、铝质暖气都进行了有效的内防腐处理，其防腐大多已过关。至于铜铝复合散热器则既耐腐蚀，散热又好，是一种耐用、易养护的暖气。

第三，散热器的结点以及表面是否平整、光滑也是评判其质量好坏的重要条件。

最后，要看售后服务。一般来说，暖气在使用了 3~5 年后，最容易出现问题。因此，购买暖气最好到负责安装和有售后服务的厂家。如有的品牌散热器承诺 5 年之内的免费维护，还在每年采暖期之前到客户家中回访。

50. 如何选购晾衣架

晾衣架正成为一种生活时尚。但是，如果晾衣架选择不慎，不仅使用寿命短且成为一种新的烦恼。如何选购放心的自动晾衣架和电动晾衣架呢？

（1）晾杆。晾杆是衣架的主要部件，厚度是承重的保证。

（2）手摇器。手摇器是晾衣架的核心部件，试试看摇动时是否轻巧、不摇晃、无噪声。

（3）升降钢丝绳。由于晾衣架长期在户外使用，钢丝绳防锈、柔软是首选。

（4）滑轮及防脱设计。滑轮质量的好坏，直接影响晾衣架升降。优质滑轮必须具有万向转动灵活、无噪声、耐磨和防脱槽设置的特征。

（5）金属顶座。顶座选材直接影响产品使用寿命，市场上的产品用料大致为塑料、锌合金、铁皮及铝钛合金。

省钱又省心——
家居**装修**最关心的
500个问题

第**16**章
软装修

1. 窗帘的布料有哪些类型

随着科技的进步和工艺的不断改进，用来制作窗帘的原料越来越多，诸如棉布、印花布、无纹布、色织提花布、丝绸、锦缎、冰丝、乔其纱、尼龙、涤棉装饰布，质地较厚的丝绒、平绒、灯心绒等，各种不同的布料制作的窗帘，其质地、装饰效果都不一样。

布料的不同质地和肌理能给人不同的感受。不少家庭的卧室多制作双层窗帘，副帘用透明薄纱，透光、轻盈。其中，手工绣花纱帘精美华贵，丝麻纱帘光泽亮丽，透明乔其纱或尼龙纱、纺织纱凉爽可人。

窗帘布艺产品的布料质地包括天然纤维、人造纤维、合成纤维。天然纤维是指由棉、毛、麻、绸制成的织物。人造纤维是自然纤维的重建与化学处理，如尼龙。合成纤维则是通过化学处理的纤维。

2. 买窗帘如何搭配颜色

选窗帘需识色，颜色各具品格。黄色，温柔、恬静；绿色，养心、养目；红色，喜庆、艳丽；咖啡色，沉稳、成熟；紫色与玫瑰色，幽婉、华贵；青色，邃远、深沉；蓝色，宁静、宽阔。

根据不同居室的特点，可选取不同"品格"的颜色。客厅，选暖色窗帘，热情、豪华。书房，最好用绿色。卧室，选平衡色、静感色窗帘较好。餐厅，用白色好，如果用黄色做底，以白色网扣加以点缀，会起到锦上添花的作用。光线偏暗的朝北房间，适用中性偏冷色调，情调优雅。采光较好的朝阳房间，挂栗红色或黄色窗帘，会把强光调节成纤柔的散光。

3. 窗帘轨道有哪些类型

窗帘轨道按照形式的不同大致分为轨道类（单轨、双轨）、窗帘杆（不锈钢、PVC 材料）、软体轨道等类型，如图 16-1 所示。

轨道类

窗帘杆

软体轨道

图 16-1 窗帘轨道的类型

4.购买窗帘时价格怎么算

小小的窗帘，可是装修建材黑洞的最后一步，小心千万不要掉进去。

窗帘用量＝窗户高×长×2（为了漂亮，窗帘一般都打褶，所以需要乘以 2）。

窗帘总价＝轨道（或窗帘杆）＋窗帘价格＋布带价格＋铅线价格＋流苏价格＋特殊材料价格（比如装饰纽扣等）。

窗帘价格：国产 40～60 元／米，进口 70～150 元／米。

辅料价格：布带 10 元／米，铅线 10 元／米，流苏 10 元／米。

轨道（窗帘杆）：15～20 元／米。

按照上面的公式算下来，选择 40 元每米的便宜窗帘，以 1 米的窗户为例，总价会到 70 元每米，这可真就不算便宜了。主要的原因是除窗帘本身外的辅料价格太高了，占了窗帘总成本的一半左右，所以在为窗帘砍价的同时，千万不要忘了给窗帘辅料砍价。或是防备商家使诈，故意压低窗帘价格，抬高辅料价格。

5.购买窗帘杆的几个注意事项

（1）杆子的壁厚。一般生产厂家为了偷工减料往往在用料上做手脚，壁厚越薄，杆子的承重力越小，以后在使用过程中越容易出现意外。

（2）产品的材质。要选择材质坚固、经久耐用的产品。一般来讲，塑料的产品容易老化；木制的产品容易蛀虫、开裂，长时间悬挂较为厚重的窗帘布，容易弯曲，而且拉动窗帘时感觉很涩重；铝合金的产品颜色单一，铝合金包皮时间一长又很容易开胶，承重性能较差，也不耐摩擦；铁制的产品如果后期表面处理不当，很容易掉漆；只有纯不锈钢的产品才真正是众多材质中的最优，但价格不菲。

（3）支架的挑选最重要。一般来讲，支架与墙的接触面要大，挂起来稳定，所配的螺丝要长短适宜，真正吃得住力量，安装工人的经验和技术的娴熟程度也很关键。

（4）细节方面。在选购窗帘杆时，细节方面不可忽视。例如，窗帘杆上不可避免地有螺丝，但不应太突出，以免影响窗帘整体的美观；要仔细检查加工工艺。

（5）产品品牌。消费者要尽可能去那些知名度高的布艺店或者连锁大卖场，挑选那些有品牌、有信誉、有实力，产品质量和售后服务都有保障的厂家生产的产品。

6.地毯的分类

地毯按材质可分为纯毛地毯、混纺地毯、化纤地毯和塑料地毯。

（1）纯毛地毯具有抗静电性能好、不易老化、不褪色等特点，是高档的地面装饰材料。

（2）混纺地毯是在纯毛纤维中加入一定比例的化学纤维制成，克服了纯毛地毯不耐虫蛀、易腐蚀、易霉变的缺点，同时提高了地毯的耐磨性能。

（3）化纤地毯也称为合成纤维地毯，是以锦纶、丙纶、腈纶、涤纶等化学纤维为原料，用簇绒法或机织法加工成纤维面层，再与麻布底缝合成地毯。具有防燃、防污、防虫蛀的特点，清洗、维护都很方便。

（4）塑料地毯由聚氯乙烯树脂等材料制成，该种材料具有色差鲜艳、耐湿性、耐腐蚀性、耐虫蛀性、可擦洗性、阻燃性和价格低廉的优势。

7. 如何挑选地毯

（1）购买地毯首先要认清材质。最简单的办法就是从地毯上取下几根绒线，点燃后根据燃烧情况及发出的气味，鉴别地毯的材质。纯毛燃烧时无火焰，冒烟，起泡，有臭味，灰烬多呈有光泽的黑色固体，用手指轻轻一压就碎；锦纶燃烧时也无火焰，纤维迅速卷缩，熔融成胶状物，冷却后成坚韧的褐色硬球，不易研碎，有淡淡的芹菜气味；丙纶在燃烧时有黄色火焰，纤维迅速卷缩、熔融，几乎无灰烬，冷却后成不易研碎的硬块；腈纶纤维燃烧比较慢，有辛酸气味，灰烬为脆性黑色硬块；涤纶纤维燃烧时火焰呈黄白色，很亮，无烟，灰烬成黑色硬块。通过以上方法，很容易鉴别出材质的种类，避免上当受骗。

（2）拇指按在地毯上，按完后迅速恢复原状的，表示织绒密度和弹性都比较好；或是把地毯折曲，越难看见底垫的，表示毛绒织得较密，比较耐用。至于绒毛的重量，则可看标签上的说明。

（3）选购地毯时，应注意是否有厂家提供的防尘、防污、耐磨损、静电控制等保证。一般优质家用地毯，均经过耐磨损、防静电、防污的处理。

8. 如何才能让你的小居室显得宽敞明亮

（1）保持室内清洁，摆设不可太杂，陈设要现代化和富于流线型。这样可以使小房间"变大"。

（2）所有家具都尽量无把手和腿脚，防止裸露过多，多利用墙壁安置活动架和贮藏柜，使房间显得宽敞。

（3）窗户无须多加装饰，少用粗重的帷幕，多用薄的金属条遮帘。

（4）窗户对面的墙上，可装一面大镜子，把外面的景色映入镜中，扩大房间的视野，增加立体感。

（5）厨房、卧室和门厅要用同样的壁纸，使房间显得宽大。

（6）充分利用卧室的死角，摆设小型家具。

9. 怎样布置让玄关更漂亮

首先，玄关的设计应依据房型和家居风格而定。可以做成圆弧形、长条形，也可以是直角形，材质款式方面有木制、玻璃、不锈钢、石材等。一般来说，用不锈钢和玻璃材质做出的玄关比较贴近简洁现代风格家居，石材、板材类则更适合呼应田园风格家居。

在家具装饰上，小台桌非常适合放于玄关，桌面不宽，并且能倚墙而立。其上挂一面镜子或一幅精选的画作，再配上一对装饰用的壁灯，效果相当不错。如果玄关面积够大，还可选用圆弧形的壁桌，更显华贵气质。如果你更注重实用功能，最简单的做法就是摆放一组立式衣帽架，许多设计新颖的衣帽架非但不占地方，同时还提供了储藏东西的空间，你可以将门前的每一件东西通通收纳在内；或是摆放一个斜三角形、倒梯形的大柜子，既能存储不少东西又能显得小巧精致。饰品布置上，可以通过布艺、照明灯、绿色植物来装饰。在墙面或台桌、柜子上放置一块异国风情的花布，或古色古香的桌旗。小射灯、筒形灯、条形灯、壁灯、霓虹灯等照明灯件能使玄关映射得非常明亮，也使环境空间显得高雅一些。若玄关面积不大，注意使用灯件不可运用过多，两三盏为宜。壁面和门背后的柜面，放上几盆观叶植物，如菊花、樱草等，能给玄关带来些许生气，但要注意植物以不阻碍人们视线和出入为宜。

10. 绿色植物在室内环境中的作用

用花卉装饰居室，能使室内环境变得更加清新、优雅，同时具有颐神养性、强身治病的作用。

科学实验表明，许多花卉都能吸收空气中的有害物质和具有杀灭病菌的功能。人们经常看绿色植物，也有助于解除眼睛疲劳，并有矫正视力作用。因此用花卉装饰居室，已成为现代家庭文明的一个重要组成部分。

有人担心居室内养花，夜间会使室内空气含氧量降低，影响健康。实验证明这种担心是不必要的，因为花卉在夜间放出的二氧化碳是很微量的。

11. 绿色植物在家居摆置的形式

（1）悬垂式。一是悬挂于阳台顶板上，用小容器栽种吊兰、蟹爪兰、彩叶草等，美化立体空间；二是在阳台栏沿上悬挂小型容器，栽植藤蔓或披散型植物，使其枝叶悬挂于阳台之外，美化围栏和街景。可选用垂盆草、小叶常春藤、旱金莲等。

（2）藤棚式。在阳台的四角立竖杆，上方置横杆，使其固定住形成棚架；或在阳台的外边角立竖杆，并在竖杆间缚杆或牵绳，形成类似栅栏的格局。使葡萄、瓜果等蔓生植物的枝叶牵引至架上，形成荫栅或荫篱。常用的攀缘植物有常春藤、地锦、金银花、葡萄、丝瓜等。

（3）附壁式。在围栏内、外侧放置的有爬山虎、凌霄等木本藤蔓植物，绿化围栏及附近墙壁。还可利用墙壁镶嵌特制的半边花瓶式花盆，然后用其栽植观叶植物。

（4）花架式。在较小的阳台上，为了扩大种植面积，可利用阶梯式或其他形式的盆架，在阳台上进行立体盆花布置，也可将盆架搭出阳台之外，向户外要空间，从而加大绿化面积也美化了街景。

（5）花槽式。花槽可选择水泥、砖砌、耐腐木材等。适合较大型花木位置固定，一些攀缘植物也可种植。可在花池、花槽内，采取防水设施。可选用一些分枝多、花朵繁、花期长的耐干旱花卉，如天竺葵、四季菊、大丽菊、长春花等。

12. 室内花卉种植看采光

室内养花多放于窗台上，由于窗台的朝向不同，所以光照的强弱也不一样。大多数开花植物喜强光，有些观花及观叶植物喜光照，而大多数观叶植物及极少数观花植物喜弱光。

（1）适于南窗种植的花卉。如果居室有南窗，每天能接受5小时以上的照射，那么下列花卉能生长良好，如百广莲、金莲花、栀子花、茶花、牵牛花、天竺葵等。

（2）适于东窗种植的花卉。如海芋、仙客来、文竹、山茶、杜鹃、君子兰、蟹爪兰等。

（3）适于西窗种植的花卉。耐热耐强光的藤本花卉，如络石、爬山虎、凌霄、报春花等。

（4）适于北窗种植的花卉。有吊兰、常春藤、豆瓣绿、广东万年青、铁线蕨等。

13. 种植花草应该注意的问题

除了在窗台种植花卉外，在室内还可以利用空间用吊篮种植悬垂式盆花，室内陈设花卉要注意有足够的光线及空间，数量不宜太多，要注意以下几点：

（1）以耐阴性较强的观叶植物为上。摆放的时间可长一些，在冬季它们需要在室内过冬，在夏秋生长季节，只要放在室内空气流通处，或者室内与窗台、阳台、庭院轮流调换摆放，最好晚上把盆花放在室外，就可使植株生长繁茂，四季常绿。

（2）盆花生长的姿态和放置的地方要适当。如直立生长的，或者植株较高的，宜放在低处。对有些枝叶悬垂的或扩展性的盆花，则应放置较高的地方，这样就会产生立体美的感觉。

（3）要考虑植物大小与房内的空间大小相协调，居室小的摆放小型盆栽花卉，显得精巧玲珑，雅而不俗。居室大一点的，可适当放一些大型盆栽花卉，如橡皮树、龟背竹、苏铁等，使人感到美观大方。

（4）盆花的颜色要和室内墙面和家具的颜色相协调。这样能产生对比，反映了整体美，提高欣赏价值。另外，可在泥盆外套上合适的紫砂盆、釉盆或者花篮、竹编盆套。还要考虑盒、架、几、案等陈设的合理选配。

省钱又省心——
家居装修最关心的
500个问题

第17章
环保与清洁

1. 入住新装修房屋应该注意哪些问题

辛辛苦苦装修完成的漂亮新家，对业主来说，都急切地想要入住。但是在入住以前，一定要注意一些问题。

（1）装修虽然结束了，但是室内有可能显得非常脏乱，例如玻璃和一些地面的边角，这个时候要认真地清理这些灰尘和装修垃圾，让居住更加舒心。

（2）你的新家是否还存在着装修污染，这些空气中的有毒气体有可能会对家人的身体造成无法弥补的伤害，所以要尽可能多通风。一般来说，非冬季状态下，开窗通风3个月基本可以去除空气中90%以上的有害气体。

（3）家庭搬入新居后，应首先对装修时使用的材料及其维护有一定的了解，要熟悉电、水、通信、电视等各类插座的位置、用途，进一步进行家庭装饰时对应注意的事项都有一定的了解，这样才能保证日后对装修好的房屋正确使用，防止因使用不当造成损失。

（4）家庭装修后，在搬家时一定要做好成品保护，不要磕碰装饰饰面。墙面、地面装修后都有一层装饰面，破损后修补的效果比原装修时要差，轻易损坏很可惜。

2. 居室装修保证健康的基本规则

方便生活、安全健康是居室装修设计的最主要原则。

（1）大门对面应整洁。在大门入口处不要正对其他居室，使屋内的东西一目了然，最好设置玄关或其他景观，能首先给客人和主人一个好心情。

（2）通道不要有障碍。从安全的角度考虑，进入各个房间的通道不要放置物品，以免给行动和视觉造成阻碍。

（3）卫生间门不要临床。主卧卫生间几乎与卧室同居一室，卫生间的污染空气容易存留卧室中。如果门口对着床，会直接影响睡眠和健康。

（4）床头沙发背面不要靠在窗下。如遇天气变化，在窗边容易产生不安全感，长时间吹风还容易对身体造成伤害。

（5）床头不应放在卧室门通风口。这样可增强卧室的私密性，同时避免直吹的风引起面部神经麻痹。

（6）床上方不能放置吊顶。由于吊灯的造型和重量都容易给人带来不安全感。

（7）床下不要堆放杂物。床下清理不便且通风不畅，杂物容易在此滋生细菌，卧室卫生死角会直接影响健康。

（8）摆床应该南北向。由于地球磁场具有吸引铁、钴、镍的特性，人体同样含有这三种元素。东西向睡眠时，容易影响血液在体内的分布，干扰睡眠。

3. 自我诊断居室污染的方法

如何判断家人生活的环境是否安全和健康呢？

（1）新装修的房间或购买的新家具具有刺眼、刺鼻等刺激性异味，而且超过一年仍然气味不散。

（2）每天清晨起床时，感到憋闷、恶心，甚至头晕目眩。

（3）家里人经常患感冒。

（4）虽然不吸烟，也很少接触吸烟环境，但是经常感觉嗓子不舒服，有异物感，呼吸不畅。

（5）家人常有皮肤过敏等毛病，而且是群发性的。

（6）家里小孩常咳嗽、打喷嚏，免疫力下降，新装修的房子孩子不愿意回家。

（7）家人共有一种疾病，而且离开这个环境后，症状就有明显变化和好转。

（8）新婚夫妇长时间不怀孕，查不出原因。

（9）孕妇在正常怀孕情况下发现胎儿畸形。

（10）新搬家或者新装修后，室内植物不易成活，叶子容易发黄、枯萎，特别是一些生命力很强的植物也难以正常生长。

（11）搬家后，家养的宠物猫、狗甚至热带鱼莫名其妙地死掉，而且邻居家也是这样。

4. 去除室内污染的三个方法

（1）环境监测公司。装修完成以后，有一定经济实力并且着急入住的业主，可以聘请专业的环境监测公司，对室内空气质量进行监测并改善。

（2）通风。最经济、最方便的方法莫过于保持房屋通风顺畅。有些化学毒物在长期低剂量释放情形下需 20 年才会表现出危害性，装修竣工后 1 个月，其室内污染程度比室外高出 40 多倍，当采取换气通风措施后，会降至 10 倍左右。平开或推拉式门窗有助于通风换气。

（3）过滤。养花草也可以吸收与清除不同的有毒物质。常青藤和铁树可吸收苯；万年青和雏菊可清除三氯乙烯；吊兰、芦荟和虎尾兰能吸收甲醛。

通常使用以上三种方法，可以有效地减弱新装修房屋的空气污染，让你住上安全舒心的新家。

5. 如何找装饰污染监测公司

承担民用建筑工程（新建、改建、扩建工程）竣工验收室内空气质量监测的机构，需经地方质量技术监督局计量认证考核合格，同时要获得本地区建设委员会的备案。

（1）确定几个"监测点"。

房间使用面积小于 50 平方米时，设一个监测点；房间面积 50～100 平方米时，设两个监测点；房间面积 100～500 平方米时，设三个监测点。

（2）100 平方米两室一厅的房间需要多少采样点？

一般来讲，两到三个采样点都可以，如果每一项都测，费用是很高的。一般情况下，就是选卧室，或者选儿童房，卧室、客厅可能测两三个指标，然后厨房再测两三个指标，因为材料不同，费用也不一样，没必要五个房间五项全测，这样可能几千块钱都打不住。

(3) 检测前要做哪些准备工作?

对每一个监测项目会有不同的监测条件,例如关闭门窗 1 小时以上或者 24 小时以上的,都有差别,并且在关闭门窗之前还有一个充分的通风,就是把原来那些累积的坏空气都释放掉,不然长期积累会造成数据增高。监测点数为 1 或 2 时,需关闭对外的门窗;如需各房间单独测量,则应关闭各房间门窗,以形成相对独立的环境。

(4) 费用。

市场上差别还是比较大的。以一般的监测价格为例,空气检测时按采样点和指标来收费的,每一个采样点,每一个检测指标按 300 块钱来收费,然后按照采样点数和指标数累加,大家的计算方法可能不会差很多。

6. 装修后如何去除室内空气中的甲醛

室内装修竣工后,大约经过三个星期通风换气,如无异味或其他异常即可入住,否则要请具有资质的权威单位进行检测和治理,如超标不多,可采取一些做法,如可继续通风换气,通风换气可降低甲醛 50% ~ 70%;正确使用不产生二次污染的去甲醛仪或剂状物;由于甲醛溶解于水,因而也可辅助采用加湿器或用湿抹布擦洗有甲醛释放的部位,以降低甲醛含量;适量摆放一些能吸收甲醛等有害物质的花卉,如吊兰、铁树、天门冬、芦荟和仙人球等。当检测确认甲醛超标严重,而且经采取上述措施仍无改进时,建议最好对甲醛释放位置进行彻底处理,处理完后仍应进行检测。

7. 去甲醛产品谨慎购买

为消除甲醛,近期市场上出现了几十种产品。应该说这些产品可在不同程度上起到作用,但在选购时也要注意:

(1) 要看是否是环保、质检、消协或其他有资质的权威机构监制和监测通过的。

(2) 要看是否可能存在二次污染。

(3) 应注意诸如"一扫光"、"一次处理,终生受益"、"入木三分抓甲醛"等夸大宣传。因为根据当前的科技水平,用这些设备(剂)防治甲醛污染,也只能是短期性的,根治可能性不大。

(4) 同一种品牌的设备,在一些地方起作用,而在另一些地方则不太起作用。商家不但要有保修期,还应有起作用的保质期,要跟踪服务不断完善。

(5) 要按产品说明正确使用去除甲醛的剂状物。

8. 哪些植物可以净化空气

(1) 吊兰。24 小时内,一盆吊兰在 8 ~ 10 平方米的房间内可杀死 80% 的有害物质,吸收 86% 的甲醛。

(2) 虎尾兰。一盆虎尾兰可吸收 10 平方米左右房间内 80% 以上多种有害气体。

(3) 芦荟。在 24 小时照明的条件下,可以消灭 1 立方米空气中所含的 90% 的甲醛。

(4) 常春藤。一盆常春藤能消灭 8 ~ 10 平方米的房间内 90% 的苯。

(5) 龙舌兰。在 10 平方米左右的房间内,可消灭 70% 的苯、50% 的甲醛和 24% 的三氯乙烯。

(6) 月季。能较多地吸收氯化氢、硫化氢、苯酚、乙醚等有害气体。

在此，笔者有必要提醒业主，植物净化空气毕竟是有限的，不能把所有的希望都寄托在植物上，其他更主要的还是靠通风解决。

9. 冬季防止空气污染

冬季门窗紧闭，室内有害物质的浓度会渐渐增高，装饰装修造成的室内环境污染危害会更严重。如何应对冬季空气污染呢？加湿器可将湿度控制在最适合人体的湿度范围内，既可抑制病菌的滋生和传播，还可提高免疫力。

要注意合理通风。家庭每天开窗换气不少于两次，每次不少于 15 分钟。用煤炉取暖和使用燃气热水器的家庭更要注意安装通风装置。此外，要利用室内空气净化设备消除室内环境污染。

10. 窗帘一定要洗完再用

(1) 买回来的窗帘应先在清水中充分浸泡、水洗，以降低残留在织物上的甲醛含量。

(2) 除了窗帘，一些床单、被罩等直接与皮肤接触的纺织品里面也含甲醛，一定要水洗以后再用。

(3) 水洗以后最好把窗帘放在室外通风处晾晒，然后再用。

(4) 如果房间内窗户比较多，可以选择不同材料的窗帘，比如百叶帘、卷帘等。

11. 警惕家中的电器污染

电视、冰箱、电脑、手机等工作时，产生的电磁辐射无处不在，会使人出现头疼、失眠、记忆力衰退、视力下降、血压升高或下降等问题。

(1) 音箱。如果长期睡在高磁场的地方，可以想象这影响有多大。由此也可以知道所谓的"床头音箱"不应该放在床头上。原则上任何电器用品都应该远离床铺。

(2) 微波炉。与其他家电用品不同的是，即使仅是插着电没有使用它，有的机型前方按键板的磁场仍然很强。

(3) 冰箱。冰箱是厨房中一个高磁场的所在，特别是在冰箱正在运行，发出嗡嗡声时，冰箱后侧或下方的散热管线释放的高磁场更是高出前方几十甚至几百倍。

(4) 电脑。主机前方的磁场可超过 4 毫高斯，越靠后面磁场越强，所以能放远一点就尽量放远一点。电脑桌下方常常有一堆电线及变压器，要尽可能地远离你的脚。

(5) 手机充电器。带变压器的低压电源一般磁场都很强，在接线的地方可以测到 300 毫高斯以上，不过距离仅 30 厘米远就可以减弱到 1 毫高斯以下了。

12. 使用电磁炉注意防辐射

在使用电磁炉时，应注意以下几点，以减少其辐射危害。

(1) 尽可能选择质量好的电磁炉。市民最好选择具备中国国家电工认证委员会电工认证（即长城 CCEE 认证）或欧洲 CE 认证的电磁炉。

(2) 在使用时尽量和电磁炉保持距离，不要靠得过近。距离太近往往会受到更多的辐射。有调查显示，保持 40 厘米以上的距离较为安全。

(3) 尽量减少使用时间。即使电磁炉本身辐射较小，如果长时间处于这种辐射之下，也可能会对身体造成伤害。所以大家应尽量减少与使用中的电磁炉接触的时间。

(4) 如果要较长时间地使用电磁炉（如在吃火锅时），应尽可能选择有金属隔板遮蔽的电磁炉。

13. 暖气使用的注意事项

暖气管道上的阀门不可随意开关。

房间内靠近暖气片的地方尽量保持一定的散热空间。不要在暖气片上或暖气片前堆放杂物，否则就会影响暖气片的散热效果。

暖气片不可任意改动位置。暖气片的安装都是安排在有利于室内采暖的位置，能保证空气对流和室内温度各地方相对平均，一旦改变了位置就会造成室内温度的不平衡。

不可随意从系统中放水。管道中缺了热水，就要补充冷水。

14. 怎样清洁玻璃

在居家中我们只需牢记掌握几种清洁方法，家中的玻璃家具就会晶莹剔透了。

简单的清洁玻璃的方法，可用蘸有醋水的抹布来擦拭。另外容易沾染油污的橱柜玻璃，要勤清理，一旦发现有油渍时可用洋葱的切片来擦拭，模糊不清的玻璃就可以焕然一新了。

使用保鲜膜和蘸有洗涤剂的湿布也可以让时常沾满油污的玻璃"重获新生"。首先，将玻璃全面喷上清洁剂，再贴上保鲜膜，使凝固的油渍软化，过十分钟后，撕去保鲜膜，再以湿布擦拭即可。

有花纹的毛玻璃一旦脏了，看起来比普通的脏玻璃更令人不舒服。此时用蘸有清洁剂的牙刷，顺着图样打圈擦拭，同时在牙刷的下面放条抹布，以防止污水滴落。

当玻璃被顽皮的孩子贴上了不干胶贴纸时，可用刀片将贴纸小心刮除，再用指甲油的去光水擦拭，就可全部去除了。

15. 各类窗帘的清洗方法

(1) 天鹅绒制成的窗帘。这种窗帘脏了时，先把窗帘浸泡在中碱性清洁液中，用手轻压。洗净后放在斜式架子上，使水分自动滴干，就会使窗帘清洁如新了。

(2) 软百叶窗帘。清洗前把窗帘关好，在其上喷洒适量清水或擦光剂，然后用抹布擦干，即可使窗帘保持较长时间的清洁光亮。

(3) 帆布或麻制成的窗帘。这种窗帘清洗后难干燥。因此，不宜放到水中直接清洗，宜用海绵蘸些温水或肥皂溶液、氨溶液混合液体进行揩抹，待晾干后卷起来即可。

(4) 滚轴窗帘。先将脏了的滚轴窗帘拉下，铺平，用布擦。滚轴的中央通常是空的，可用一条长棍，一端系着绒毛伸进去不停地转动，就会把灰尘除去。

(5) 静电植绒布制成的窗帘。这种窗帘不太容易脏，无须经常清洗。但如果清洗时须注意，切忌将其泡在水中揉洗或刷洗，只需用棉纱布蘸上酒精或汽油轻轻地揩擦就行了。

（6）普通布料做成的窗帘。对于一些用普通布料做成的窗帘，可用湿布擦洗，也可按常规方法放在清水中或洗衣机里清洗。

16. 瓷砖如何清洗

瓷砖的表面是一层玻璃质的釉料，清洁时只要用湿布蘸上去污液擦拭即可。擦拭前要注意湿布上不可以有沙子、金属屑等容易划伤瓷砖的东西。瓷砖间填缝剂在使用一段时间后容易因发霉而变黑，若要消除此种情形，可用旧牙刷蘸着漂白剂加水混合的液体刷洗。

17. 谨防"卫生间病"的发生

很少有卫生间设计在朝南的阳面位置，而且多数没有窗户，采光不好，加上不能充分与外界空气进行交换，极易使细菌、真菌滋生和繁殖。真菌是吸入性为主的感染源，能引起呼吸道过敏。轻者会鼻咽发痒、打喷嚏，重者会出现呼吸困难、哮喘不止等症状，个别人还会因此导致荨麻疹以及流泪、眼周围红肿等眼部过敏症状。在室内环境污染与人体健康调查中，有许多人出现上述症状，却不知是由于卫生间太潮所致。

针对这种情况，大家在日常生活中应该注意以下几点：首先，湿墩布等易产生霉菌的物品，放入卫生间前，先拿到阳台晾干。其次，要随时保持卫生间内下水道的畅通，洗澡后，及时清理人的毛发及其他易堵塞下水道的杂物，以防时间久了发生堵塞水管的现象。再者，要经常打开卫生间的门窗通风换气；还可适当喷洒芳香剂或除臭剂；在平房或低层楼房的卫生间内，安装稍大一点的排气扇，最好装在窗户的上方位置，排气效果较好。

18. 浴室石材发黄如何清洁

卫浴间的瓷砖常被油腻、水锈、皂垢等玷污，为保持瓷面清洁又不损坏瓷面光亮，可以使用多功能去污膏清洁。至于瓷砖缝隙处，可先用刷子蘸少许去污膏去除污垢，再在缝隙处刷一道防水剂即可，这样不仅能防渗水且能防霉菌生长。

值得一提的是，目前家庭所大量使用的清洁消毒剂均含有对天然石材影响很大的酸碱等化学物质，对石材表面颜色及内部矿物成分产生不利的影响。尤为严重的是，大多数清洗剂一定要在石材表面反应至少 5 分钟才有效果，然而在这段时间里清洗剂已经在破坏石材了，所以清洗浴室石材表面应采用酸碱值为中性的清洗剂。

19. 座便器如何清洗

座便器的清洗可用市面上所卖的刷子或海绵，以中性清洁剂加凉水或温水清洗。清洗时要特别注意水圈边缘及水封下方排水口处，因为这两处是座便器里最易藏污纳垢的地方。座便器盖脏的时候，可用布蘸中性清洗剂擦拭。绝对不可使用汽油、松香水挥发性液体、酸性溶剂或热水来擦拭座便器盖子。另外一种方法是用醋代替中性清洁剂，然后擦拭冲水，如此反复几次即可。

20. 浴缸如何清洗

浴缸使用一段时间后在侧边和底部会有皂垢附着，因此建议每天使用后清洗一遍，随时保持浴缸干净，避免皂垢产生及细菌滋生。浴缸清洁可使用去污液缓慢地一次次清洗，直到皂垢被完全清洗干净。

在浴缸排水孔处放置一个集发器，可收集毛发，避免水管堵塞。

21. 卫生间配件如何清洗

（1）水龙头及铜器。水龙头及铜器等都是表面经过电镀的金属制品，长期使用而不擦拭时会产生腐蚀与斑点。通常都是用去污液清洁后再以柔软的抹布蘸一点机油来擦拭，就会很光亮。千万不可使用酸性清洁剂来擦拭，否则会侵蚀铜器。

（2）浴帘和门。沐浴后应拉开浴帘以便空气流通和防止发霉。一定时间后将浴帘取下放平用海绵蘸肥皂水擦拭并晒干。沐浴间拉门轨道上的水迹和座上可用旧牙刷刷洗，定期用清洁剂或用浸过醋的布擦洗柱门，以防止水垢产生。

22. 如何去除燃气灶的污垢

烹煮汤汁或快炒时，只要一不留意，油或汤汁就很容易流出弄脏炉上的火架，就算用一般的清洁剂来处理，也不见得干净，建议你不妨用水煮火架。先盛满一大锅水，然后放入火架，待水热之后，顽垢自然会被分解而自然剥落。另外，火架的瓦斯孔也经常被汤汁等污垢堵住，造成瓦斯的不完全燃烧，非常危险，所以最好每周用牙签清除孔穴一次。

流理台四周是最容易藏污纳垢的地方，如果使用清洁剂和钢刷磨洗，将会造成流理台表面的刮痕；但若是只以海绵代替坚硬的刷子，有些顽垢则无法顺利去除。有种一举两得的方式，既不会造成刮痕又能除垢，那就是使用剩下的萝卜或小黄瓜碎屑，蘸清洁剂刷洗。之后再用清水冲洗一遍，保证你的流理台能永葆光亮如新。

23. 橱柜门板怎么清除污垢

（1）防火板门板一般污垢。可使用家用清洁剂，用尼龙刷或尼龙球擦拭，再用湿热布巾擦拭，最后用干布最后擦拭。

（2）肥皂或油脂凝结于表面。使用尼龙布擦拭，使用含甲醇、酒精或煤油喷涂凝结处，再用尼龙刷擦洗，再用干布擦。

（3）印泥和标记。用湿热布巾擦。

（4）铅笔。用水及碎布和橡皮擦。

（5）毛笔或商标印。使用甲醇、酒精或丙酮擦。

（6）油漆。使用丙醇或天拿水、松香水擦。

（7）强力胶。使用甲苯溶剂。

24. 如何去除厨房油污

清洗地面用醋：拖布上倒一点醋，可以去掉地面的油垢。

清洗煤气灶用米汤：燃气灶具、液化气灶具上很容易沾上油污，不妨用黏稠的米汤涂在灶具上，待干燥后，米汤结痂，会把油污粘在一起，这样，只需用铁片轻刮，油污就会随米汤一起除去了。此外，用较稀的米汤、面汤直接清洗，或用墨鱼骨擦洗，效果也不错。

清洗玻璃用去污粉：玻璃上的油污用报纸、抹布很难擦干净，可用碱性去污粉擦拭，然后再用氢氧化钠或稀氨水溶液涂在玻璃上，过半小时再用布擦拭，玻璃会变得光洁明亮。

清洗纱窗用洗洁精：厨房窗户的纱窗被油污腻住后很难清理。一种方法是先用笤帚扫去表面的粉尘，再用 15 克洗洁精加水 500 毫升，搅拌均匀后用抹布两面均抹，即可除去油污。二是在洗衣粉溶液中加少量牛奶，洗出的纱窗会和新的一样。

25. 清洁地板的方法

（1）清除异物，扫除灰尘。不论是何种材质的地板，清扫前都要先把玩具、纽扣等异物捡起来，再用扫把、吸尘器、除尘纸或拖把，将地板表面、家具下方、角落的灰尘，毛发、蜘蛛网除去，特别是通向屋外的玄关和大门口，因大部分的脏污灰尘都是从此处而来。

（2）一般地板的清洁保养。根据地板材质，选择适合的地板清洁剂，使用前，依照脏污程度，将适量的地板清洁剂倒入水桶内稀释，再把拖把由室内往门口的方向拖地。如果是角落或地板缝等较不易清理的地方，可以用旧牙刷直接蘸地板清洁剂刷洗较难洗的顽垢，也可以直接将地板清洁剂倒在抹布上，擦拭后，再以清水冲洗即可。

（3）木质地板的清洁保养。切忌用湿拖把直接擦拭，应使用木质地板专用清洁剂进行清洁，让地板保持原有的温润质感与自然原色，并可预防木板干裂。注意，为了避免过多的水分会渗透到木质地板里层，造成发霉、腐烂的情形，使用地板清洁剂时，应尽量将拖把拧干。地板清洁后，可以再上一层木质地板蜡保养剂。

26. 清洁地毯的方法

地毯即使经常吸尘，也会因长期踩踏、液体溅湿与潮湿的气候，而容易有藏污或地虱，此时，可配合地毯清洁剂进行清洁保养。使用前，最好先将窗户打开，避免清洁剂的味道滞留在屋内。基本上，使用地毯清洁剂非常方便，只要将清洁剂喷洒于地毯表面，待污垢与地毯表面分离后，地毯上会浮现一点点的白色棉絮，再用一般的吸尘器除去分离物即可，不需再用水清洗。

27. 家具清洁中几点注意事项

在清洁保养家具时，有四点必须注意的地方：

（1）勿以粗布或旧衣当抹布。擦拭家具时，最好使用毛巾、棉布、棉织品或法兰绒布；至于粗布、有线头的布或有揿扣、缝线、纽扣等会刮伤家具的旧衣服，就必须避免使用。

（2）勿以肥皂水或清水清洗家具。因肥皂不能有效地去除堆积在家具表面的灰尘，也无法去除打光前的矽砂微粒，反而会让家具变得黯淡无光；而且水分若渗透到木头里，还会导致木材发霉或局部变形，减短使用寿命。

（3）勿以干布擦拭家具。由于灰尘是由纤维、沙土构成，许多消费者习惯以干布清洁擦拭家具表面，而导致这些细微颗粒在家具表面留下细小的刮痕。

（4）避免不当使用蜡制产品。有些人为了让家具看起来有光泽，而将蜡制产品直接涂抹在家具上，或是不当使用家具蜡油，反而会让家具看起来有斑点。

28. 家具清洁修补的小技巧

木制家具在涂油漆之前，先用醋擦一遍，漆后光泽鲜艳无比。

在刚漆过油漆的家具上，待油漆干透后用茶水或淘米水轻轻擦拭一遍，家具会变得更光亮，且不易脱漆。

把煮开的牛奶倒进盘子里，将盘子放在新油漆过的橱柜内，关紧家具的门，过 5 小时左右，油漆味便可消除。

用一块蘸了牛奶的布擦拭桌椅家具，不仅可消除其污垢，还可以使家具光亮如新。

用半杯清水加入水量四分之一的醋，用软布蘸此溶液擦拭木质家具，可使家具重现光泽。

木制家具用久了漆面会失去原有的光泽，最简单的清洗方法是，泡一大杯浓茶，晾凉后，将一块软布放入浸透，用其擦洗家具，一般擦拭两三次即可使家具恢复原有面貌。

漂亮而洁白的家具一旦泛黄，便显得难看，如果用牙膏来擦拭，便可以改观。但是要注意，操作时不要用力太大，否则，会损伤漆膜而适得其反。

烟头、烟灰或未熄灭的火柴等燃烧物，有时会在家具漆面留下焦痕。如果只是漆面烧灼，可以牙签上包一层细纹硬布，轻轻擦抹痕迹，然后涂上一层蜡，焦痕即可除去。若是烧焦漆下木质，此法则无能为力了。

如果家具漆面擦伤，未触及漆下木质，可用同家具颜色一致的蜡笔或颜料，在家具的创面涂抹，覆盖外露的底色，然后用透明的指甲油薄薄地涂一层即可。

29. 家居特殊去污妙招

（1）用细盐吸附地毯上的污水。地毯沾上污水，是吸尘器解决不了的问题，可取细盐末撒在地毯的脏处，然后用洗干净的湿笤帚将细盐扫均匀，10 分钟后再用吸尘器除去盐末和灰尘，地毯即可干净亮泽。

（2）用冰块清除地毯糖迹。粘在地毯上的口香糖，很不容易取下来，可把冰块装在塑料袋中，覆在口香糖上，约 30 分钟后，手压上去感觉硬时，取下冰块，用刷子一刷就可刷下。

（3）用白醋巧除地毯尿迹。家里有小孩子，又铺了地毯，一旦小孩子撒尿在地毯上，应赶紧用薄棉纸或布把尿吸干，然后用海绵蘸干净的温水揩擦，并揩干。也可取 3 汤匙白醋和 1 茶匙的洗涤剂，混合后缓慢地滴在尿迹上，15 分钟后再用清水洗净，并使地毯干透。

（4）用面粉清洁石膏装饰品。家庭摆设的石膏装饰品上的灰尘，可先用毛刷掸去浮尘，然后取一些面粉加适量清水调成糊状，用毛刷涂在石膏装饰品上，待其晾干后再用干净的刷子将其刷掉，积尘也就随着面粉脱落而下。

（5）用蛋清擦拭真皮沙发。沙发皮面弄脏了，可用一块干净的绒布蘸些蛋清擦拭，既可去除污迹，又能使皮面光亮如初。

（6）用牙膏擦拭冰箱外壳。冰箱外壳的一般污垢，可用软布蘸少许牙膏慢慢擦拭，如果污迹较顽固，可多挤一遍牙膏再用布反复擦拭，冰箱即会恢复光洁。因为牙膏中含有研磨剂，去污力非常强。

30. 常见污渍的去除方法

（1）咖啡、茶。用干净布蘸5%的甘油水溶剂擦拭，擦净后用纸巾吸去多余水分并晾干。

（2）啤酒、酒。用干净布蘸洗衣粉水擦拭，并用纸巾吸去水分；再用干净布蘸温水擦拭污处，最后用纸巾吸去水分。

（3）可乐、果汁。用干净布蘸加入中性洗涤剂的温水擦拭后用纸巾吸去水分。

（4）化妆品、鞋油、印泥、机油。先将清洗剂喷到污处，用干净布擦拭，再用干净布蘸清水擦拭，最后用纸巾吸去水分。

（5）墨汁的新迹。向墨汁处撒些许盐末，用干净布蘸肥皂水擦拭墨迹，擦净后用纸巾吸去水分。

（6）墨汁的陈迹。将污处用少许牛奶浸润片刻用毛巾蘸牛奶擦拭，再用干净布蘸清水擦拭后用纸巾吸去水分。

（7）口香糖。先用刀将其刮掉，再用干净布蘸酒精擦拭。

31. 家里有异味怎么除

（1）烟味。把泡过的废茶叶渣晒干，放在房间的角落里，利用茶叶的物理吸附去除烟味；还可以用毛巾蘸上稀释了的醋，在室内挥舞数下，对去除烟味也有一定的效果。

（2）卫生间返味。首先，检查是否通畅，有无异物影响排水。如果有堵塞，可以往下水道里倒适量的碱，这对去除管道里的油脂和铁锈比较有效。其次，如果下水道没有堵塞，但是却返味，可以利用水密封原理，用薄塑料袋装上清水，封紧袋口，放在下水道的口上盖严，起到封闭气味的作用。

（3）油漆味。要去除油漆味，只需在室内放两盆冷盐水，1～2天油漆味便除去；也可将洋葱泡盆中，同样有效。如果居室空气污浊，可在灯泡上滴几滴香水或风油精，遇热后会散发出阵阵清香，沁人心脾。

（4）宠物的气味。尽量不要让猫狗在家中上厕所，或者在通风处，准备专用的猫砂、狗砂让其排便。可以在宠物身上喷些专用的除味护理剂，它能将异味分子分解为二氧化碳和水，从而快速、安全地去除异味。

（5）橱柜、抽屉内的霉味。可在里面放一块肥皂，也可以将晒干的茶叶渣装入纱布袋，分放各处，不仅能除去霉味，还能散发丝丝清香。

（6）花盆内的臭味。如果用发酵的溶液做肥料，花盆中常会散发臭味。可以将鲜橘皮切碎，掺入液肥中一起浇灌，臭味就能消除。

（7）厨房里的饭菜味。在炒菜锅中放少许食醋，加热蒸发，厨房异味即可消除。

省钱又省心——
家居**装修**最关心的
500个问题 | 第**18**章
养 护

1. 木地板如何防腐、防潮、防虫

先是选材。选择时只要注意选那些无虫眼、霉斑、疤痕以及含水率达到国标规格标准（8%～13%）即可。另外，宜选择变形小的硬木树种木地板。

施工前，地板最好提前进场，放在通风良好的地方打开包装箱通风透气。尽量减少阴雨天气给木地板带来的潮气，减少在使用中可能带来的变形、起鼓及缝宽等问题。二是木地板铺好以后最好在使用一段时间后再打蜡，也叫封蜡。这样可以尽量挥发掉在施工中残留的潮气，延长木地板的使用寿命。

最后是在铺设毛板（大芯板或十厘板）前用木龙骨找平地面，把毛板分割为1200毫米×600毫米的规格，每块毛板间距预留1厘米的缝，使原地面的潮气容易散发掉，防止木地板起鼓现象发生。清理干净地面残留的土渣，可适当洒些防虫剂，以防止再生虫（螨虫等）的滋生。

2. 怎样给木地板打蜡

不论是给新的未上过蜡的地板还是旧的开裂的地板打蜡，首先都应将它清洗干净，完全干燥后再开始操作。

（1）至少要打三遍蜡，每次都要用不带绒毛的布或打蜡器摩擦地板以使蜡油渗入木头。

（2）要想得到闪亮的效果，每打一遍蜡都要用软布轻擦抛光。

（3）或者选用聚氨酯地板蜡，用干净的刷子刷三遍。要特别注意地板接缝。

（4）每打一遍，待干燥后，用非常细的砂纸打磨表面，擦干净，再打下一遍。

3. 强化地板不要打蜡

在强化地板上打蜡，会出现：

（1）提高不了亮度，达不到国家规定的使用标准。

（2）因为强化地板本身就有耐磨层，在上面打蜡显得多此一举。在耐磨层上打蜡不是直接摩擦地板，而是摩擦蜡膜层，造成许多用户错以为强化地板很"娇气"的错觉。

（3）在耐磨层上做保洁是很容易的，如打上蜡以后再做反而更麻烦。强化地板是不用打蜡的。

4. 木地板的使用与保养

（1）铺装后12小时才可以把家具放在地板上。

（2）卫生间、厨房与地板连接处建议作防水隔离处理，接缝处使用地板防水油。

（3）保持地板干净、清洁，避免与大量的水接触，不允许用碱水、肥皂水擦洗，以免损坏油漆膜。

（4）每隔一段时间打一次蜡。方法是用半干抹布擦净地板并上蜡，要均匀涂抹在地板表面并使其"吃透"，等稍干后用干软布在地板上来回擦拭，直到打光地板表面为止。

5. 木地板涂料脱落补救法

无论你打了多少次蜡，经过五六年之后，木地板的涂料都会剥落，污垢随之渗进底下的板。要改善这种情况，可先在抹布上蘸取涂料用的稀释剂，把地板表面残留的蜡拭掉，然后把 240 号的防水砂纸包在木块上，用以擦地板。把擦出来的白色粉末抹掉，干透之后染上同样颜色的漆料，这样污垢就会显得不起眼了。

6. 复合木地板的保养方法

复合木地板耐磨层如果受损，将使地板的防潮功能和光亮度受到影响，因此，在地板上行走时，应尽量穿软底鞋。家具的脚最好也贴上软底防护垫。不能使用砂纸、打磨器、钢刷、强力去污粉或金属工具清洁复合木地板。如果家中饲养宠物，要当心宠物的爪子破坏地板。

特殊污渍，如油渍、油漆、油墨可使用专用去渍油擦拭；血迹、果汁、红酒、啤酒等残渍用湿抹布或用抹布蘸上适量的地板清洁剂擦拭；蜡和口香糖，用冰块放在上面一会儿，使之冷冻收缩，然后轻轻刮起，再用湿抹布或用抹布蘸上适量的地板清洁剂擦拭。绝不可用强力酸碱液体清洗复合木地板。

7. 如何延长复合地板寿命

实木复合地板平时可以用吸尘器或扫帚清扫表面灰尘，再用浸湿后拧干至不滴水的抹布或拖把擦拭地板表面。拖地后最好打开门窗，让空气流通，尽快将地板吹干。

硬质家具最好在下面垫上地毯，防止搬动时划花地板表层，影响美观。不要用砂纸、打磨器、钢刷、强力去污粉或金属工具清理实木复合地板。

8. 强化地板的养护方法

（1）保持干爽和清洁，不要用大量的水冲洗，注意避免地板局部长期浸水。

（2）不需要打蜡和油漆，切忌用砂纸打磨抛光，因为强化地板不同于实木地板，它的表面本来就比较光滑，亮度也比较好，打蜡反倒会画蛇添足。

（3）避免强烈阳光直接照射以免地板表面提前干裂和老化。

（4）日常生活中注意一些小细节。不要将火柴和香烟头顺手扔在地板上，地板一旦被烧焦就会严重影响美观而且修补起来很麻烦；避免锋利的物品，比如剪子、小刀之类划伤地板表面；在搬动椅子、桌子等家具时不要拖拽；在门口处放置一块蹭蹭垫子，避免沙砾或者其他小石块对地板的损伤；避免含有胶性的物体掉落在地板上，比如口香糖，否则很难清理；在卫生间和厨房门口要随时注意清理渗出的积水。

9. 实木地板的正确使用知识

在平时的正常使用过程中应注意以下问题：

（1）保持地板干燥、清洁，避免与大量的水接触，不允许用碱水或肥皂水等腐蚀性液体擦洗，以免损坏油漆膜。

（2）可每隔一段时间给地板打蜡，时间间隔视地板漆面光洁度而定，方法是半干抹布擦干净地板并均匀地将蜡涂抹在地板表面，等稍干后用干软布擦拭，直到平滑透亮为止。

（3）如果不小心倒水或遗漏水于地面时，必须及时用干软布擦干净，擦干后不能直接让太阳暴晒或用电炉烘烤，以免干燥过快引起地板干裂。

（4）铺装完后的地板尽量减少太阳直晒，以免油漆经紫外线照射过多提前干裂和老化。

（5）穿软底鞋，避免锋利尖锐物品，经常移动的家具应垫有软底。

（6）如长期不居住，铺好的地板切忌用塑料布或报纸盖，时间一长漆膜会发黏，失去光泽。

10. 如何养护实木地板

实木地板在保养时，一定要注意保持地板的干燥、清洁。但铺设和使用不当也会造成实木地板出现质量问题，比如铺设时没有作防潮处理；用水淋湿或用碱水、肥皂水擦洗，这样会破坏油漆的光亮度；卫生间和房间地面没有做好隔离；夏季没有注意拉好窗帘，使得窗前地板经灼热阳光暴晒后变色开裂；或是空调温度开得过低，使白天和晚上温差变化过大，引起地板膨胀或收缩过于剧烈而造成变形开裂等。

在使用过程中，若发现个别地板起翘或脱落，应及时取起地板，铲去旧胶和灰末，涂上新胶，压实；若个别地板漆膜破损或露白，可用 400 号水砂纸蘸肥皂水打磨，然后擦干净，待干后进行局部补色，色干后再刷涂一道漆，干燥 24 小时后，用 400 号水砂纸磨光，然后擦蜡进行抛光。每月打一次蜡也是最好的保养方法，但是打蜡前要将水汽和污渍擦干净。

11. 竹地板的保养

首先要保持室内干湿度。在北方地区如果遇到干燥季节，特别是开放暖气时，消费者可通过不同方法调节湿度，如采用加湿器或在暖气上放盆水等；南方地区到了多雨季节，消费者应多开窗通风，保持室内干燥。

其次，避免损伤地板表面。竹地板漆面，应避免硬物撞击、利器划伤、金属摩擦等，防止将灰尘、沙子等物带入房间。不要用钉尖等物擦刮竹地板表面或穿带有金属钉的鞋进入房间。根据使用情况，可以隔几年打蜡一次，保持漆膜面平滑光洁。

12. 软木地板维护保养注意事项

（1）软木地板的保养比其他木地板更简便，在使用过程中，最好避免将沙粒带入室内。有个别沙粒带入，也不会磨损地板，因为沙粒被带入后即被压入脚下弹性层中，当脚步离开时，又会被弹出。

（2）使用三五年后若个别处有磨损，可以采用局部弥补的方式处理，即在局部重新补上涂层。

(3) 对于表面刷漆的软木地板，其保养同实木地板一样，一般半年打一次地板蜡就可以了。表面有树脂耐磨层的软木地板同复合地板的护理一样简单。

13. 地热地板养护的特殊之处

(1) 安装时地坪保温要注意。安装时，地表温度应保持在 18℃ 左右。在安装前，要对水泥地面逐渐升温，每天增加 5℃，直至达到 18℃ 左右的标准为止。在安装完成后的头 3 天内，要继续保持这一温度，3 天之后才可根据需要升温，并且每天只能升温 5℃。

(2) 注意加温要循序渐进。第一次使用地热采暖，注意应缓慢升温。首次使用时，供暖开始的前 3 天要逐渐升温：第一天水温 18℃，第二天 25℃，第三天 30℃，第四天才可升至正常温度，即水温 45℃，地表温度 28~30℃。

(3) 长时间后再次启用，加温也要循序渐进。长时间后再次启用地热采暖系统时，也要像第一次使用那样，严格按加热程序升温。

(4) 地表温度不能太高。要注意的是，使用地热采暖，地表温度不应超过 28℃，水管温度不能超过 45℃。

(5) 关闭地热系统，注意降温要渐进。随着季节的推移，当天气暖和起来，室内不再需要地热系统供暖时，应注意关闭地热系统也要有一个过程，地板的降温过程也要循序渐进，不可骤降，如果降温速度太快的话，也会影响地板的使用寿命。

(6) 房间过于干燥时，可以考虑加湿。冬季气候干燥，加上使用地热采暖，地板长期处在高温的状况下，容易干裂，这时业主有必要给房间加湿，以免地板干裂变形。

14. 如何防范地板中细菌的侵扰

为了防范地板中的细菌侵扰我们的身体，在木地板的使用过程中，要注意保养好地板。靠近阳台、窗户的地板要避免暴晒，最好在阳光强烈时拉上厚窗帘；其次，避免潮湿，切忌用湿拖把直接擦拭，有水或者其他液态食物洒在地板上时，要及时擦干，防止过多的水分渗透到木地板里层，造成发霉、腐烂，应使用木质地板专用清洁剂进行清洁，防止地板干裂。清洁则是保障居室环境健康的重要步骤，在地板已经产生缝隙的情况下，应勤打扫，以防脏物聚积。清洁地板时，着重用吸尘器吸取开裂部位的灰尘和杂物，如果存积的污垢无法吸出，或是角落等不易清理的地方，可以用小刷子蘸地板清洁杀菌剂进行刷洗，也可以直接将地板清洁杀菌剂倒在抹布上擦拭。

15. 地毯的使用与保养

手工簇绒胶背地毯为天然纤维或化学纤维制成，在使用时切勿接触燃烧物；地毯使用初期毯面会产生少量浮毛，使用一定时间后会逐渐减少，平时应注意清理地毯上的浮毛；应避免局部重物长期静压，以免造成倒绒，影响毯面的美观；应避免地面潮湿，以防损坏地毯的背布和底基布；地毯因长期使用而沾染灰尘时，应定期用吸尘器清理；地毯如局部污染，可用地毯干洗剂或普通干洗剂擦拭，然后用湿布擦净，并在阴凉处晾干。不宜局部水洗，更切忌用汽油等有机溶剂擦洗，以免褪色和损坏地毯绒毛；如地毯被严重污染或显陈旧时，可整体水洗复新。

16. 如何延长家具的寿命

（1）合理摆放。家具的放置是非常重要的环节，地面务必要保持平整，家具放置以后可以安稳平实着地，因为家具如果长期处于摇摆状态，各个部分受力不均匀，将会导致紧固件松脱、粘连部分开胶，影响家具的使用寿命。

（2）防止暴晒。家具在摆放的时候，一般最好不要选择靠近窗户的地方，避开阳光的直射。因为家具如果长时间受到暴晒，就可能出现褪色、开裂、起皮等现象，金属的家具就可能会出现氧化变质，失去光泽。

（3）避免潮湿。室内的干湿度要保持在一个比较平稳的水平上，在使用加湿器的时候，要注意喷雾时不要直接对着家具。

（4）远离热源。家具的摆放要远离燃气、暖气片、电暖气等热源，以免时间一长，家具受热以后，由于水分蒸发过快，造成家具的漆面开裂、起皮和褪色等现象。

17. 怎样保护家具漆膜

家具不宜放在阳光能直射到的地方，若放置于近窗的地方，应注意随时拉上窗帘，遮住阳光的照射，以免漆膜褪色和过早老化。切忌将其靠近火炉和取暖器，也不可以放置滚烫的水壶等器物，以免高温烘烤，致使家具开裂，漆膜剥落。

家具表面要经常用柔软的纱布擦拭，抹去灰尘迹，还要定期用汽车上光蜡或地板蜡擦拭。但千万不能用高浓度的酒精、天拿水等化学溶剂去擦，以免损坏漆膜。家具表面如洒上水等液体，应立即擦干。

家具表面谨防硬物碰撞和刀子切。家具上面若要放置玻璃台面，玻璃下面应铺放棉质台布，不宜直接铺放纸张或塑料膜，否则时间一长，就会粘在漆膜上。

每隔几年，最好能刷一层凡立水清漆，以保持家具漆膜常新，经久耐用。

18. 儿童房家具保养小妙方

（1）书柜。如果天气比较潮湿，使用者可以以除湿棒或干燥剂来保护爱书及书柜。重量较重、开本较大的书籍，应尽可能地摆放于书柜的下层，以避免其过重，压垮隔板，而且"头重脚轻"容易导致书柜的不稳，若一不小心用力碰撞，即有翻倒的可能。

（2）衣柜。避免使用易损伤木头的酒精、清洁剂等刺激性及腐蚀性化学品。木质衣柜，平时只要以干净的抹布擦拭就可以了，但若有脏污，则可酌量使用肥皂或中性清洁剂，以湿布来擦拭。紫外线对木质家具亦具有破坏力，因此，适当地使用布幔或窗帘避免日晒是有必要的。如欲上蜡，最好选择浓度较高且为固体、不含硅成分的蜡，以免破坏漆面。

19. 餐厅家具保养小妙方

（1）如何保养餐桌。利用隔热垫或餐巾垫以防止热气或油污损坏桌面。保持桌面干燥。用餐后可以用微湿的软布擦拭，再立刻以干纸巾拭干；较脏时，可以使用中性洗剂，以 1：20 的比例混合后擦拭，清水拭净后，再将桌面擦干。

（2）如何保养餐桌椅。餐椅较其他椅子容易接触到油污，因此平常就要勤加擦拭，避免堆积油渍。褶皱或花纹较多的餐椅，清洁保养时要多加注意细节的部分。可以用椅套来保护餐椅，在清洁时较为方便，延长餐椅的使用寿命。

20. 教你保养厨房家具

使用方面：

（1）不可将高温的炊具或其他高温物品直接放在厨具上，应使用脚架、隔热垫等，以免表面变色或起泡。

（2）保持厨具清洁，烹饪后应清洁台面，抹干厨具上的水渍等，保持表面清洁干燥，地面积水应及时清除，以免污染柜体。

（3）要尽量选择国家权威机构鉴定认可产品，注意每一个接口处、台面开孔断面均要进行树脂浸渍和铁胶封边处理，保证产品防水、防火、防潮、防霉变。

保养方面：

（1）勿用尖锐、硬物刮拭表面，应用湿布擦洗或湿布蘸中性洗涤精或清洁剂处理。

（2）表面有严重污渍或划伤、烟火烫伤可用细砂纸（400～500 号）轻磨表面，再用百洁布擦洗。

（3）金属抽帮、铰链、拉篮等应定期打上润滑油，以保持光亮润滑。

（4）应定期检查厨房内的燃气炉、热水器、微波炉等电器及上下水接口处是否漏水或浸水，确保厨房干爽和空气流通。

（5）发现质量问题应及时通知厂家进行维修。

21. 各种床的保养小妙方

（1）铜床。平时以柔软布面（如棉布）轻拂灰尘即可，以免损伤其表面的保护层。为避免铜管受蚀变质，勿使用挥发性及清洁剂等化学品。不可以湿布擦拭，因容易导致灰尘附着，且来回摩擦有损表面。当其表面的透明漆剥落时，不妨尝试涂擦透明指甲油，以暂时隔绝空气。

（2）铁床。利用软质毛刷清理床架的接合处缝隙、灰尘。虽已经防锈处理，仍应尽可能避免潮湿，日常最好以干布擦拭。如有刮痕，可先行漆上一层透明漆，阻绝空气，避免氧化变黑。

（3）木质床。木质床平日只需以鸡毛掸子或软布拂去灰尘。避免使用易损伤木头的酒精、清洁剂等刺激性及腐蚀化学品。勿将木质床组摆置于空调出口或除湿机旁，因为潮湿的水汽会伤害木头。如欲上蜡，最好选择浓度较高且为固体、不含硅成分的蜡，以免破坏漆面。

22. 金属家具的维护保养和使用要点

（1）镀铬家具。镀铬家具不可放在潮湿处，否则容易生锈，甚至导致镀层脱落。如已有生锈处，可用棉丝或毛刷蘸机油涂在锈处，片刻后再往复擦拭，到锈迹清除为止，万万不可用砂纸打磨。平时不用的镀铬家具可在镀铬层上涂一层防锈剂，放在干燥处。

（2）镀钛家具。真正的优质镀钛家具固然不会生锈，但最好还是少同水接触，经常用干棉丝或细布擦一擦，以保持光亮和美观。

(3) 喷塑家具。喷塑家具如出现污渍，可用湿棉布擦净后再用干棉布擦干，注意不要留存水分。

23. 水床的使用保养

安装水床时要注意床的支撑能力，因水床注水后有200多公斤的重量，应视情况适当加固。

(1) 电脑温控器是用来调节水床温度的，一般控制在25~37℃，初次使用时可由低挡向高挡逐渐加大温度。

(2) 水床的软硬度可以根据各人的需要用气边来调节，充气多则硬；但在开始安装时要把水床内的气泡通过排气孔排尽，以免在睡觉时发出响声，影响睡眠。

(3) 电子调温水床是高档卧具，应倍加爱护，科学使用。平时应将防滑罩拉好，铺上床罩，谨防尖锐利器接触，以避免因强大外力作用发生划伤或戳破水床的现象。

(4) 水床一旦安装完毕，不要轻易打开进水口盖，因为水室内有一定压力，打开盖后水会溢出。水床的保养很简单，平时应注意检查有无漏气漏水现象。

24. 贴金家具的维护保养

(1) 避免用带有化学物品的液体清洁剂进行清洁。

(2) 忌用带水毛巾擦拭，可用质地柔软毛刷清洁灰尘。

(3) 忌用硬度高、棱角锋利的物品对其清洁，以防止将其透明油漆保护层割伤了，造成金箔脱落等现象；汗水也容易使金箔氧化变黑，手有汗时尽量不要触摸贴金箔的地方，以免金箔氧化。

(4) 对于金箔，只能谈及护理，它不像地板、瓷砖或其他的给予打蜡进行保养工作，所以只能在日常生活中尽量减少磕碰或间接的人为破坏。

25. 木制家具的维护保养

(1) 不宜放在十分潮湿的地方，以免木材遇湿膨胀，久之容易烂，抽屉也拉不开。

(2) 避免远距离整体搬运，小家具需移动时，要抬家具底部；大件家具的搬移，要请专业公司帮助。搬抬家具时要轻抬轻放，放置时要放平放稳。若地面不平，要将腿垫实，以防损坏。

(3) 忌用水冲洗或用湿布擦拭，切忌放在碱水中浸泡，防止夹板散胶或脱胶。

(4) 忌用与家具原油漆色泽不同的颜料，需用同色颜料与油灰拌匀后嵌入家具裂缝堵平，以免留下疤痕。

(5) 忌用碱水洗刷家具，或家具面上放置腐蚀性液体、高浓度的酒精、天拿水和刚煮沸的开水等东西，以防损坏漆面。

(6) 常用干净的软布擦拭除尘，不要用肥皂水或清水擦拭。

26. 布艺沙发的维护保养

(1) 勿置于靠近火源、高温或阳光直射处。

(2) 切勿沾上有色水溶液及酸碱溶液。如不小心洒上水请立即用布吸干水分，如洒上有色液体以及其他有害液体请立即吸干后送去干洗。

(3) 活动部位的布套可拆洗，但仅适用于干洗(请到有信誉的干洗店干洗，防止不良干洗店用水洗代替干洗)。

(4) 经常用家用真空吸尘器吸除沙发表面灰尘。

27. 真皮沙发的维护保养

(1) 对新购置的真皮沙发，首先用清水洗湿毛巾，拧干后抹去沙发表面的尘埃以及污垢，再用护理剂轻擦沙发表面一至两遍(不要使用含蜡质的护理品)，这样在真皮表面形成一层保护膜，使日后的污垢不易深入真皮毛孔，便于以后的清洁。

(2) 要避免油渍、圆珠笔、油墨等弄脏沙发。

(3) 沙发的日常护理用拧干的湿毛巾抹拭即可，2~3个月用皮革清洗剂对沙发进行清洁，或用家用真空吸尘器吸除沙发表面灰尘等。

(4) 要避免阳光直射沙发，如客厅常有阳光照射，不妨隔一段时间把几张沙发互调位置以防色差明显；湿度较大的地方，可以利用早上8点至10点的弱太阳光照射7天，每天1小时，约3个月做一次。

(5) 磨砂皮沙发的清洁方式不能用以上清洁方式(除皮质上有油渍外)，可用细铜刷轻轻刷拭，恢复其美观。

28. 新家具保养有妙法

(1) 生漆、广漆类。经此类型涂料涂饰后的漆膜面，一般以红木家具及高档家具居多，须用低温清水揩擦为宜。如以蜡擦之，会将有活力的漆膜面封闭住，导致失光、失色而影响美观。

(2) 聚氨酯类。经此类型漆涂饰后的漆膜面，均以擦蜡、抛光居多，因此必须用软毛巾或棉纱揩抹。相隔几个月上一次美加净光蜡即可，绝不能用温水或清水揩擦。这里有"水、油不相容"之说，从而会导致漆膜失光、褪色等现象。

(3) 调和漆、清漆等。此类型涂料，油漆后的物面基本不上擦蜡，也不能抛光，多用于门窗、楼梯扶手等木器具，宜用清水揩抹，不宜用温水。

29. 怎样维护保养红木家具

为了减少红木家具因干缩造成的开裂变形，消费者在购买红木家具后，要注意维修保养。

(1) 春、秋、冬三个季节要保持室内空气不干燥，宜用加湿器喷湿，室内养鱼、养花也可以调节室内空气湿度。

(2) 夏天暑期来临，要经常开空调排湿，减少木材吸湿膨胀，避免榫结构部位湿涨变形而开缝。

（3）要保持家具整洁，日常可用阴干的纱布擦拭灰尘。不宜使用化学光亮剂，以免漆膜发黏受损。

（4）家具的顶、底等未上漆或漆膜薄的部位，可涂液体蜡，这样可保护木材减少开裂变形。

30. 竹制家具的养护

在选择竹制家具时最好选择已涂上清漆或熟桐油的，既能防蛀，又经久耐用，美感十足。若您购买的是中、小型竹器，最好用高温密封蒸汽处理一下，可彻底杀死竹器中的细菌，或将竹器放入加了食盐的开水中 1～2 天，以防止虫蛀。

在竹制家具的使用中，经常用的竹菜篮、饭篮、淘米萝等器具应及时刷洗、晾干，大件竹制家具在摆放中应注意通风和干燥。另外，在使用中若发现虫蛀可用微量杀虫药液（敌敌畏）滴入虫蛀孔，也可用尖辣椒或花椒捣成末，塞入虫蛀孔，这些都可以给您的竹制家具一个安全的保护。但切记，餐具类竹器皿不可用上述两种杀菌方法。

31. 如何保护合成革面家具

使用合成皮革面家具要注意以下几点：

（1）家具放置要避开高温的地方。过高的温度会使合成革外观发生变化，相互粘连。因此，家具不宜放置在火炉近处，也不宜放置在暖气片边上，且不要让太阳光直射。

（2）家具不要放置在温度过低的房间。温度过低或长时间让冷气直吹，会使合成革受冻、龟裂、硬化。

（3）家具不要放置在湿度大的房间。湿度过大会使合成革的水解作用发生和发展，造成表面皮膜的损坏，缩短使用寿命。因此，像卫生间、浴室、厨房等房间不宜配置合成革面家具。

（4）擦拭合成革面家具时，不要用湿毛巾或湿布，一般用干布擦拭为好。

32. 松木家具保养技巧

松木十分天然，因此在保养方面需要注意以下三方面：

（1）经常用软布顺着木纹的纹理，为家具去尘，去尘前，应在软布上蘸点清洁剂。

（2）在使用时尽可能用垫子垫在热盘子下，以免食物汤料外溢，沾污或损坏桌面。

（3）尽量避免家具面接触到腐蚀性液体、酒精、指甲油等。

33. 板式家具的使用与保养

（1）家具不得摆放在高温、潮湿、震动剧烈、光线强烈的地方，居室应保持通风凉爽。

（2）对家具进行清洁时，应先用鸡毛掸子之类柔性器具进行清尘，再用软布轻轻擦拭。

（3）避免坚硬物或尖锐物碰家具，切忌敲打玻璃或金属饰件表面。

（4）家具金属饰件只需用干毛巾轻轻抹拭，不能使用含有化学物的清洁剂，切忌用酸性液体清洗。如金属饰件表面出现难以去除的黑点，可用煤油擦拭、清洗。

（5）定期对家具连接件进行检查，发现松动应及时加固。

（6）板式家具可用毛巾蘸少量水或适量清洁剂进行清洁，板件可定期用家具护理蜡进行护理，并保持柜内干净。

34. 折叠家具的使用和保养

目前，越来越多的折叠家具进入普通大众家庭，折叠家具在日常的使用和保养方面，有以下几个关键的地方需要注意。

（1）折叠家具在使用中最好不要频繁地开合。所有的家具都有固定的保用期，所以不必要的开合会造成家具的老化。因此，除了必要的使用之外，不要频繁地开合。

（2）不要在靠近合页的地方施以重压。因为合页要靠螺丝钉等固定在家具上，起到了联结和开合的作用，如果在靠近合页的地方重压，会造成合页脱落等问题出现。

（3）在日常的保养中，要经常为折叠部位的合页加上润滑剂，避免生锈等问题的出现。多用沙发在调节沙发角度时，用力要适中，不要生拉硬拽，以免损坏沙发的金属部件。

（4）每周用干软的抹布清洁护杆、沙发脚及扶手。

35. 布艺家具保养

（1）布艺沙发购进后，先用织物保护剂喷一次，以作保护。

（2）布艺沙发平时保养可用干毛巾拍打，每周至少吸尘一次，尤其注意去除结构间的积尘。

（3）布织物表面沾有污渍时，可用干净抹布蘸水从外向内抹拭或用织物清洁剂依说明使用。

（4）应避免身带汗渍、水渍及泥尘坐在家具上，以保证家具使用寿命。

（5）大部分包衬坐垫都分手洗和机洗，应向家具商查明，因为其中一些可能有特别的洗涤要求，丝绒家具不可沾水，应使用干洗剂。

（6）如发现松脱线头，不可用手将它扯断，应用剪刀整齐地将之剪平。

36. 藤器护理小知识

（1）藤家具忌受潮，否则容易弯曲裂开，同时切勿让藤椅脚或与地面接触的部分沾水。

（2）藤家具怕高温，不能暴晒，高温的吹风机、电熨斗等避免直接放在上面。

（3）藤椅的空隙里，时常积聚一些肉眼看不见的灰尘及棉屑，应用刷子小心擦除，再用洗涤剂擦洗。当藤条掉落时，可以用万能胶或透明胶纸紧紧地贴着，虫蛀的洞孔用注射器注入杀虫剂。

（4）藤椅坐久了会下陷，可用水洗透后，置于室外晾干，自然平整如新。

（5）藤制品经过长时间使用后，会逐渐变成米黄色或更深色，如想恢复原色，可用草酸来漂白。草酸是一种无色结晶体，将它溶于热水，大约一杯水加一茶匙草酸，再用刷子蘸着擦拭。

37. 石材的保养

天然形成的石材内部有很多细小的"毛孔"，这些小孔不但吸污纳垢，更是引起石材病的主要原因。近年来，一些石材养护产品的出现对于预防石材的"病变"起到了很好的作用，经过合适的渗透性防护剂作表面处理，降低黏着率，可有效阻止细菌和霉斑的生长。如果辅以有渗透功能的抛光剂，还可起到保护石材表面光亮的作用。

家庭用石材表面的清洁应采用酸碱值为中性的清洗剂，选择清洁用品时一定要特别注意。因为消毒剂等刺激性大的清洁品中有对天然石材表面及其颜色影响很大的酸碱等化学物质，这些化学物质会与石材内部的矿物成分发生反应，造成污染。

另外，如经过打蜡处理的石材，保护蜡层即是保护石材，因此，最好不用水拖清洁，可选用一些护蜡用品，延长蜡保养石材的工作时间。

38. 瓷砖的保养

抛光砖在抛光前表面只有极少的气孔，抛光的过程中表面受金刚石刨刀和各种粗细磨头的作用，砖体原有的结构受到严重破坏，形成了大量肉眼难以看到的微小毛细孔，污染物一旦渗入，清洁便会成为一件非常困难的事。

对于特别容易受到污染的抛光砖，无论是装修，还是日常应用的过程中，都应注意保护、保养。家庭装修铺好抛光砖后、未使用前，为了避免其他项目施工时损伤砖面，应用纺织袋等不易脱色的物品把砖面遮盖住，进行保护。

日常清洁拖地时请尽量用干拖，少用湿拖，局部较脏或有污迹，可用家用清洁剂如洗洁精、洗衣粉等进行清洗，并根据使用情况定期或不定期地涂上地板蜡，待其干后再抹亮，可保持砖面光亮如新。

厨房、卫生间的瓷砖常会被油腻、水锈、皂垢等污染，特别是一些接缝处更易藏污纳垢。为保持瓷砖面清洁又不损坏瓷面光亮，可以使用多功能去污剂进行清洁。

39. 浴缸保养小贴士

(1) 每星期清洗浴缸，确保浴缸每次使用后保持干爽。

(2) 清洗浴缸可使用中性液体清洁剂及使用柔性布料或质量的海绵。

(3) 切忌使用高碱性的清洁用品。

(4) 避免使用深色的清洁剂，因容易引致色素渗入缸面。

(5) 使用水喉后，不要忘记关掉水阀，以免经常性滴水而导致浴缸积水。

(6) 浴缸如有任何损坏，应立即通知有关公司修理，以免问题继续恶化。

(7) 不要留下金属物品于浴缸内，它们会令浴缸生锈及弄脏表面。

40. 如何保养五金配件

选用金属及镀金、镀铬的家具或浴室配件前，在产品的选择阶段不要只被其外在的造型所吸引而忽视了产品的品质，挑选时一定要看其镀层表面是否光滑、无裂痕、无掉皮，色彩是否统一、协调。一些劣质配件表面镀层很浅，极易划损脱色，这是配件产品在使用一段时间后脱色的根源所在。

在日常使用过程中，尽量避开水和油渍，多用干布擦拭，以保持金属的亮度与光泽。对于气候潮湿地区，每隔3~5年要重新封蜡或喷上保护胶，以杜绝铜的表面与空气直接接触，发生氧化而影响原有的颜色。也可以在铜把手的表面涂上一层无色的指甲油以起到防水防腐的作用。

41. 水龙头保养四要素

（1）要请有经验和有资质的专业人员进行施工安装。安装时，水龙头尽量不要与硬物磕碰，不要将水泥、胶水等残留在表面，以免损坏表面镀层光泽。

（2）在水压不低于0.02mPa（即0.2kgf／cm²）的情况下，在使用一段时间后，如发现出水量减小，甚至出现热水器熄火的现象，则可在水龙头的出水口处轻轻拧下筛网罩，清除杂质，一般都能恢复如初。

（3）开关水龙头不要用力过猛，顺势轻轻转动即可。即使是传统式的水龙头，也不需很大的劲去拧死。特别是不要把手柄当成扶手来支撑或使用。

（4）浴缸龙头的莲蓬头金属软管应保持自然舒展状态，不用时不要将其盘绕在龙头上。同时，在使用或不用时，注意软管与阀体的接头处不要形成死角，以免折断或损伤软管。

42. 电脑、电视和音响的清洁

电脑、电视和音响都是精密的机器，清理时千万别用水去擦拭。清洁家电时，可以用轻巧的静电除尘刷擦拭灰尘，并能防止静电产生。家电用品上用来插耳机的小洞或是按钮沟槽平时应用棉花棒清理。若是污垢比较硬，可以使用牙签包布来清理，即可轻松除去。

酒精稀释后对付音响和计算机上的按键最合适不过，你可以将酒精装在喷壶中喷在按键上，然后用纯棉的干布擦拭，既可以去除污渍，也能消毒。同时，衣物柔顺剂也可以在家居清洁时派上用场，用兑有柔顺剂的水擦拭家电，可使其在一周内不易沾尘，效果极佳。

43. 灯具保养的注意事项

灯具保养应注意：
（1）必须在预定电压、频率下使用。
（2）凡接地的灯具须经常检查接地情况。
（3）不能将纸或布之类物品放置在灯具近处或盖住照明器。
（4）灯具金属部分不能随意用擦亮粉。
（5）灯具背后的灰尘用干布或掸子清扫。

44. 如何保养炉具

燃气炉具经过长时间的炊煮，在炉心附近会留下一些污渍，这些碳化的污渍既阻塞出火孔，也会散发出一些有害的焦糊味。因此，每隔一两个月清理炉具，保持出火孔的通畅就显得十分重要。这样的清洁也可以帮助减少燃气的消耗。

（1）首先利用钢刷将炉具表面的锈斑去掉。

(2) 利用牙签或铁丝清通出火口的碳化物。

(3) 再铺上一层炉口专用的铝箔纸（各大超市有售），炉具的保养就完成了。

45. 如何保养和使用铁艺制品

铁艺家具和饰品，已经走进了千家万户，其独特的装饰功能，是其他装饰品和家具无法替代的。虽然铁艺制品都非常坚硬，但也怕磕碰。这是因为如果破坏了表面的防锈漆，铁艺制品就很容易生锈。所以您家的铁艺制品被磕碰后，一旦出现了漆皮脱落，就要立即使用特制的"修补漆"修补，以免生锈。

在使用中，您除了要注意避免磕碰外，还要注意不要让铁艺制品划伤其他东西。例如在铁艺家具的"脚"上要安装橡胶垫，以免划伤地面装饰材料。如果您的家中有小孩子，更要防止铁艺制品对孩子造成的伤害。

46. 如何避免家中裱糊的壁纸翘边

死皱是最影响裱糊效果的缺陷，其原因除壁纸质量不好外，主要是由于出现皱时没有顺平就擀压刮平所致。翘边主要原因有基层处理不干净、选择胶粘剂黏度差、在阳处甩缝等。不同材质的壁纸应选用与之配套的胶粘剂，壁纸应裹过阳角20毫米以上。如翘边翻起，可根据产生原因进行返工；局部基层处理不当的，重新清理基层，补刷胶粘剂粘牢；如胶液黏性小，可更换黏性强的胶粘剂；发生较大范围的翘边，应撕掉重新裱糊。

气泡的主要原因是胶液涂刷不均匀、裱糊时未擀出气泡所致。施工中为防止有漏刷胶液的部位，可在刷胶后用刮板刮一遍，以保证刷胶均匀。如在使用中发现气泡，可用小刀割开壁纸，放出空气后，再涂刷胶液刮平，也可用注射器抽出空气，注入胶液后压平。